飞行器气动综合优化
设计理论与方法

黄江涛　刘　刚　高正红　主编

科学出版社

北　京

内 容 简 介

本书系统总结和梳理了优化设计体系各个环节面临的基础科学问题、关键技术以及实际工程应用的需求，介绍了飞行器气动外形数值优化体系的基本要素、飞行器气动外形多目标/多学科优化、飞行器气动不确定性分析与稳健设计优化，并重点介绍了基于伴随方程体系的气动综合优化。为从事飞行器气动综合设计与优化工作的研究人员提供了理论研究和工程实际上的指导，对发展先进、高效率优化设计软件，把握气动综合设计技术的发展方向提供了有价值的参考。

本书可供高等院校流体力学、飞行器设计等专业的高年级本科生及研究生参考，也可供从事飞行器气动综合设计与优化工作的研究人员使用。

图书在版编目(CIP)数据

飞行器气动综合优化设计理论与方法/黄江涛，刘刚，高正红主编. —北京：科学出版社，2022.12

ISBN 978-7-03-073315-3

Ⅰ. ①飞⋯ Ⅱ. ①黄⋯ ②刘⋯ ③高⋯ Ⅲ. ①飞行器–最优设计 Ⅳ. ①V47

中国版本图书馆 CIP 数据核字(2022) 第 182667 号

责任编辑：刘信力　田轶静／责任校对：宁辉彩
责任印制：赵　博／封面设计：无极书装

科 学 出 版 社 出版
北京东黄城根北街 16 号
邮政编码：100717
http://www.sciencep.com
北京中科印刷有限公司印刷
科学出版社发行　各地新华书店经销
*
2022 年 12 月第 一 版　开本：720×1000　1/16
2025 年 1 月第三次印刷　印张：20
字数：398 000
定价：168.00 元
(如有印装质量问题，我社负责调换)

本书编委会

联合主编：黄江涛　刘　刚　高正红

副 主 编：周　铸　陈　宪　赵　轲

　　　　　赵　欢　章　胜　陈立立

编　　委：

　　　　　周　琳　肖涵山　钟世东

　　　　　朱　喆　何成军　刘　沛

　　　　　张绎典　王　超　秦　智

　　　　　余　婧　谭　霄　单恩光

　　　　　江　雄　刘红阳　贾天昊

　　　　　侯　淋　孙俊峰

序

近年来，我国航空航天技术取得了长足的进展，催生了各类先进军用、民用飞行器布局概念和飞行器设计技术的快速发展。为应对未来日益激烈的市场竞争、严峻的能源环境和复杂的国际形势，在飞行器研制过程中要求平台综合性能越来越高，各学科的设计冗余越来越小，设计周期越来越短。"工欲善其事，必先利其器"，面对航空航天飞行器设计创新带来的挑战，必须充分利用数字化时代先进的技术成果，丰富和发展现代飞行器设计理论和方法。

飞行器气动多学科综合优化通过参数化飞行器几何外形和建立优化模型，将工程上的设计问题转化为数学上的最优化问题，避免对人工经验的强依赖，极大程度上减少了设计过程中各学科的解耦分析迭代，以全自动化、高效率的优化搜索以及智能综合决策体系取而代之，可显著提高设计质量和设计效率，降低设计成本，并有可能催生新的飞行器布局概念，极大地促进设计空气动力学的发展。作为空气动力学反问题，也更进一步丰富了计算空气动力学的研究内容。美国国家航空航天局 (NASA) 发布的 2030 年计算流体动力学 (CFD) 愿景中，也将多学科优化作为重点发展方向之一。

《飞行器气动综合优化设计理论与方法》对飞行器气动外形数值优化设计的主要技术环节进行了总结、分析与展望，对优化体系中重点发展方向进行了系统论述，内容包含代理模型、降维分析、数据重构、数据挖掘、并行子空间优化、离散伴随方程等环节，结合典型算例进行了有效性分析及验证，并给出实际工程应用建议，具有较强的体系性、前瞻性、指导性。

该书编著参与人员均为从事飞行器气动优化方法和技术的一线科研人员，着重基础知识，理论与实践结合。一方面提炼、总结了气动设计面临的基础科学问题和关键技术，另一方面通过方法和理论的系统论述，分析了飞行器气动综合优化方法应关注的发展方向。该书对飞行器气动外形多学科协同数值优化设计理论与技术的发展具有积极的指导作用，对从事飞行器气动综合多学科优化的理论研究和工程技术人员具有很强的参考价值。

中国工程院院士

2022 年 11 月

前　言

飞行器气动综合设计技术已经从原来的基于经验、基础理论和风洞试验技术的试验方法，发展为基于现代智能优化和控制理论的数值化、自动化和综合化设计方法；同时设计理念和思路也从过去的单点单目标、单学科、确定性设计发展为多点多目标、多学科、稳健性设计。飞行器气动综合设计已经成为一门跨学科的综合性研究领域，涵盖了现代化优化算法、计算机图形学、变分方法、多学科数值模拟技术、现代化概率与数理统计技术、大规模并行技术等技术和理论，是典型的学科交叉研究领域。

飞行器气动多学科综合优化主要包含两个发展方向：一是梯度类优化，二是非梯度类优化。两者各有自身的优缺点，在实际应用中可以互相结合充分利用自身的优势。目前面临四个挑战：一是高维度设计空间带来的样本规模、近似模型精度问题；二是高维度目标空间带来的可行解解集可视化水平；三是高维度约束空间带来的最优化搜索问题；四是优化效率与可信度矛盾问题。系统总结、梳理不同优化设计技术体系各个要素的基础科学问题、关键技术以及实际工程应用的需求，对发展先进、高效率优化设计软件，把握气动设计技术的发展方向具有重要意义。

为了使研究人员能够快速掌握飞行器气动综合设计技术的基本理论和最新进展，从而促进气动综合设计理论创新和推广应用，本书对飞行器气动综合设计方面的最新理论和方法进行了阐述和介绍，内容主要来源于近年来中国空气动力研究与发展中心和西北工业大学在飞行器气动综合优化设计方法、技术方面的研究成果和进展，同时也包含了国外机构和学者的最新研究成果。全书能够反映国内外在飞行器气动综合设计方面的最新理论和方法，希望对飞行器设计方面的研究人员有所帮助。

全书分为六章：第 1 章是绪论，简要介绍了飞行器气动综合设计技术的发展历史、意义以及发展概况，同时对主要的技术要素进行了介绍；第 2 章介绍了飞行器气动外形数值优化体系基本要素；第 3 章介绍了基于直接搜索方法的飞行器气动外形多目标/多学科设计技术；第 4 章介绍了飞行器气动不确定性分析与稳健设计优化的基本理论和最新研究成果；第 5 章介绍了基于伴随方程体系的气动综合优化方面的基本理论和最新技术成果；第 6 章对飞行器气动综合优化设计值得关注的几个方向面临的科学问题、关键技术以及发展趋势进行了总结、展望。

　　飞行器气动综合设计技术涉及的学科领域众多,并且还在不断地向前发展,同时飞行器气动综合设计也是一个理论与应用实践结合紧密的研究领域,需要研究人员具有一定的理论、技术视野和工程实践经验,由于编著者水平有限,书中难免存在不足之处,竭诚希望各领域专家提出建议和指正。

作　者

2022 年 11 月

目　　录

第 1 章 绪 论

迄今为止，数值优化设计技术在飞行器气动外形综合设计中发挥了重要作用。数值优化方法具有自动化程度高、多目标寻优能力强等特点，很大程度上克服了传统的试凑法 (Cut and Try) 人工修型方法的不足，实际应用中开始受到设计人员的青睐，是国内外知名空气动力学研究机构的一个重要的研究方向。例如，密歇根大学 Martins 教授的多学科设计优化 (Multidisciplinary Design Optimization，MDO) 团队 [1,2]，斯坦福大学 Jameson 团队 [3]，德国航空航天中心基于非结构化求解器 TAU[4]，以及法国国家航空航天研究院基于计算流体动力学 (Computational Fluid Dynamics，CFD) 代码 elsA 均发展了气动外形优化设计体系 [5,6]。国内在数值综合优化设计也做了系列研究工作，在一定程度上推广应用于型号设计 [7-11]。

气动外形优化设计体系的发展主要集中在两个方向上：梯度类优化与非梯度类优化，两者各有优缺点，在实际应用中可以互相结合，充分利用彼此的优势；在面临的基础科学问题上，两者表现不同，前者面临的主要问题是局部性限制以及多目标设计问题，后者主要面临的是大规模设计变量与高维多目标优化问题，但在软件体系中两类方法的基本要素相同。本章节将系统总结和梳理优化设计体系各个环节面临的基础科学问题、关键技术以及实际工程应用的需求，希望对发展先进、高效率优化设计软件，把握气动综合设计技术的发展方向提供有价值的参考。

1.1 学科分析与代理模型

毋庸置疑，飞行器气动外形数值优化体系中，各个学科的分析手段是保证设计过程和结果鲁棒性、可靠性的最基本环节。优化体系对学科分析模块最基本的要求是高精度、高可信度、高效率，然而这几个基本要求之间往往是相互矛盾的。

结合高保真 CFD 软件和智能优化算法开展气动外形优化，前人研究中大多采用代理模型来减小庞大的计算开销。这类方法通常称为基于代理模型的优化 (Surrogate-Based Optimization, SBO)，文献 [12, 13] 对这类方法给出了比较系统的综述。由于方法相对简单、气动分析可靠、优化过程稳健、工程应用灵活，波音公司采用这种方法开发了一种使用高阶分析代码的多学科设计优化系统 (MDOPT)[14]。国内研究和应用这类方法的文献远多于基于梯度的优化方法。近年来应用上一些有代表性的工作包括：文献 [15] 结合随机权重粒子群优化算法、Kriging 代理模型和对应的期望改善 (Expected Improvement, EI) 函数加点准则进行加样本点以及代理模型重建，进行了考虑螺旋桨滑流影响的机翼气动优化设计；文献 [16] 基于自适应取样 Kriging 模型和多种群协作粒子群算法开展了跨声速层流翼身组合体稳健性设计；文献 [17] 采用分群粒子群算法以及误差反向传播训练算法神经网络模型，对某型客机融合式翼稍小翼的后掠角、倾斜角和高度等参数进行了稳健型气动优化设计；文献 [18] 对小展弦比薄机翼，采用 Kriging 代理模型和粒子群算法进行了多目标的约束减阻优化设计，跨、超声速多设计点的阻力特性显著改善；文献 [19] 针对发动机吊舱外形采用混合遗传算法和 Kriging 响应面模型进行优化；文献 [20] 对若干风力机翼型进行了多约束多目标的实用优化设计。

基于代理模型的优化本质上是通过构造近似数学模型 (即代理模型)，将复杂的学科分析从优化进程中分离出来，而将便于计算的近似模型耦合到优化算法中，多次优化迭代循环后得到实际问题的近似最优解。代理模型利用已知点的响应信息来预测未知点的响应值，目前大致有数据拟合模型、降阶模型 [如基于正规正交分解的本征正交分解 (Proper Orthogonal Decomposition，POD) 模型]，以及启发式模型 (或称多可信度、变可信度、变复杂度模型) 三类。数据拟合模型的研究与应用较多，如气动优化领域广泛采用的 Kriging 模型，其他还有多项式响应面模型 (Polynomial Response Surface Model, PRSM)[21]、Co-kriging 模型 [22]、径向基函数 (Radial Basis Function, RBF)、反向传播 (BP) 神经网络 (Backpro Pogation Neural Net, BPNN)、径向基函数神经网络、支持向量机回归 (Support Vector Regression, SVR)[23−28] 等等。Kriging 模型对确定性问题适应性好，但对大设计空间问题的适应性较差；BP 神经网络对强非线性大设计空间问题的适应性较好、方便重复使用，缺点是计算量较大；基于支持向量机模型的代理模型在小样本情况下具有较好的泛化能力。

发展代理模型主要围绕如何提高非样本点预测精度和增大设计变量数量规模两个问题开展。国内的学者在代理模型预测精度以及增大设计变量数量方面开展了大量的研究，尤其在 Kriging 代理模型方面做了大量研究工作，其中文献 [29] 对 Kriging 模型做了较为全面的综述与总结，展望了 Kriging 方法与代理优化算法未来的发展趋势。提高非样本点预测精度希望采用尽量少的样本量获得预测精度更高的代理模型，有静态和动态改进两类办法。

(1) 静态改进方法，包括针对具体问题比较上述模型做出选择，利用拉丁超立方设计、正交设计、均匀设计等试验设计 (DoE) 方法确定建模样本等。有在构建代理模型上做工作的，如文献 [30] 对高低保真度分析预测结果之间的差值，利用代理模型的方法进行建模，用差值代理模型对低保真度分析的误差进行修正，提高其预测精度。它对两组数量不同，独立的高、低保真度数据分别建立 Kriging 模型，进而通过 Co-Kriging 方法构建高、低保真度模型之间的关系模型，充分利用低保真度分析信息来提高代理模型整体的预测精度，在保证预测精度的前提下，提高了构造代理模型的效率。另一思路如文献 [31]，通过集成 Kriging 插值型代理模型和 BP 神经网络回归型代理模型，构造双层代理模型，在相同样本的条件下，取得了更高的预测精度。这里第一层模型采用回归型模型，它对数据样本的整体分布可较好地进行拟合，第二层模型则采用插值型模型，对第一层代理模型的预测误差进行建模，优化时用来修正第一层代理模型的预测，这种做法精度比单独使用插值型模型有所提高。

(2) 动态改进方法，对于优化使用之前构建的代理模型的精确度要求不高，而是在寻优过程中不断改善样本完善模型，在提高代理模型精度的同时得到最优解。这类方法应用较多，被称为自适应取样，实质是寻优过程中加点策略。文献 [32] 使用了两类建模样本加点准则：一是根据代理模型预测的非样本点均方差添加样本点的期望改善准则；二是假定代理模型全局准确，仅加入当前找到的最优点来局部改善模型的最小化预测 (Minimizing the Predictor, MP) 准则。精细化的优化问题如翼型的反设计问题和 ADODG(Aerodynamic Design Optimization Discussion Group) 的第一个基准测试问题 (NACA0012 翼型的跨声速无黏减阻优化问题)，对建立的基于代理模型的优化方法可能是一项较难的测试。文献 [33] 在解决后一个问题时引入了 "多轮优化策略"，在寻优过程中除采用上述方法改进代理模型外，还需要在每一轮优化中重新调整设计空间，再完善模型，这也可视为一种动态改进方法。

增大设计变量的数量规模对构建代理模型是项挑战。随着设计变量的增多，建模需要的样本规模迅速增大，以至于难以构建满足精度要求的代理模型。文献 [34] 应用系统分解思想，基于响应均值灵敏度的概念，提出了对大规模的设计变量进行重要性分组的策略，对分组的设计变量进行分层协同优化，从而降低了系统的复杂度，可沿用以往的代理模型方法。在文献 [35] 中可以看到设计变量超过 40 以后，Kriging 模型的预测精度迅速下降，构建代理模型需要的样本点数也迅速增加，出现 "维数灾难" 问题；针对 56 个设计变量控制的翼身融合 (Blended Wing Body, BWB) 构型，用原来的粒子群算法和 Kriging 模型优化，会出现 "精度冻结" 的现象，而采用多个物理分区的协同优化策略，则可以克服该现象，在这种高维优化问题中得到满意的结果。文献 [36] 直面高维代理模型的构建问题，采用高维模型表示方法 (High Dimensional Model Representation, HDMR) 构建 SVR 代理模型，针对 70 个设计变量控制的翼身组合体构型和 50 个设计变量控制的战斗机机翼气动优化问题，与基于拉丁超立方采样构建的 SVR 代理模型相比，模型预测精度显著改善。HDMR 方法的基本思想是：大多数物理系统中只有相对低阶的输入变量相关项才对输出响应有重要影响，可以利用该特性对物理系统分层级来表示，即由相互正交的每层级的组分函数组合而成。对每个组分函数进行低维的插值或回归建立代理模型，再经组合就可形成高维的代理模型。此外，文献 [30] 指出，由于高、低保真度分析的预测精度与设计变量的多少和设计空间的大小没有必然联系，在任何设计空间中，两种分析预测结果差值的大小和变化始终远小于物理量本身的值和变化，对这种差值构建模型所需的样本量大小不会随着设计空间维数的增加超线性增长，这样在优化中直接使用低消耗的低保真度分析和差值代理模型，就可进行大规模设计变量的高保真度优化。

对代理模型以上问题的研究可能还会持续，在气动结构综合优化、稳健性优化 [37-40] 中的应用逐渐增多，满足多学科多目标优化和不确定度分析与传递需要的代理模型可能是今后的发展方向。

1.2 参数化建模

参数化建模方法是实现外形自动化设计变形的前提，正因为如此，在气动优化领域，科研人员在气动外形参数化方面进行了大量的研究，从简单的曲线参数化到全机复杂外形一体化参数化，每一次参数化方法的进步，都将设计对象的复杂程度、优化体系的设计能力向前推进一步。以剖面设计参数化为例，从经典的 Hicks-Henne 函数 [41,42] 与基于类函数/型函数 [43,44] 的翼型设计，到结合线性插值将典型截面参数化向机翼、机身、短舱的参数化推广，参数化建模在工程应用方面迈出了实质性的一步。

曲面类型的参数化建模以非均匀有理 B 样条 (Non-Uniform Rational B-Splines)、Bezier 曲面 [45-48] 为典型代表，该类方法以其强大的曲面建模能力，在飞行器整流包、机翼设计中发挥了重要作用，但在基于离散数据参数化的前提下，存在节点矢量选取依赖于 CFD 网格分布、总体参数化能力弱等问题。

尽管曲线参数化方法结合线性插值技术、Bezier、NURBS 曲面在三维气动外形参数化上取得了实质性成果，但对于在复杂外形的参数化方面依然力不从心。由于优化设计体系中，往往采用的是离散点数据作为物面输入，且需要物面输入与网格重构进行匹配使用，面对复杂拓扑网格情况，利用曲线参数化方法，结合线性插值技术、Bezier、NURBS 曲面对三维气动模型开展参数化，将面临通用性难题。

随着计算机图形学的发展，交叉学科的优势在参数化方面开始体现出来，最有代表性的是自由变形 (FFD) 技术的提出 [49]，该方法很大程度上拓展了基于网格离散点形式的参数化范围，并从最基本的以 Bernstein 基函数的 FFD 技术迅速向以 NURBS 为基函数的 NFFD 技术、扩展型 FFD 技术 (EFFD)、多块 FFD 技术方向发展 [50,51]，进一步充实了该方法的应用能力。由于该方法的主要原理是将物体嵌入弹性框架内实现弹性域属性下的自由变形，因此，从很大程度上消除了复杂外形带来的网格拓扑、部件组合难处理等问题。另外，由于该方法对所属域内的任意坐标的可操作性以及逻辑不变性，也可以用来进行网格变形。

参数化方法目前需要解决的问题是特殊部件的兼容性与独立性要求。例如，内、外型面的约束限制以及不同部件参数化建模方法的独立性主要体现在：外流型面进行参数化变形时，必须保证与内流型面保持一定的容积约束，避免出现曲面相交、容积减小等问题；唇口/进气道参数化变形时，必须保证与外流型面保形一致，且要考虑唇口平行法则以及内部曲面精细化描述，这对参数化建模来讲是一个技术挑战。

不同部件参数化建模方法的兼容性要求主要体现在：内、外型面变形后的外形数据结果能够做到统一处理，保证部件之间原有的连续性、光滑性等特征；数据结果能够做到统一处理，为高效的网格重构提供有效的物面信息输入。

1.3 网格重构技术

利用高可信度 CFD 技术以及结构有限元分析进行气动、结构性能评估时，空间网格重构技术是一个非常重要且具有挑战性的环节。在优化体系中，网格重构的鲁棒性、计算效率以及质量直接决定了设计平台的设计效率、设计品质以及设计能力。

针对不同的问题，研究人员发展了不同的变形网格方法，对于结构网格包括径向基函数法、无限插值方法、有限元方法、弹性体方法以及四元数方法等[52-59]；非结构网格最常用的动网格技术包含径向基函数法、弹簧法[60]、有限元方法、四元数方法以及弹性体方法，这些方法已经应用于许多领域，新型、改进型动网格方法也在不断发展中。对于不同优化设计问题，对变形网格的要求也不尽相同，布局形式优化对网格变形的基本要求是强鲁棒性，局部精细化设计对变形网格的要求是高质量，一体化设计则对两个方面均有较高要求。

目前来看，结构网格求解器方面，对于多块网格，单纯超限插值法 (TFI) 技术只能进行局部小变形优化，而 RBF-TFI 技术拓展了对多块网格的变形能力，在气动设计中发挥着主要作用。在非结构网格求解器方面，弹簧法等传统方法在气动设计领域中也发挥了很大作用，近年来提出的子空间 RBF 方法[61]具有较高的计算效率以及结构、非结构网格通用性等特点，也开始在设计领域发挥作用，是一个值得关注的研究方向。

1.4 最优化算法/约束处理

气动优化体系中主要有基于梯度的优化算法和基于非梯度信息的优化算法，工程中需要针对不同的设计问题进行合理的算法选择。

梯度类算法需要在计算目标函数对设计变量的梯度 (或叫灵敏度) 基础上, 根据梯度信息进行寻优, 最后改变飞行器的气动外形。最常用的梯度类算法有最速下降法、牛顿法、共轭梯度法以及序列二次规划法 [62-64]。梯度类算法的核心是获取准确的导数信息以及合理的下降步长, 收敛速度较快。最速下降法编程简单, 工作量小, 但在极值点附近存在收敛慢、有跳动现象等问题; 牛顿法利用二次函数作为近似目标函数, 将指向近似二次函数的极小值方向作为下降方向, 在极小值附近的收敛性很好, 收敛速度快, 而且具有二次终止性和二阶收敛速度, 但存在初始点选择依赖性、矩阵计算量大等问题, 为克服该问题, 研究人员又进一步提出了拟牛顿方法; 共轭梯度法将与二次函数矩阵有关的共轭方向作为下降方向, 收敛速度优于最速下降法, 由于不需要矩阵求逆运算, 所需内存较小。梯度类算法对目标空间有着强烈的数学特性要求, 且无法跳出局部最优的缺点, 计算效率很大程度上依赖于梯度信息的获取方法, 比如传统的复变量方法和有限差分法。然而对于飞行器气动外形精细化设计来讲, 优化问题包含了成千上万个设计变量, 此时, 传统的梯度计算手段可行性大大下降。基于伴随思想的导数计算以其与设计变量无关的优势, 结合梯度类算法, 近年来在气动设计上发挥着重要作用, 是今后值得关注的一个研究方向。

非梯度类算法不需要计算梯度信息, 它是从一个点的群体开始搜索寻优, 利用概率转移规则而非确定性规则, 这种全场搜索从理论上讲可以得到全局最优。非梯度类算法的典型代表是模拟退火算法、遗传算法、粒子群算法和免疫算法等进化类算法 [65-67], 进化算法在工程优化中应用得最多的是遗传算法与粒子群算法, 前者是模拟生物进化机制的原理, 后者是模拟鸟群、鱼群的觅食行为。相较于梯度类算法, 该类算法具有全局最优性、处理复杂问题等优势, 尤其在多目标优化设计中, 能够给出更为丰富的解集, 供设计人员选择, 但存在随机性, 计算量随着输入、输出量增加而变得庞大等问题。比如, 在气动设计中, 进化算法能够给出较好的优化结果, 但对于大规模设计变量问题存在种群规模庞大、计算量倍增、工程应用可行性变差等问题, 尽管很多研究人员对进化算法做了大量改进测试, 但这仍是进化算法目前面临的一个最大技术瓶颈, 该缺点严重阻碍了进化算法优化技术在实际工程中的应用。

总地来讲, 无论是气动外形综合优化还是其他学科的优化问题, 寻优效率和质量在一定程度上都是一对矛盾, 如何能够充分利用各个算法的优点是数值优化向工程应用推广的关键。

优化设计中最常用的约束处理方法主要有外罚函数法、内点法和乘子法 [68,69], 最常用的乘子法的基本思想是从基本问题的拉格朗日函数出发, 结合适当的罚函数, 从而将原问题转化为无约束优化问题。乘子法常用于序列二次规划 (Sequential Quadratic Programming, SQP) 优化中, 也是基于离散伴随体系的气动设计中最常用的方法。在智能进化算法中，约束的处理方式较为灵活，应用最为广泛的是罚函数方法，即利用罚函数在进化过程中将综合性能差的个体淘汰；在计算资源充沛，计算效率较高的情况下，种群规模允许较为庞大，也可以采用直接剔除的方式进行个体淘汰。设计人员可以视情况采用灵活的处理方式，基本原则是要保证种群多样性。

1.5 灵敏度分析方法

灵敏度分析是气动设计中设计变量分层协同优化、主分量识别的主要技术途径，同时也是基于梯度信息的优化体系的一个重要环节。飞行器优化体系中，根据学科对象的需求，可以将灵敏度分析归结为两类：学科灵敏度分析与系统灵敏度分析。

学科灵敏度分析主要包含了手动求导方法、有限差分方法、符号微分方法、复变量方法、解析方法、自动微分方法以及伴随方法[70-73]，各个方法均有自己的优点和不足。对于优化体系来讲，主要关心的是方法的效率与精度。从目前来看，复变量方法与自动微分是较为受关注的方法，其中复变量方法在求解一阶导数时比差分法更准确，效率更高，但存在二阶灵敏度导数步长敏感性问题。自动微分方法具有前向与后向两种模式，其中前向模式的计算量与输入变量(设计变量)成正比，后向模式计算量与输出变量(目标)成正比，高维设计变量问题中计算效率相较于前向模式大大提高，但存在内存需求大的问题。

系统灵敏度分析的主要任务是研究系统级设计变量对系统性能的影响。学科级灵敏度分析手段在向系统级拓展时，由于庞大的数据需求以及交叉学科之间的相互影响，显得力不从心。不同学者提出了不同的研究方法，最常用的办法是将整个系统分解为不同的子系统。对于不同的系统分解思路，对应不同的系统灵敏度分析方法，比如可用于层次系统分析的最优灵敏度分析，适用于耦合系统的全局灵敏度分析以及适用于混合分解系统的延迟耦合伴随系统。

最优灵敏度分析着重研究输出变量与输入变量对问题参数的敏感性，逻辑关系简单、计算量小，同时也可以应用于单学科系统；全局灵敏度分析能够将子系统的灵敏度与大系统的分析联系起来，其核心是联立求解线性方程组，为多学科优化设计提供耦合灵敏度信息。例如，式 (1.1) 给出了气动结构耦合系统的线性方程组[1]：

$$
\begin{bmatrix} I & -\dfrac{\partial w_i}{\partial d_j} \\[2mm] -\dfrac{\partial u_j}{\partial w_i} & I \end{bmatrix} \begin{bmatrix} \dfrac{\mathrm{d} w_i}{\mathrm{d} x_n} \\[2mm] \dfrac{\mathrm{d} u_j}{\partial x_n} \end{bmatrix} = \begin{bmatrix} \dfrac{\partial w_j}{\partial x_n} \\[2mm] \dfrac{\partial u_j}{\partial x_n} \end{bmatrix} \tag{1.1}
$$

通过求解式 (1.1) 可以获取耦合灵敏度信息。同样，从式 (1.1) 也可以看出，全局灵敏度尽管大大减少了系统分析的次数，但其计算量仍然与设计变量的个数成正比，在大规模设计变量问题上仍然力不从心。

为解决该问题，Martins 提出了耦合伴随方法 [74]，即对耦合系统进行变分，构造耦合伴随方程，从而进行耦合灵敏度分析；进一步提出了延迟耦合伴随方法，将两个学科的伴随系统独立求解、伴随变量延迟处理，克服了耦合伴随系统求解困难、内存需求大等问题，该方法与直接耦合系统不同，计算量与设计变量个数无关，仅仅与目标函数个数相关。

1.6   不确定性优化设计

在飞机设计、生产、使用过程中，都不同程度地包含着不确定性。由于使用的数学物理模型及其求解方法存在局限性，以及离散流场空间的计算网格分辨率不够等，CFD 模拟分析预测的气动特性存在一定的不确定性；飞行器真实飞行过程中速度、高度、姿态与构型几何加工误差，也存在一定的不确定性。传统的优化设计方法没有很好地考虑这些随机因素，导致设计结果对随机扰动可能变得敏感，一旦出现偏离设计点，飞机的性能就会下降甚至恶化 [75]。解决这些实际问题要求发展不确定性优化设计 (Uncertainty-Based Design Optimization, UBDO)[76,77] 技术，主要解决不确定性影响下的优化设计问题，获得最优决策/结论/设计的同时综合提高设计方案的稳健性和可靠性。它分为稳健设计优化 (Robust Design Optimization, RDO) 和可靠性设计优化 (Reliability-Based Design Optimization, RBDO)，前者主要降低系统性能对不确定性影响的敏感度；后者对设计方案满足约束的可靠度进行考虑。通常稳健设计优化适合于表示稳健性和系统性能之间的折中解决方案，为多目标优化问题，处理方法包括加权求和法 [78]、折中法 [79]、基于偏好的规划法 [80] 等。而 RBDO 需要在各种不确定性来源下满足特定风险和目标可靠性 [81]，常采用基于一次可靠度分析方法的可靠性指标法 (Reliability-Index-Based Approach, RIA) 和观测性能方法 (Performance-Measure Approach, PMA)[82] 来处理该问题。上述方法一般仅考虑低阶矩信息度量，忽略了偏度与峰度等高阶矩信息；另一个不足是大多仅适用于单一优化目标，但实际工程问题中可能存在多个相互耦合、冲突的优化目标，需要在优化过程中一并考虑。

美国国家航空航天局 (NASA)Langley 中心对基于不确定性的方法 (Uncertainty-Based Method, UBM)[83] 进行了调研，强调应用改进的计算与实验方法解决飞行器多学科设计问题的必要性，其中重要内容之一是不确定性优化设计，可归结为一个双层嵌套问题，内层为不确定性分析，外层是对设计变量的寻优。不确定性分析目前主要形成了五类方法：第一类是蒙特卡罗模拟 (Monte Carlo

Simulation, MCS)[84] 方法, 这类方法以蒙特卡罗打靶为基础, 属无偏估计, 计算成本高。第二类是摄动方法 (Perturbation Method)[85], 它将一个随机函数在其均值附近展开成泰勒 (Taylor) 级数, 取前一阶或二阶展开, 固有缺陷是不确定性放大时误差较大, 只适合小尺度的随机输入问题。第三类是基于矩估计的方法 [86], 有一次二阶矩方法 (First Order Second Moment Method, FOSM)、一次可靠性分析方法 (First Order Reliability Method, FORM)、二次可靠度分析方法 (Second Order Reliability Method, SORM) 等 [87−89]。第四类是多项式混沌展开 (Polynomial Chaos Expansion, PCE) 方法 [90], 其基本思想是将精确解在随机参数空间进行多项展开。如果精确解对于随机参数有良好的正则性, 该方法指数级收敛, 但求解联立方程组较为困难。第五类比较流行的方法是随机配置法 (Stochastic Collocation, SC)[91], 通过融合蒙特卡罗模拟方法与多项式 Galerkin 投影方法的优势, 基于一些特殊的样本点来构造高精度的多项式逼近。上述方法一般适用于不确定性维数不大的情况, 精度/效率对样本点的选取较为敏感, 亟须研究有效的多维混合不确定性分析方法。

1.7　目　标　函　数

目标函数与约束处理是优化体系中决定最优解/解集的关键环节, 在设计空间一定的情况下, 目标函数和约束条件直接决定了系统的极值分布特性、可行域范围等, 从而决定了设计结果。

现阶段, 目标函数的定义在一定程度上依赖于研究人员对问题的认知程度以及设计经验。然而在多目标优化设计中, 当目标数增多到 3 个以上时, 加权平均的可行性变差, Pareto 最优前沿面的维数随之增加, 非劣解集数目将会呈指数级增长, 这将大大增加算法的时间和空间复杂度。与此同时, 当目标函数的维度达到一定数量时, 几乎所有个体都是非支配解, 由此大大削弱了基于 Pareto 支配进行排序与选择的效果; 另一方面, 优秀个体在进化过程中不一定能被保存下来, 导致整个算法的搜索进程收敛困难。需要指出的是, 随着优化目标的增加, 可视化水平降低, 设计人员难以对优化结果进一步决策选择。

目前, 解决高维多目标优化问题的主要途径包含三个方面 [92]。

(1) 改进优化算法, 使其更适宜于高维优化问题, 通过定义宽松的 Pareto 占优机制, 增大种群中个体间的选择压力, 从而加快算法的收敛, 然而这些改进在工程应用中是否有普适性, 还是个值得研究的问题, 即便能够得出最优解集, 一方面计算量过大, 另一方面优化结果难以显示, 进一步决策相当困难。

(2) 引入数学分析中的降维思想, 对高维多目标优化问题进行主分量分析, 在不失问题主要特征的前提下, 提取决定问题本质的主要分量, 将冗余目标剔除, 或者转化为约束条件，将高维多目标优化转化为低维优化问题。可以预见，该类方法对于实际工程复杂问题具有重大的理论意义和工程应用价值，该类方法的降维设计主要应用于模式识别、信号和图像处理、控制理论和其他领域中[93-95]，而在飞行器多目标优化设计中的应用研究较少。

(3) 加权系数平均方法，利用静态或动态加权系数对设计目标进行综合评估，将问题转化为单目标优化问题。该方法对小于三个目标的优化设计有一定的可行性，但对于高维问题来讲可行性较差，主要原因在于权系数选择困难。因此，多目标优化问题一直是近年来优化设计领域研究的热点。

针对飞行器气动综合优化面临的上述科学问题与关键技术，本书对章节进行了针对性安排，主要从飞行器气动外形数值优化体系基本要素、多目标/多学科优化、气动不确定性分析与稳健设计优化、跨学科伴随方程体系的气动综合优化等环节进行总结阐述。

参 考 文 献

[1] Martins J R R A. A Coupled-Adjoint Method for High-Fidelity Aero-Structural Optimization [D]. Palo Alto, California: Stanford University, 2002: 79-87.

[2] Mader C A, Kenway G K W, Martins J R R A. Towards high-fidelity aerostructural optimization using a coupled adjoint approach [C]// Proceedings of 12th AIAA/ISSMO Multidisciplinary Analysis and Optimization Conference. Victoria, British Columbia, Canada: AIAA, 2008: 5968.

[3] Leoviriyakit K, Jameson A. Case studies in aero-structural wing planform and section optimization [C]// Proceedings of 22nd Applied Aerodynamics Conference and Exhibit. Providence, Rhode Island: AIAA, 2004: 5372.

[4] Mohammd A Z, Brezillon J. Shape optimization using the aerostructural coupled adjoint approach for viscous flows [C]// Proceedings of Evolutionary and Deterministic for Design, Optimization and Control. Capua, Italy: CIRA, 2011.

[5] Marcelet M, Peter J, Carrier G. Sensitivity analysis of a strongly coupled aero-structural system using direct and adjoint methods [C]// Proceedings of the 12th AIAA/ISSMO Multidisciplinary Analysis and Optimization Conference. Victoria, Canada: AIAA, 2008: 5863.

[6] Ghazlane I, Carrier G, Dumont A, et al. Aerostructural adjoint method for flexible wing optimization [C]// Proceedings of the 53rd AIAA/ASME/ASCE/AHS/ASC Structures, Structural Dynamics, and Materials Conference. Honolulu, HI: AIAA, 2012: 1924.

[7] 白俊强, 孙智伟, 董建鸿, 等. 考虑机翼尾流影响的运输类飞机后体气动外形优化设计 [J]. 空气动力学学报, 2015, 33(1): 134-141.

[8] 王超, 高正红. 小展弦比薄机翼精细化气动优化设计研究 [J]. 中国科学: 技术科学, 2015,

45(6): 643-653.

[9] 李彬, 邓有奇, 唐静, 等. 基于三维非结构混合网格的离散伴随优化方法 [J]. 航空学报, 2014, 35(3): 674-686.

[10] 左英桃, 高正红, 詹浩. 基于 N-S 方程和离散共轭方法的气动设计方法研究 [J]. 空气动力学学报, 2009, 27(1): 67-72.

[11] 熊俊涛, 乔志德, 杨旭东, 等. 基于黏性伴随方法的跨声速机翼气动优化设计 [J]. 航空学报, 2007, 28(2): 281-285.

[12] Nestor V Q, Haftka T, Shyy W, et al. Surrogate-based analysis and optimization [J]. Progress in Aerospace Sciences, 2005, 41: 1-28.

[13] Alexander I, Keane A. Recent advances in surrogate-based optimization [J]. Progress in Aerospace Sciences, 2009, 45: 50-79.

[14] Ledoux S T, Herling W W, Fatta G J. MDOPT—A multidisciplinary design optimization system using higher order analysis codes [C]// Proceedings of the 10th AIAA/ISSMO Multidisciplinary Analysis and Optimization Conference. Albany, New York: AIAA, 2004: 4567.

[15] 徐家宽, 白俊强, 黄江涛, 等. 考虑螺旋桨滑流影响的机翼气动优化设计 [J]. 航空学报, 2014, 35(11): 2910-2920.

[16] 李静, 高正红, 赵轲. 基于直接控制 FFD 参数化方法的跨声速层流翼身组合体稳健性设计 [J]. 中国科学: 技术科学, 2015, 45(9): 964-974.

[17] 黄江涛, 高正红, 白俊强, 等. 基于任意空间属性 FFD 技术的融合式翼稍小翼稳健型气动优化设计 [J]. 航空学报, 2013, 34(1): 37-45.

[18] 王超, 高正红. 小展弦比薄机翼精细化气动优化设计研究 [J]. 中国科学: 技术科学, 2015, 45(6): 643-653.

[19] Fang X M, Zhang Y F, Chen H X. Transonic nacelle aerodynamic optimization based on hybrid genetic algorithm[C]// Proceedings of the 17th AIAA/ISSMO Multidisciplinary Analysis and Optimization Conference. Washington, D. C.: AIAA, 2016: 3833.

[20] Han Z H, Zhang K S, Liu J, Song W P. Surrogate-based aerodynamic shape optimization with application to wind turbine airfoils[C]// Proceedings of the 51st AIAA Aerospace Sciences Meeting including the New Horizons Forum and Aerospace Exposition. Grapevine, Texas: AIAA, 2013: 1108.

[21] Zhang K S, Han Z H, Li W J, et al. Coupled aerodynamic and structural optimization of a subsonic-transport wing using surrogate model [C]// Proceedings of the 46th AIAA Aerospace Sciences Meeting and Exhibit, Aerospace Sciences Meetings. Reno, Nevada: AIAA, 2008: 897.

[22] 黄礼铿, 高正红, 张德虎. 基于变可信度代理模型的气动优化 [J]. 空气动力学学报, 2013, 31(6): 783-788.

[23] 苏伟, 白俊强. 一种代理模型方法及其在气动优化设计中的应用 [J]. 弹箭与制导学报, 2008, 28(3): 199-202.

[24] 朱莉, 高正红. 基于神经网络的翼型优化设计方法研究 [J]. 航空计算技术, 2007, 37(3): 33-36.

[25] Huang J T, Gao Z K, Zhao K, et al. Robust design of supercritical wing aerodynamic optimization considering fuselage interfering [J]. Chinese Journal of Aeronautics, 2010, (23): 523-528.

[26] 李焦赞, 高正红. 多目标进化算法和代理模型技术在气动稳健优化设计中的应用 [J]. 空气动力学学报, 2012, 30(1): 46-51.

[27] 孙智伟, 白俊强, 华俊, 等. 基于支持向量回归代理模型的气动力优化设计 [J]. 航空工程进展, 2015, 6(2):149-159.

[28] Zhang K, Han Z H. Support vector regression-based multidisciplinary design optimization in aircraft conceptual design [C]// Proceedings of the 51st AIAA Aerospace Sciences Meeting Including the New Horizons Forum and Aerospace Exposition. Grapevine, Texas: AIAA, 2013: 1160.

[29] 韩忠华. Kriging 模型及代理优化算法研究进展 [J]. 航空学报, 2016, 37(11): 3197-3225.

[30] 张德虎, 高正红, 王明亮. 基于变可信度模型差值的低可信度模型修正方法 [J]. 西北工业大学学报, 2011, 29(2): 176-182.

[31] 张德虎, 高正红, 李焦赞, 等. 基于双层代理模型的无人机气动隐身综合设计 [J]. 空气动力学报, 2013, 31(3): 394-400.

[32] Liu J, Han Z H, Song W P. Efficient kriging-based aerodynamic design of transonic airfoils: some key issues[C]// Proceedings of the 50th AIAA Aerospace Sciences Meeting Including the New Horizons Forum and Aero-space Exposition. Grapevine, Texas: AIAA, 2012: 0967.

[33] Zhang Y, Han Z H, Shi L X, et al. Multi-round surrogate-based optimization for benchmark aerodynamic design problems [C]// Proceedings of the 54th AIAA Aerospace Science Meeting. San Diego, California: AIAA, 2016: 1545.

[34] 李焦赞, 高正红. 多变量气动设计问题分层协同优化 [J]. 航空学报, 2013, 34(1): 58-65.

[35] Gao Z H, Zhao K, Wang C. Aerodynamic shape optimization of BWB aircraft based on multi-zone collaborative optimization design method [C]// Proceedings of the 33rd AIAA Applied Aerodynamics Conference. Dallas, TX: AIAA, 2015: 2878.

[36] Wang C, Gao Z H, Zhao K, et al. HDMR-based surrogate model for high dimensional aerodynamic design problems [C]// Proceedings of the 16th AIAA/ISSMO Multidisplinary and Optimization Conference. Dallas, TX: AIAA, 2015: 3094.

[37] 左英桃, 王晓鹏, 陈云, 等. 一种高效的 CFD/CSD 耦合飞行器多学科优化设计方法 [J]. 航空动力学报, 2014, 29(12): 2898-2904.

[38] 李焦赞, 高正红. 基于几何不确定性的翼型多目标稳健优化设计 [J]. 力学学报, 2011, 43(3): 611-615.

[39] 王波, Gea H, 白俊强, 等. 基于 Stochastic Kriging 模型的不确定性序贯试验设计方法 [J]. 工程设计学报, 2016, 23(6): 530-536.

[40] Shi L X, Han Z H, Muhammad S, et al. Surrogate-based robust airfoil design under aleatory operating-conditions and geometric uncertainties [C]// Proceedings of the 54th AIAA Aerospace Sciences Meeting. San Diego, California: AIAA, 2016: 0810.

[41] Hicks R M, Henne P A. Wing design by numerical optimization [J]. J. Aircraft, 1978,

15(7): 407-412.

[42] 王建军, 高正红. 翼型参数化方法分析及改进 [J]. 航空计算技术, 2010, 40(4): 46-49.

[43] Kulfan B M. A universal parametric geometry representation method -'CST' [C]//
Proceedings of the 45th AIAA Aerospace Sciences Meeting and Exhibit. Reno, Nevada:
AIAA, 2007: 62.

[44] 李静, 高正红, 黄江涛, 等. 基于 CST 参数化方法气动优化设计研究 [J]. 空气动力学学报,
2012, 30(4): 443-449.

[45] Farin G. Curves and Surfaces for Computer Aided Geometric Design [M]. New York:
Academic Press, 1990.

[46] Piegl L, Tiller W. The NURBS Book [M]. Berlin Heidelberg: Springer-Verlag, 1997.

[47] 朱心雄. 自由曲线曲面造型技术 [M]. 北京: 科学出版社, 2000.

[48] Samareh J A. Aerodynamic shape optimization based on free-form deformation [C]//
Proceedings of the 10th AIAA/ISSMO Multidisciplinary Analysis and Optimization
Conference. Albany, New York: AIAA, 2004: 4630.

[49] Sederberg T W, Parry S R. Free-form deformation of solid geometric models [J]. Com-
puter Graphics, 1986, 20(4): 151-160.

[50] Li J, Gao Z H, Huang J T, et al. Aerodynamic design optimization of nacelle/pylon
position on aircraft [J]. Chinese Journal of Aeronautics, 2013, 26(4): 850-857.

[51] Huang J T, Zhou Z, Gao Z H. Aerodynamic many-objective integrated optimization
based on principle components analysis [J]. Chinese Journal of Aeronautics, 2017, 30(4):
1336-1348.

[52] Liu X Q, Qin N, Xia N. Fast dynamic grid deformation based on Delaunay graph
mapping [J]. Journal of Computational Physics, 2006, 211(2): 405-423.

[53] Buhmann M. Radial Basis Functions [M]. Cambridge: Cambridge University Press,
2005.

[54] Wendland H. Fast evaluation of radial basis functions: methods based on partition of
Unity[M]//Approximation Theory X: Wavelets, Splines, and Applications. Nashville:
Vanderbilt University Press, 2002: 473-483.

[55] Huang J T, Gao Z H, Wang C. A new grid deformation technology with high quality
and robustness based on quaternion [J]. Chinese Journal of Aeronautics, 2014, 27(5):
1078-1085.

[56] 黄江涛, 高正红, 周铸, 等. 一种新型高鲁棒性动网格技术及应用 [J]. 力学学报, 2014,
46(2): 291-298.

[57] SpekreijsE S P, Boerstoel J W. An algorithm to check the topological validity of multi-
block domain decompositions [C]// Proceedings of the 6th International Conference on
Numerical Grid Generation in Computational Field Simulations. Greenwich, NLR-TP-
98198, 1998.

[58] Maruyama D, BaillY D, Carrier G. High quality grid deformation using quaternions
for orthogonality preservation [J]. AIAA Journal, 2012, 52(12): 2712-2729.

[59] Smith R E. Transfinite interpolation (TFI) generation systems[M]//Weatherill N P,

Thompson J F, Soni B K. Handbook of Grid Generation. Boca Raton: CRC Press, 1999.

[60] Farha T C, Degand C, Koobus B, et al. Torsional springs for two-dimensional dynamic unstructured fluid grids [J]. Computer Methods in Applied Mechanics and Engineering, 1998, 163(1): 231-245.

[61] 王刚, 雷博琪, 叶正寅. 一种基于径向基函数的非结构混合网格变形技术 [J]. 西北工业大学学报, 2011, 29(5): 783-788.

[62] 陈宝林. 最优化理论与算法 [M]. 北京: 清华大学出版社, 2002: 98-106.

[63] 袁亚湘, 孙文瑜. 最优化理论与方法 [M]. 北京: 科学出版社, 1999.

[64] Hestens M R, StiefeL E L. Methods of conjugate gradients for solving linear systems [J]. Journal of Research of the National Bureau of Standards, 1952, 49(6): 99-147.

[65] Kennedy J, Eberhart R. Particle swarm optimization[C]// Proceedings of IEEE International Conference on Neural. Networks Perth, 1995: 1942-1948.

[66] KirkpatricK S, Gelatt C D, Vecchi M P. Optimization by simulated annealing [J]. Science, 1983, 220: 671-680.

[67] Holland J H. Adaptation in Natural and Artificial Systems [M]. Cambridge: Cambridge MIT Press, 1975.

[68] Contaldi G, Pillo G D, Lucidi S. A continuously differentiable exact penalty function for nonlinear programming problems with inequality constraints [J]. Siam J. Control and Optimization, 1984, 23(1): 1093-1096.

[69] GlaD T, PolaK E. A multiplier method with automatic limitation of penalty growth [J]. Mathematical Programming, 1979, 17: 140-155.

[70] Li X, Zhong W T, Shao Z J, et al. Applying extended automatic differentiation technique to process system optimization problems [J]. American Control Conference, 2001, 5: 4079-4084.

[71] Louis B R. Automatic Differentiation: Techniques and Applications, Lecture Notes in Computer Science No.120 [M]. Berlin Heidelberg, New York: Springer-Verlag, 1981.

[72] Sobieszczanski-Sobieski J. Sensitivity analysis and multidisciplinary optimization for aircraft design: recent advance and results [J]. Journal of Aircraft, 1990, 27(12): 993-1001.

[73] 颜力, 陈小前, 王振国. 飞行器多学科优化设计中的灵敏度分析方法研究 [J]. 航空计算技术, 2005, 35(1): 1-6.

[74] Mader C A, Kenway G K W, Martins J R R A. Towards high-fidelity aerostructural optimization using a coupled adjoint approach [C]// Proceedings of 12th AIAA/ISSMO Multidisciplinary Analysis and Optimization Conference. Victoria, British Columbia, Canada: AIAA, 2008: 5968.

[75] Padula S L, Gumbert C R, Li W. Aerospace applications of optimization under uncertainty [J]. Optimization and Engineering, 2006, 7(3): 317-328.

[76] Wang X, Qiu Z, Soffer D. Uncertainty-based design optimization in engineering: model, algorithm, and application [J]. Journal of Applied Mathematics, 2013, 2013 (8): 1-2.

[77] Hu X, Chen X, Parks G T, et al. Review of improved Monte Carlo methods in uncertainty-based design optimization for aerospace vehicles [J]. Progress in Aerospace Sciences, 2016, 86: 20-27.

[78] Lee K H, Park G J. Robust optimization considering tolerances of design variables [J]. Computers & Structures, 2001, 79 (1): 77-86.

[79] Chen W, Sahai A, Messac A, et al. Exploration of the effectiveness of physical programming in robust design [J]. Journal of Mechanical Design, 2000, 122 (2): 155-163.

[80] Chen W, Wiecek M M, Zhang J. Quality utility—a compromise programming approach to robust design [J]. Journal of Mechanical Design, 1999, 121 (2): 179-187.

[81] Hu X, Chen X, Lattarulo V, et al. Multidisciplinary optimization under high-dimensional uncertainty for small satellite system design [J]. AIAA Journal, 2016, 54: 1-10.

[82] Tu J, Choi K K, Park Y H. Design potential method for robust system parameter design [J]. AIAA Journal, 2001, 39 (4): 667-677.

[83] Li P, Arellano-garcia H, Wozny G. Chance constrained programming approach to process optimization under uncertainty [J]. Computers & Chemical Engineering, 2008, 32 (1-2): 25-45.

[84] Kroese D P, Taimre T, Botev Z I. Handbook of Monte Carlo Methods [M]. New Jersey: John Wiley & Sons, 2013.

[85] Liu W K, Ted B, Mani A. Random field finite elements [J]. International Journal for Numerical Methods in Engineering, 1986, 23 (10): 1831-1845.

[86] Yao W, Chen X, Oouyang Q, et al. A reliability-based multidisciplinary design optimization procedure based on combined probability and evidence theory [J]. Structural and Multidisciplinary Optimization, 2013, 48 (2): 339-354.

[87] Mcdonald M, Zaman K, Mahadevan S. Representation and first-order approximations for propagation of aleatory and distribution parameter uncertainty [C]// Proceedings of 50th AIAA/ASME/ASCE/AHS/ASC Structures, Structural Dynamics, and Materials Conference, 2009: 4-7.

[88] Mahadevan S, Smith N. Efficient first-order reliability analysis of multidisciplinary systems [J]. International Journal of Reliability and Safety, 2006, 1 (1): 137-154.

[89] Mahadevan S, Smith N L, Zang T A. System Risk Assessment and Allocation in Conceptual Design [M]. Nashville, Tennessee National Aeronautics and Space Administration, Langley Research Center, 2003.

[90] Kewlani G, Crawford J, Iagnemma K. A polynomial chaos approach to the analysis of vehicle dynamics under uncertainty [J]. Vehicle System Dynamics, 2012, 50 (5): 749-774.

[91] Xiu D B, Hesthaven J S. High-order collocation methods for differential equations with random inputs [J]. Siam Journal on Scientific Computing, 2005, 27(3): 1118-1139.

[92] 郑传宇, 黄江涛, 周铸, 等. 飞翼翼型高维目标空间多学科综合优化设计 [J]. 空气动力学学报, 2017, 35(4): 588-597.

[93] Turk M, Pentland A. Eigenfaces for recognition [J]. Journal of Cognitive Neuroscience,

1991, 3(1):71-86.

[94] Zhang D, Zhou Z H. (2D)^2 PCA: 2-directional 2-dimensional PCA for efficient face representation and recognition [J]. Neurocomputing, 2005, 69: 224-231.

[95] Kim K I, Park S H, Kim H J. Kernel principal component analysis for texture classification [J]. IEEE Signal Processing Letters, 2001, 8(2): 39-41.

第 2 章　飞行器气动外形数值优化体系基本要素

飞行器数值优化设计通常是按以下步骤进行的：首先对设计对象进行参数化，即选取合适的设计变量，然后确定需要优化的目标和约束，建立合理的优化数学模型，再用一定的优化方法进行优化设计，直至达到设计要求。因此，设计变量、目标函数和优化算法是优化设计数学模型的三个基本要素。

2.1　最优化算法

最优化算法主要分为两类：梯度类算法和非梯度类算法。所谓梯度类算法，就是根据目标函数信息以及目标函数对设计变量的梯度信息来判断优化搜索方向的算法。最常用的梯度类优化算法有最速下降梯度法、牛顿法、共轭梯度法以及序列二次规划法等。非梯度类算法只需要目标函数值，而不需要目标函数的梯度信息，它利用概率转移规则，从一个点的群体开始寻优。典型的非梯度算法主要有模拟退火算法、遗传算法、粒子群算法和免疫算法等进化类算法。进化类算法中最常见的是遗传算法和粒子群算法，前者模拟生物进化机制的原理，后者模拟鸟群、鱼群的觅食行为。

梯度类优化算法的优点是收敛较快，并且可以处理大规模设计变量的优化过程。但这类算法十分依赖于目标函数的梯度信息，因此，只有当目标函数和约束条件为凸函数，并且是可微时，梯度类优化算法才能够获得全局最优解。对于高度非线性、多峰值的气动优化问题，梯度类优化算法常常得到局部最优解。非梯度类算法具有较好的全局性，在理论上可以收敛到气动优化问题的全局最优解，然而，该类方法计算量很大，尤其在进行精细化设计时，需要大规模的设计变量，此时选择非梯度类算法将消耗大量计算资源。

基于梯度类优化算法和非梯度类优化算法的这些特点，工程上常需要根据具体问题采用不同的优化策略。例如，采用两轮优化设计的策略，即先采用具有较好全局性的非梯度类优化算法进行全局优化，缩小优化范围，再将第一轮优化结果作为初始值，采用梯度类优化算法进行进一步优化。

2.1.1　非梯度类算法

非梯度类算法不需要计算梯度信息，它是从一个点的群体开始搜索寻优，利用概率转移规则，而非确定性规则，这种全场搜索从理论上讲可以得到全局最优。

非梯度类算法的典型代表是模拟退火算法、遗传算法、粒子群算法和免疫算法等进化类算法 [1-3]，进化算法在工程优化中应用得最多的是遗传算法与粒子群算法，前者是模拟生物进化机制的原理，后者是模拟鸟群、鱼群的觅食行为。相较于梯度类算法，该类算法具有全局最优性、处理复杂问题等优势，尤其在多目标优化设计中，能够给出更为丰富的解集，供设计人员选择。但该类算法存在随机性，随着输入、输出的增加计算量庞大等。比如，在气动设计中，进化算法能够给出较好的优化结果，但对于大规模设计变量问题存在种群规模庞大、计算量倍增、工程应用可行性变差等问题，尽管很多研究人员对进化算法做了大量改进测试，但这仍是进化算法目前面临的一个最大技术瓶颈，该缺点严重阻碍了进化算法优化技术在实际工程中的应用。本书第 3 章将对典型进化算法进行系统阐述，因此本章节不做详细介绍。

总地来讲，无论是气动外形综合优化还是其他学科的优化问题，寻优效率和质量在一定程度上都是一对矛盾，如何充分利用各个算法的优点是数值优化向工程应用推广的关键。

2.1.2 梯度优化算法

梯度类算法需要在计算目标函数对设计变量的梯度 (或叫灵敏度) 基础上，根据梯度信息来进行寻优。最常用的梯度类算法有最速下降法、牛顿法、共轭梯度法以及序列二次规划法 [4-6]，梯度类算法的核心是获取准确的导数信息以及合理的下降步长，收敛速度较快。

梯度类算法对目标空间的数学特性有着强烈要求，且无法跳出局部最优的缺点，同时计算效率很大程度上依赖于梯度信息的获取方法，比如传统的复变量方法和有限差分法。然而对于飞行器气动外形精细化设计来讲，优化问题包含了成千上万个设计变量，此时，传统的梯度计算手段可行性大大下降。基于伴随思想的导数计算以其与设计变量无关的优势，结合梯度类算法，近年来在气动设计上发挥着重要作用，是今后值得关注的一个研究方向。

所谓最优化问题，就是求解一个多元函数在某个给定集合上的极值。优化问题的一般表达式为

$$\begin{aligned} \min \quad & f(x) \\ \text{s.t.} \quad & h_i(x) = 0, \quad i = 1, \cdots, l \\ & g_i(x) \geqslant 0, \quad i = 1, \cdots, m \end{aligned} \tag{2.1}$$

式中，函数 $f : \mathbb{R}^n \to \mathbb{R}$ 是二阶连续函数；$f(x)$、$h_i(x)$ 以及 $g_i(x)$ 都是定义在 $\mathbb{R}^n$ 上的连续可微的多元实值函数，n 为优化问题的维数。求解此类问题时，梯度优化算法一般采用迭代思想：从某个初始点 x_0 出发，由某种算法逐步进行迭代，生成点列 $\{x_k\}$，使点列 $\{x_k\}$ 中的某个点或者某个极限点是优化问题的解或稳定

点，其迭代格式为

$$\boldsymbol{x}_{k+1} = \boldsymbol{x}_k + \alpha_k \boldsymbol{d}_k \tag{2.2}$$

式中，步长 α_k 由线搜索准则确定；$\boldsymbol{d}_k$ 为搜索方向。用不同的方式确定搜索方向或搜索步长，就会得到不同的算法。针对此类优化问题，目前已经有很多有效的求解方法，如最速下降法、牛顿法、拟牛顿法、共轭梯度法、序列二次规划法等。限于篇幅限制，本章节主要对几类典型的梯度优化算法进行简要介绍。

2.1.3 无约束优化求解算法

1. 最速下降法

最速下降法是求解无约束优化问题最基本的算法，是研究其他无约束优化算法的基础，许多算法都是以它为基础进行改进或修正而得到的 [7]。最速下降法搜索方向为负梯度方向。设 $f(\boldsymbol{x})$ 在 $\boldsymbol{x}_k$ 附近连续可导，$\boldsymbol{d}_k$ 是搜索方向向量，最速下降法的搜索方向定义为

$$\boldsymbol{d}_k = -\nabla f(\boldsymbol{x}_k) \tag{2.3}$$

最速下降法具体计算步骤如下：

步骤 0：选取初始点 $\boldsymbol{x}_0 \in \mathbb{R}^n$，容许误差 $0 \leqslant \varepsilon \ll 1$，令 $k = 1$。

步骤 1：计算 $\nabla f(\boldsymbol{x}_k)$，如果 $\|\nabla f(\boldsymbol{x}_k)\| \leqslant \varepsilon$，停止，输出 $\boldsymbol{x}_k$ 作为近似最优解。

步骤 2：取方向 $\boldsymbol{d}_k = -\nabla f(\boldsymbol{x}_k)$。

步骤 3：由线搜索技术确定步长因子 α_k。

步骤 4：令 $\boldsymbol{x}_{k+1} = \boldsymbol{x}_k + \alpha_k \boldsymbol{d}_k$，$k = k + 1$，转步骤 1。

2. 有限记忆 BFGS(Broyden-Fletcher-Goldfarb-Shanno) 算法

牛顿法基本思想是用迭代点 $\boldsymbol{x}_k$ 处的一阶导数 (梯度) 和二阶导数对目标函数进行二次函数近似，然后把二次模型的极小点作为新的迭代点，并重复至求得满足精度的近似点。牛顿法最突出的优点是收敛速度快，具有局部二阶收敛性，缺点是要求目标函数每个迭代点处的二阶导数是正定的。为克服其缺点，出现了很多修正方法，如拟牛顿法、BFGS 算法，其核心思想是在二阶导数 Hessian 矩阵的计算过程中，用近似矩阵替代。由于 BFGS 算法存在内存占用多，不利于处理大规模优化问题的缺点，其改进算法——有限记忆 BFGS 算法 (LBFGS) 应运而生，这里对其算法步骤进行简要介绍。用 $g(\boldsymbol{x}_k)$ 表示 $f(\boldsymbol{x})$ 在点 $\boldsymbol{x}_k$ 处的梯度，并简记为 $g_k = g(\boldsymbol{x}_k)$。有限记忆 BFGS 算法的流程如下。

步骤 0：取初始点 $\boldsymbol{x}_0$ 和正整数 m，$0 < \beta' < 1/2$，$\beta' < \beta < 1$，以及一个对称正定矩阵 $\boldsymbol{H}_0$，令 $k = 0$。

步骤 1：如果 $\|\boldsymbol{g}_k\|$ 满足终止条件，算法终止。

步骤 2：由 $\boldsymbol{d}_k = -\boldsymbol{H}_k\boldsymbol{g}_k$ 计算搜索方向 $\boldsymbol{d}_k$。

步骤 3：确定 α_k 满足下面的 Wolfe-Powell 条件：

$$f(\boldsymbol{x}_k + \alpha_k\boldsymbol{d}_k) \leqslant f(\boldsymbol{x}_k) + \beta'\alpha_k\boldsymbol{g}_k^{\mathrm{T}}\boldsymbol{d}_k \tag{2.4}$$

$$g(\boldsymbol{x}_k + \alpha_k\boldsymbol{d}_k)^{\mathrm{T}}\boldsymbol{d}_k \geqslant \beta\boldsymbol{g}_k^{\mathrm{T}}\boldsymbol{d}_k \tag{2.5}$$

且令 α_k 的初始值为 1。

步骤 4：令 $m_k = \min\{k, m-1\}$。利用 $\{s_i, y_i\}_{i=k-m_k}^{k}$ 通过下式修正 $\boldsymbol{H}_0$ 矩阵 $m_k + 1$ 次，得矩阵 $\boldsymbol{H}_{k+1}$。

$$\boldsymbol{s}_k = \boldsymbol{x}_{k+1} - \boldsymbol{x}_k \tag{2.6}$$

$$\boldsymbol{y}_k = \boldsymbol{g}_{k+1} - \boldsymbol{g}_k \tag{2.7}$$

$$\rho_k = 1/(\boldsymbol{y}_k^{\mathrm{T}}\boldsymbol{s}_k) \tag{2.8}$$

$$\boldsymbol{V}_k = \boldsymbol{I} - \rho_k\boldsymbol{y}_k\boldsymbol{s}_k^{\mathrm{T}} \tag{2.9}$$

$$\begin{aligned}
H_{k+1} =& (\boldsymbol{V}_k^{\mathrm{T}} \cdots \boldsymbol{V}_{k-m_k}^{\mathrm{T}})\boldsymbol{H}_0(\boldsymbol{V}_{k-m_k} \cdots \boldsymbol{V}_k) \\
&+ \rho_{k-m_k}(\boldsymbol{V}_k^{\mathrm{T}} \cdots \boldsymbol{V}_{k-m_k+1}^{\mathrm{T}})\boldsymbol{s}_{k-m_k}\boldsymbol{s}_{k-m_k}^{\mathrm{T}}(\boldsymbol{V}_{k-m_k+1} \cdots \boldsymbol{V}_k) \\
&+ \rho_{k-m_k+1}(\boldsymbol{V}_k^{\mathrm{T}} \cdots \boldsymbol{V}_{k-m_k+2}^{\mathrm{T}})\boldsymbol{s}_{k-m_k+1}\boldsymbol{s}_{k-m_k+1}^{\mathrm{T}}(\boldsymbol{V}_{k-m_k+2} \cdots \boldsymbol{V}_k) \\
&\vdots \\
&+ \rho_k\boldsymbol{s}_k\boldsymbol{s}_k^{\mathrm{T}}
\end{aligned} \tag{2.10}$$

步骤 5：令 $k = k+1$，转入步骤 1。

3. 共轭梯度法

共轭梯度法具有超线性收敛速度，是一种无约束优化算法。共轭方向的基本思想是在求解 n 维正定二次目标函数极小点时，产生一组共轭方向作为搜索方向，在精确线搜索条件下算法至多迭代 n 步即能求得极小点 [6,7]。用 $g(\boldsymbol{x}_k)$ 表示 $f(\boldsymbol{x})$ 在点 $\boldsymbol{x}_k$ 处的梯度，并简记 $g_k = g(\boldsymbol{x}_k)$。共轭梯度法的流程如下。

步骤 1：取初始点 $\boldsymbol{x}_0$，精度 ε，$\boldsymbol{g}_0 = \nabla f(\boldsymbol{x}_0)$，$\boldsymbol{d}_0 = -\boldsymbol{g}_0$，$k = 0$。

步骤 2：如果 $\|\boldsymbol{g}_k\|$ 满足终止条件，算法终止。

步骤 3：计算步长因子 α_k 和搜索方向 $\boldsymbol{d}_k$。α_k 是由采用的线搜索方法决定的，搜索方向由下式决定：

$$d_k = \begin{cases} -g_0, & k = 0 \\ -g_k + \beta_k d_{k-1}, & k \geqslant 1 \end{cases} \tag{2.11}$$

式中, β_k 是参数, 不同的共轭梯度法对应不同的 β_k 计算方法。以 FR(Fletcher-Reeves) 方法为例:

$$\beta_k = \frac{\|g_{k+1}\|^2}{\|g_k\|^2} \tag{2.12}$$

步骤 4: $x_{k+1} = x_k + \alpha_k d_k$。

步骤 5: 令 $k = k + 1$, 转入步骤 2。

2.1.4 带约束优化求解算法

前述三种算法都是用于处理无约束优化问题的算法。实际应用中, 多为带约束的优化问题, 经典的处理思路是: 根据约束条件的特点, 将其转化为某种惩罚函数加到目标函数中去, 从而将约束优化问题转化为一系列的无约束优化问题进行求解。经典的约束处理方法有: 外罚函数法和乘子法。乘子法是 Powell 和 Hestenes 于 1969 年各自针对等式约束优化问题提出的一种优化算法, 后于 1973 年经 Rockfellar 推广到求解不等式约束优化问题。其基本思想是从原问题的拉格朗日函数出发, 再加上适当的罚函数, 从而将原问题转化为求解一系列的无约束优化子问题[7]。序列二次规划法就是基于乘子法对约束问题进行处理的, 本节重点介绍序列二次规划算法。

序列二次规划是求解约束优化问题最有效的算法之一, 其约束处理方式就是采用乘子法, 其基本思想是在每一迭代步通过求解一个二次规划子问题来确立一个下降方向, 以减少价值函数来取得步长, 重复这些步骤直到求得原问题的解[7-9]。

一般非线性优化问题为

$$\begin{aligned} \min \quad & f(x) \\ \text{s.t.} \quad & h_i(x) = 0, \quad i \in E \\ & g_i(x) \geqslant 0, \quad i \in I \end{aligned} \tag{2.13}$$

其拉格朗日形式是

$$L(x, \mu, \lambda) = f(x) - \mu^{\mathrm{T}} h(x) - \lambda^{\mathrm{T}} g(x) \tag{2.14}$$

式 (2.13) 和式 (2.14) 的 KT 优化条件 (极小值的一阶必要条件, 也就是 Kuhn-

Tucker 条件) 是

$$\begin{cases} \nabla_x L\left(\boldsymbol{x}^*,\mu^*,\lambda^*\right)=0 \\ h_i(\boldsymbol{x}^*)=0, & i\in E \\ g_i(\boldsymbol{x}^*)\geqslant 0, & i\in I \\ \lambda_i^*\geqslant 0, & i\in I \\ \lambda_i^* g_i(\boldsymbol{x}^*)=0, & i\in I \end{cases} \tag{2.15}$$

为求解非线性优化问题，首先需要将其线性化，求解二次规划子问题。公式 (2.13) 在点 $(\boldsymbol{x}_k,\mu_k,\lambda_k)$ 的二次规划子问题可写为

$$\begin{cases} \min & F(\boldsymbol{d}_k)=\nabla f(\boldsymbol{x}_k)\boldsymbol{d}_k+\dfrac{1}{2}\boldsymbol{d}_k^{\mathrm{T}}\boldsymbol{B}_k\boldsymbol{d}_k \\ \text{s.t.} & H_i(\boldsymbol{d}_k)=h_i(\boldsymbol{x}_k)+\boldsymbol{A}_{i,k}^E\boldsymbol{d}_k=0, & i\in E \\ & G_i(\boldsymbol{d}_k)=g_i(\boldsymbol{x}_k)+\boldsymbol{A}_{i,k}^I\boldsymbol{d}_k\geqslant 0, & i\in I \end{cases} \tag{2.16}$$

其中 $\boldsymbol{B}_k$ 是正定矩阵, $\boldsymbol{A}_k^E=\nabla h(\boldsymbol{x}_k)$, $\boldsymbol{A}_k^I=\nabla g(\boldsymbol{x}_k)$。

式 (2.16) 的 KT 优化条件是

$$\begin{cases} \nabla_d L\left(\boldsymbol{d}^*,\mu^*,\lambda^*\right)=0 \\ H_i(\boldsymbol{d}^*)=0, & i\in E \\ G_i(\boldsymbol{d}^*)\geqslant 0, & i\in I \\ \lambda_i^*\geqslant 0, & i\in I \\ \lambda_i^* G_i(\boldsymbol{d}^*)=0, & i\in I \end{cases} \tag{2.17}$$

可等价为

$$\begin{cases} \boldsymbol{M}_1(\boldsymbol{d},\mu,\lambda)=\boldsymbol{B}_k\boldsymbol{d}-(\boldsymbol{A}_k^E)^{\mathrm{T}}\mu-(\boldsymbol{A}_k^I)^{\mathrm{T}}\lambda+\nabla f(\boldsymbol{x}_k)=0 \\ \boldsymbol{M}_2(\boldsymbol{d},\mu,\lambda)=h(\boldsymbol{x}_k)+\boldsymbol{A}_k^E\boldsymbol{d}=0 \\ \lambda\geqslant 0 \\ g(\boldsymbol{x}_k)+\boldsymbol{A}_k^I\boldsymbol{d}\geqslant 0 \\ \lambda^{\mathrm{T}}(g(\boldsymbol{x}_k)+A_k^I\boldsymbol{d})=0 \end{cases} \tag{2.18}$$

式 (2.18) 的后三个公式可以看作线性问题 $(\varepsilon>0)$:

$$\varphi(\varepsilon,a,b)=a+b-\sqrt{a^2+b^2+2\varepsilon^2} \tag{2.19}$$

令

$$\Phi(\varepsilon,\boldsymbol{d},\lambda)=(\varphi_1(\varepsilon,\boldsymbol{d},\lambda),\varphi_2(\varepsilon,\boldsymbol{d},\lambda),\cdots,\varphi_m(\varepsilon,\boldsymbol{d},\lambda))^{\mathrm{T}} \tag{2.20}$$

$$\varphi_i(\varepsilon, \boldsymbol{d}, \lambda) = \lambda_i + [g_i(\boldsymbol{x}_k) + (\boldsymbol{A}_k^I)_i \boldsymbol{d}] - \sqrt{\lambda_i^2 + [g_i(\boldsymbol{x}_k) + (\boldsymbol{A}_k^I)_i \boldsymbol{d}]^2 + 2\varepsilon^2} \quad (2.21)$$

其中 $(\boldsymbol{A}_k^I)_i$ 表示矩阵 $\boldsymbol{A}_k^I$ 的第 i 行。令 $z = (\varepsilon, \boldsymbol{d}, \mu, \lambda)$，则式 (2.18) 可改写为

$$M(z) := M(\varepsilon, \boldsymbol{d}, \boldsymbol{\mu}, \boldsymbol{\lambda}) = \begin{bmatrix} \varepsilon \\ M_1(\boldsymbol{d}, \boldsymbol{\mu}, \boldsymbol{\lambda}) \\ M_2(\boldsymbol{d}, \boldsymbol{\mu}, \boldsymbol{\lambda}) \\ \Phi(\varepsilon, d, \lambda) \end{bmatrix} = 0 \quad (2.22)$$

$M(z)$ 的雅可比矩阵是

$$M'(z) = \begin{bmatrix} 1 & 0 & 0 & 0 \\ 0 & \boldsymbol{B}_k & -(\boldsymbol{A}_k^E)^{\mathrm{T}} & -(\boldsymbol{A}_k^I)^{\mathrm{T}} \\ 0 & \boldsymbol{A}_k^E & 0 & 0 \\ \upsilon & \boldsymbol{D}_2(z)\boldsymbol{A}_k^I & 0 & \boldsymbol{D}_1(z) \end{bmatrix} \quad (2.23)$$

其中

$$\upsilon = \nabla_\varepsilon \Phi(\varepsilon, \boldsymbol{d}, \boldsymbol{\lambda}) = (v_1, v_2, \cdots, v_m)^{\mathrm{T}} \quad (2.24)$$

$$v_i = -\frac{2\varepsilon}{\sqrt{\lambda_i^2 + [g_i(x_k) + (A_k^I)_i d]^2 + 2\varepsilon^2}} \quad (2.25)$$

$$\boldsymbol{D}_1(z) = \mathrm{diag}(a_1(z), \cdots, a_m(z)) \quad (2.26)$$

$$\boldsymbol{D}_2(z) = \mathrm{diag}(b_1(z), \cdots, b_m(z)) \quad (2.27)$$

$$a_i(z) = 1 - \frac{\lambda_i}{\sqrt{\lambda_i^2 + [g_i(\boldsymbol{x}_k) + (\boldsymbol{A}_k^I)_i \boldsymbol{d}]^2 + 2\varepsilon^2}} \quad (2.28)$$

$$b_i(z) = 1 - \frac{g_i(\boldsymbol{x}_k) + (\boldsymbol{A}_k^I)_i \boldsymbol{d}}{\sqrt{\lambda_i^2 + [g_i(\boldsymbol{x}_k) + (\boldsymbol{A}_k^I)_i \boldsymbol{d}]^2 + 2\varepsilon^2}} \quad (2.29)$$

求解公式 (2.18)，可以得到近似下降方向 $\boldsymbol{d}_k$ 和对应的 $\boldsymbol{\lambda}$ 和 $\boldsymbol{\mu}$。

令约束处理后的优化目标为

$$\phi(\boldsymbol{x}, \sigma) = f(\boldsymbol{x}) + \sigma^{-1}(\|h(\boldsymbol{x})\|_1 + \|g(\boldsymbol{x})_-\|_1) \quad (2.30)$$

其中 $g(\boldsymbol{x}) \triangleq \max\{0, -g_i(\boldsymbol{x})\}$，$\sigma > 0$ 是责罚值。

对应的序列二次规划算法求解步骤如下 [9]。

步骤 0：给出初值 $(\boldsymbol{x}_0, \boldsymbol{\mu}_0, \boldsymbol{\lambda}_0)$ 和对称正定矩阵 $\boldsymbol{B}_0$。计算 $f(\boldsymbol{x}_0)$，$\nabla f(\boldsymbol{x}_0)$，$\boldsymbol{A}_0^E = \nabla h(\boldsymbol{x}_0)^{\mathrm{T}}$，$\boldsymbol{A}_0^I = \nabla g(\boldsymbol{x}_0)^{\mathrm{T}}$，$\boldsymbol{A}_0 = \begin{bmatrix} \boldsymbol{A}_0^E \\ \boldsymbol{A}_0^I \end{bmatrix}$。令 $k = 0$。

步骤 1：检测是否满足约束，如果不满足，转到步骤 2，若满足转到步骤 7。

步骤 2：求解点 x_k 处的二次规划子问题，得到 d_k、μ_k 和 λ_k。

步骤 3：通过下述方法，选择合适的参数 σ_k。令

$$\tau = \max(\|\mu_k\|, \|\lambda_k\|) \tag{2.31}$$

那么

$$\sigma_k = \begin{cases} \sigma_{k-1}, & \sigma_{k-1}^{-1} \geqslant \tau + \delta \\ (\tau + 2\delta)^{-1}, & \sigma_{k-1}^{-1} < \tau + \delta \end{cases} \tag{2.32}$$

其中 $\delta > 0$ 是一个随机数。

步骤 4：进行线搜索，计算步长。α_k 满足如下条件：

$$\phi(x_k + \alpha_k d_k, \sigma_k) - \phi(x_k, \sigma_k) \leqslant c\alpha_k \phi'(x_k, \sigma_k) \tag{2.33}$$

其中 c 是一个常数。

步骤 5：令 $x_{k+1} = x_k + \alpha_k d_k$，计算 $\nabla f(x_{k+1})$，A_{k+1}^E 和 A_{k+1}^I。采用拟牛顿法求解 B_{k+1}。

步骤 6：令 $k = k+1$，然后转到步骤 1。

步骤 7：结束。

序列二次规划算法具有良好的求解非线性优化问题的能力，可处理非线性的等式和非等式约束，是目前最常用的梯度优化算法之一，图 2-1 给出了序列二次规划算法的基本流程示意图。

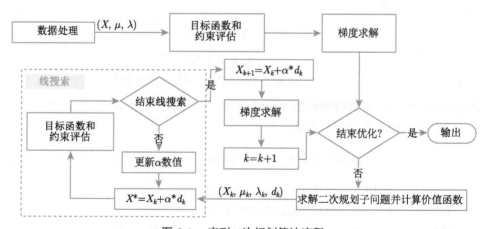

图 2-1　序列二次规划算法流程

2.2 约束处理方式

气动优化设计中经常包含约束条件。许多优化算法，如最速下降法、牛顿法、共轭梯度法等，在推导过程中都没有考虑约束情况，因此需要通过一些约束处理方法，将有约束的优化问题转化为无约束的优化问题。目前，常用的约束处理方法主要有外罚函数法、障碍函数法和乘子法[10]。

2.2.1 外罚函数法

外罚函数法，又称为外点法，其基本原理是[11]：根据约束条件特点，利用目标函数和约束函数构造辅助函数，使得约束项成为辅助函数中的项，从而将约束问题转化为无约束问题；该辅助函数值在不可行点处为很大的正值，而在可行点处，与约束相关的项都为 0，从而辅助函数值与目标函数值一致。在求辅助函数最小值的过程中，不可行点将自动被排除，从而辅助函数最小值所对应的点即原有约束问题的最优解。

此辅助函数即为罚函数，对于带约束优化问题，可定义罚函数：

$$P(\boldsymbol{X}, \sigma, \varsigma) = f(\boldsymbol{X}) + \sigma \sum_{i=1}^{q} h_i^2(\boldsymbol{X}) + \varsigma \sum_{i=1}^{p} [\max(0, -g_i(\boldsymbol{X}))]^2 \tag{2.34}$$

式中，σ 和 ς 为很大的正数，称为惩罚因子。式 (2.34) 右端第二项、第三项分别是对于等式约束和不等式约束的处理。当 $\boldsymbol{X}$ 符合约束条件时，不难证明

$$\sigma \sum_{i=1}^{q} h_i^2(\boldsymbol{X}) = 0 \tag{2.35}$$

$$\varsigma \sum_{i=1}^{p} [\max(0, -g_i(\boldsymbol{X}))]^2 = 0 \tag{2.36}$$

否则，这两项均为很大的正值。

因此，原优化问题转化为针对罚函数 $P(\boldsymbol{X}, \sigma, \varsigma)$ 的优化问题，即

$$\min_{\boldsymbol{X}} P(\boldsymbol{X}, \sigma, \varsigma) \tag{2.37}$$

当 $\boldsymbol{X}$ 不是可行解时，罚函数值为很大的正数，因此，在优化过程中不可行解将被自动剔除。

利用外罚函数法求解有约束优化问题的步骤如下：

步骤 1：给定初始点 $\boldsymbol{X}_0$ 和允许误差 $\varepsilon > 0$，选择序列 $\{\sigma_k\}$ 和 $\{\varsigma_k\}$，σ_k 和 ς_k 递增，且都趋于 $+\infty$，置 $k = 1$。

步骤 2：以 $\boldsymbol{X}_{k-1}$ 作为初始点，求解无约束问题

$$\min_{\boldsymbol{X}} P(\boldsymbol{X}, \sigma, \varsigma) = f(\boldsymbol{X}) + \sigma \sum_{i=1}^{q} h_i^2(\boldsymbol{X}) + \varsigma \sum_{i=1}^{p} \left[\max(0, -g_i(\boldsymbol{X}))\right]^2 \quad (2.38)$$

将得到的最优解作为 $\boldsymbol{X}_k$。

步骤 3：若

$$\sigma_k \sum_{i=1}^{q} h_i^2(\boldsymbol{X}_k) + \varsigma_k \sum_{i=1}^{p} \left[\max(0, -g_i(\boldsymbol{X}_k))\right]^2 < \varepsilon \quad (2.39)$$

停止计算，将得到的 $\boldsymbol{X}_k$ 作为约束问题的最优解；否则，令 $k = k + 1$，转至步骤 2。

使用外罚函数法求解最优化问题，实际上是求得最优解的过程中，不断排除不符合约束条件的点，从而在剩下符合条件的点中选择最优解，相当于求解过程是从可行域外部开始向内部进行，因此，被称为外罚函数法。根据外罚函数的特点，惩罚因子的选择很重要，过大的惩罚因子将增加计算难度，过小的惩罚因子将降低计算效率。因此，在实际计算过程中，需要根据实际情况适当调整惩罚因子的初值和加速度。

2.2.2　障碍函数法

与外罚函数法不同的是，障碍函数法从可行域内部开始搜索，并通过构造罚函数，使得可行域边界上的函数值陡然增大，从而使得搜索范围始终限制在可行域内部，因此也将障碍函数法称为内点法 [12]。

根据内点法的特点，这种惩罚策略只能用于不等式约束问题，等式约束无法在可行域边界构造障碍。此外，还要求可行域的内点集非空。若每个可行点都是边界点，则相应的罚函数都为很大的正数，障碍函数法失效。

将带约束的优化问题简化得到仅包含不等式约束的优化问题：

$$\begin{aligned} &\min_{\boldsymbol{X}} \quad f(\boldsymbol{X}) \\ &\text{s.t.} \quad g_i(\boldsymbol{X}) \geqslant 0, \quad i = 1, \cdots, p \end{aligned} \quad (2.40)$$

由式 (2.40) 构造如下形式的罚函数：

$$P(\boldsymbol{X}, r) = f(\boldsymbol{X}) + rB(\boldsymbol{X}) \quad (2.41)$$

式中, $rB(\boldsymbol{X})$ 为惩罚项; $B(\boldsymbol{X})$ 为障碍函数; r 为障碍因子。$B(\boldsymbol{X})$ 是连续函数, 当点 $\boldsymbol{X}$ 趋向可行域边界时, $B(\boldsymbol{X}) \to +\infty$。$B(\boldsymbol{X})$ 有以下两种重要的构造形式:

$$B(\boldsymbol{X}) = \sum_{i=1}^{p} \frac{1}{g_i(\boldsymbol{X})} \tag{2.42}$$

$$B(\boldsymbol{X}) = -\sum_{i=1}^{p} \ln(g_i(\boldsymbol{X})) \tag{2.43}$$

r 取很小的正数, 因此, 当点 $\boldsymbol{X}$ 趋向可行域边界时, $P(\boldsymbol{X}, r) \to +\infty$; 反之, 由于 r 取值很小, 则 $P(\boldsymbol{X}, r)$ 的取值近似于 $f(\boldsymbol{X})$。因此, 可以通过求解下列无约束问题得到原约束问题的近似解:

$$\begin{aligned} \min \quad & P(\boldsymbol{X}, r) \\ \text{s.t.} \quad & \boldsymbol{X} \in D \end{aligned} \tag{2.44}$$

2.2.3 乘子法

外罚函数法和障碍函数法都存在固有缺点, 随着惩罚因子趋向其极限, 罚函数的 Hessian 矩阵的条件数无限增大, 将变得越来越病态, 从而给极小化带来很大困难。为了克服这个缺点, Hestenes[13] 和 Powell[14] 于 1969 年提出了乘子法。这种方法的基本思想是把罚函数与拉格朗日函数结合起来, 借助于罚函数的优点, 并结合拉格朗日乘子的性质, 构造出更合适的新目标函数, 使得在惩罚因子适当大的情况下就能逐步达到原约束问题的最优解。乘子法也称为广义拉格朗日乘子法。

对于带约束优化问题, 定义增广拉格朗日函数为

$$\begin{aligned} L(\boldsymbol{X}, \boldsymbol{\lambda}, \sigma) =& f(\boldsymbol{X}) + \frac{1}{4\sigma} \sum_{i=1}^{p} \left\{ [\max(0, \lambda_i + 2\sigma g_i(\boldsymbol{X}))]^2 - \lambda_i^2 \right\} \\ & - \sum_{i=1}^{q} \lambda_i h_i(\boldsymbol{X}) + \sigma \sum_{i=1}^{q} h_i^2(\boldsymbol{X}) \end{aligned} \tag{2.45}$$

在上式中, 右端第二项为对不等式约束的处理, 第三项和第四项为对等式约束的处理。参数 σ 取充分大的值, 并通过修正第 k 次迭代中的乘子 $\boldsymbol{\lambda}_k$, 得到第 $k+1$ 次迭代中的乘子 $\boldsymbol{\lambda}_{k+1}$, 修正公式如下:

$$\begin{cases} \lambda_{i,k+1} = \max(0, \lambda_{i,k} + 2\sigma_k g_i(\boldsymbol{X}_k)), & i = 1, \cdots, p \\ \lambda_{i,k+1} = \lambda_{i,k} + 2\sigma_k h_i(\boldsymbol{X}_k), & i = 1, \cdots, q \end{cases} \tag{2.46}$$

由式 (2.10) 可知，当 X 在可行域中时，$L(X,\lambda,\sigma)$ 与 $f(X)$ 近似；而当 X 在可行域之外时，增广拉格朗日函数值将为很大的正值，从而自动排除相应的 X 值。因此可以将原有约束的优化问题转化为有关增广拉格朗日函数的无约束优化问题。

2.3　几何外形参数化建模

参数化方法对外形的描述能力决定了所生成飞行器几何外形的光顺程度。不同的参数化方法几何模型确定了不同的优化搜索空间。因此，几何外形参数化建模直接影响着优化设计的结果，是飞行器外形优化设计的关键技术之一。目前，几何外形参数化建模技术实现了从简单曲线参数化到全机复杂外形一体化参数化的发展。本节给出典型常用的参数化方法的介绍。

2.3.1　剖面参数化建模方法

翼型以及机身剖面的性能特性对飞行器的整体性能特性有重要影响，因此，对剖面优化设计有重要意义。在剖面参数化建模中，应用最广泛的有 Hicks-Henne 型函数法以及类函数/型函数变形技术 (Class Function/Shape Function Transformation, CST)。

1. Hicks-Henne 型函数法

Hicks-Henne 型函数法是典型的翼型参数化方法，在翼型和机翼设计中非常有效，应用也最多。最早由 Hicks 和 Henne 在 1978 年提出 [15]，其基本原理是：选定一个基准翼型，之后用参数化方法描述这个基准翼型 y 方向上的变化量，从而实现对新翼型的参数化描述。该方法形式简单，具备足够的设计空间，可以对翼型进行精细化设计。Hicks-Henne 型函数法的数学描述如下：

令基准翼型上下翼面的描述函数分别为 $y_{\text{base\_up}}(x)$ 和 $y_{\text{base\_down}}(x)$，根据 Hicks-Henne 型函数法，新翼型的上下翼面函数可分别表示为

$$y_{\text{new\_up}}(x) = y_{\text{base\_up}}(x) + \sum_i^n a_i f_i(x) \tag{2.47}$$

$$y_{\text{new\_down}}(x) = y_{\text{base\_down}}(x) + \sum_i^n b_i f_i(x) \tag{2.48}$$

式 (2.47) 和式 (2.48) 中，n 表示设计变量个数；a_i 和 b_i 为 Hicks-Henne 基函数系数，取值范围为 $-0.005\sim0.005$；$f_i(x)$ 为 Hicks-Henne 基函数，可以根据需求取不同的表达形式，这里给出其中的一种表达形式供参考 [2]：

$$f_i(x) = \begin{cases} x^{0.25}(1-x)\,\mathrm{e}^{-20x}, & i = 1 \\ \sin^3\left(\pi x^{e(i)}\right), & 1 < i \leqslant n-1 \\ ax(1-x)\,\mathrm{e}^{-\beta(1-x)}, & i = n \end{cases} \tag{2.49}$$

式中，$i = 1$ 时表示机翼前缘；$i = n$ 时表示机翼后缘。a 用于控制斜率的变化量，考虑到实际使用中 Hicks-Henne 参数一般都是 0.001 量级，基函数与 Hicks-Henne 参数相乘后会使得后缘变小，因此，a 在实际使用中的取值范围为 5～15；$\mathrm{e}^{-\beta(1-x)}$ 项使远离后缘的地方函数迅速衰减，β 为衰减系数。$e(i)$ 定义如下：

$$e(i) = \frac{\log 0.5}{\log x_i}, \quad 0 < x_k < 1 \tag{2.50}$$

式中，x_i 为参数点的坐标值，控制对应扰动函数峰值位置。

2. 类函数/型函数变形技术参数化方法

类函数/型函数变形技术 (CST) 参数化方法由 Kulfan[16] 提出，CST 参数化的基函数由类函数 $C(x)$ 和型函数 $S(x)$ 的乘积构成，其数学公式可表示为

$$\zeta(\psi) = C(\psi)S(\psi) + \psi\zeta_T \tag{2.51}$$

式中，ψ 表示单位化参数量；$C(\psi)$ 表示类函数；$S(\psi)$ 表示型函数，其数学表达形式如下：

$$C(\psi) = (\psi)^a(1-\psi)^b \tag{2.52}$$

$$S(\psi) = \frac{\zeta(\psi) - \psi\zeta_T}{\sqrt{\psi(1-\psi)}} = \sum_{i=0}^{n}[A_i S_i(\psi)] \tag{2.53}$$

对于类函数 $C(\psi)$，当 a, b 取不同的值时，可以定义不同分类的基本形状，图 2-2 给出了不同的类函数的外形定义。

在翼型参数化过程中，为了生成更复杂实用的翼型，可以把单位型函数分解为一个伯恩斯坦多项式。伯恩斯坦多项式的每个分量可表示为

$$\mathrm{BP}_{i,n}(\psi) = K_i\psi^i(1-\psi)^{n-i} \tag{2.54}$$

式中，K_i 是型函数分量系数；n 是伯恩斯坦多项式的阶数。K_i 可以用如下公式表示：

$$K_i \equiv \begin{pmatrix} n \\ i \end{pmatrix} = \frac{n!}{i!(n-i)!} \tag{2.55}$$

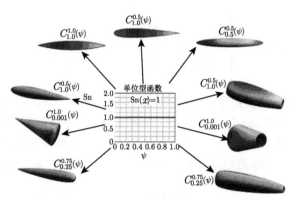

图 2-2　类函数对不同类型外形的定义 [17]

用式 (2.55) 中的伯恩斯坦多项式分量代替型函数分量，式 (2.54) 可以进一步表示为

$$S\left(\psi\right) = \sum_{i=1}^{n} A_i \mathrm{BP}_{i,n}\left(\psi\right) \tag{2.56}$$

在优化过程中，可以通过拟合方法拟合初始外形剖面，得到型函数的权重系数 A_i，然后将 A_i 作为初始设计变量进行设计。

2.3.2　曲面参数化建模方法

曲面参数化建模方法典型的代表有 NUBRS 曲面和基于 Bezier 曲线的 Bezier 曲面。

1. NURBS 曲面参数方法

NURBS 曲面法由 NURBS 曲线参数化方法推广而来。NURBS 曲线参数化是一种通用的几何外形建模方法，具有极强的几何外形描述能力。

一段 k 次 NURBS 曲线的表达式为 [18,19]：

$$\boldsymbol{P}\left(u\right) = \frac{\sum\limits_{i=0}^{n} \omega_i \boldsymbol{d}_i N_{i,k}\left(u\right)}{\sum\limits_{i=0}^{n} \omega_i N_{i,k}\left(u\right)} \tag{2.57}$$

式中，ω_i 为权因子，分别与控制顶点 $\boldsymbol{d}_i$ 相联系。ω_0、$\omega_n > 0$，表示首末权因子，其余 $\omega_i \geqslant 0$。$N_{i,k}\left(u\right)$ 是由节点矢量

$$\boldsymbol{U}\left(u\right) = [u_0, u_1, \cdots, u_n, \cdots, u_{n+k+1}] \tag{2.58}$$

按德布尔–考克斯 (de Boor-Cox) 递推公式决定的 k 次规范 B 样条基函数：

$$\begin{cases} N_{i,0}(u) = \begin{cases} 1, & u_i \leqslant u < u_{i+1} \\ 0, & u < u_i \quad \text{或} \quad u \geqslant u_{i+1} \end{cases} \\ N_{i,k}(u) = \dfrac{u - u_i}{u_{i+k} - u_i} N_{i,k-1}(u) + \dfrac{u_{i+k+1} - u}{u_{i+k+1} - u_{i+1}} N_{i+1,k-1}(u) \\ \text{定义} \quad \dfrac{0}{0} = 0, \quad i = 0, 1, \cdots, n \end{cases} \tag{2.59}$$

对于非周期 NURBS 曲线，常将两端点的重复度取为 $k+1$，即 $u_0 = u_1 = \cdots = u_k$，$u_{n+1} = u_{n+2} = \cdots = u_{n+k+1}$，且在大多数实际应用里，端节点值分别取为 0 与 1，因此，有曲线定义域 $u \in (u_k, u_{n+1}) = [0, 1]$。对于任意给定的参数 u，可先计算 B 样条基函数，之后按照式 (2.57) 计算出 u 在曲线上对应点的坐标。

NURBS 曲面可由以下公式表示：

$$\boldsymbol{P}(u, v) = \frac{\sum\limits_{i=0}^{n} \sum\limits_{j=0}^{m} B_{i,k}(u) B_{j,l}(v) W_{i,j} \boldsymbol{V}_{i,j}}{\sum\limits_{i=0}^{n} \sum\limits_{j=0}^{m} B_{i,k}(u) B_{j,l}(v) W_{i,j}} \tag{2.60}$$

式中，$\boldsymbol{V}_{i,j}$ 为控制顶点；$W_{i,j}$ 为权因子；$B_{i,k}(u)$ 和 $B_{j,l}(v)$ 分别为沿着 u 向的 k 次和沿 v 向的 l 次 B 样条基函数。u、v 的取值范围均为 $[0, 1]$。

在构建 NURBS 曲面的过程中，先沿某一参数方向，例如 v 向进行，以所给的参数值对 v 向的 $m+1$ 个控制多边形及其联系的权因子执行用于计算 NURBS 曲线上点的算法，求得 $m+1$ 个中间控制顶点及其对应权因子。然后以所给的 u 参数值对这些中间控制顶点及其权因子执行用于 NURBS 曲线上点的算法，所得一点即为 NURBS 曲面上的点 $p(u, v)$。图 2-3 给出了 Samareh[20] 基于 NURBS 曲面参数化方法生成的曲面对运输机整流包参数化的示意图。

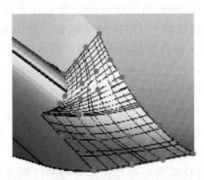

图 2-3　NURBS 曲面参数化方法生成的曲面及控制点[20]

2. Bezier 曲面参数化方法

Bezier 曲线的表达式为 [18,19]

$$\boldsymbol{P}\left(u\right) = \sum_{i=0}^{m} B_{m,i}\left(u\right)\boldsymbol{V}_i \tag{2.61}$$

式中，$\boldsymbol{V}_i$ 为控制点或特征多边形的顶点；$B_{m,i}\left(u\right)$ 为 m 阶 Bernstein 多项式：

$$B_{m,i}\left(u\right) = \frac{m!}{i!\left(m-i\right)!}u^i\left(1-u\right)^{m-i}, \quad u \in [0,1] \tag{2.62}$$

对比式 (2.59) 和式 (2.62) 可见，Bezier 曲线可以看成 NURBS 曲线的一种特例，Bezier 曲线的表达更为简洁。然而，由式 (2.62) 可知，Bezier 曲线的次数与控制顶点数密切相关。当待描述的曲线比较复杂时，需要增加 Bezier 曲线的次数。

与 NURBS 曲面参数化相似，Bezier 曲面参数化可由 Bezier 曲线参数化推广而来：

$$\boldsymbol{P}\left(u,v\right) = \sum_{i=0}^{m}\sum_{j=0}^{n} B_{m,i}\left(u\right)B_{n,j}\left(v\right)\boldsymbol{V}_{i,j}, \quad u,v \in [0,1] \tag{2.63}$$

式中，$B_{m,i}\left(u\right)$ 和 $B_{n,j}\left(v\right)$ 分别为 u 方向和 v 方向上的 Bernstein 基函数族；$\boldsymbol{V}_{i,j}$ 为控制顶点。根据前面所述的 Bezier 曲线参数化的特点，当利用 Bezier 曲面参数化方法构建复杂曲面时，常需要将多片曲面进行拼接。因此，需要根据曲面的几何特点选择合理的曲面参数化方法。

2.3.3　基于 FFD 方法的参数化建模方法

NURBS 曲面法和 Bezier 曲面法等曲面参数化方法基于离散数据进行参数化，存在着节点矢量选取依赖于 CFD 网格划分、总体参数化能力弱等问题，而 FFD 方法通过将物体嵌入弹性框架内实现弹性领域属性下的自由变形，在很大程度上消除了复杂外形带来的网格拓扑、部件组合处理难的问题。

FFD 是计算机图形学中 SOA(Soft Object Animation) 算法的一个分支，由 Sederberg 和 Parry 于 1986 年首次提出 [21]，目前已在计算机几何造型与动画设计中得到了广泛应用。该方法最早由 Yeh 和 Vance[22] 引入优化设计领域，进行了几何实体的参数化，形成自由变形参数化方法。在对几何外形进行数值优化时，一般都有一个初始外形，优化后的外形与初始外形的区别并不大。基于这一点，2004 年 Samareh 对自由变形参数化方法作了进一步的发展 [20]，采用曲面来建模优化过程中几何外形相对于初始外形的变化量，将该变化量叠加到初始外形上获得新的外形。目前，FFD 方法已经在飞行器几何外形参数化建模中得到了越来越广泛的应用，对于复杂拓扑外形也具有良好的通用性。

对于任意空间，构建任意形状框架以及任意控制顶点，将待变形的物体整体嵌入框架中，物体具备较好的弹性，与 FFD 空间属性一致，在外力的作用下进行无约束变形，即可以通过控制顶点对物体进行任意变形 [18]。

FFD 参数化方法可以采用 B 样条基函数或 Bernstein 多项式作为运算基函数构建空间属性，即建立了任意空间向正则空间 $\mathbb{R}^3 \to \mathbb{R}'^3$ 的映射函数 $\boldsymbol{X} = F(\boldsymbol{x})$，使模型的构造具备直观性、交互性以及透明性。

以基于非均匀有理 B 样条基函数的 FFD 为例，说明 FFD 外形参数化方法的基本原理 [23,24]。若原控制体内任一点 $\boldsymbol{X}$ 所对应的局部坐标为 $L_p(s,t,u)$，则该点在框架变形后所对应的笛卡儿坐标可由以下公式计算得到：

$$\boldsymbol{X}'(s,t,u) = \frac{\sum\limits_{i=0}^{p_1} \sum\limits_{j=0}^{p_2} \sum\limits_{k=0}^{p_3} P'_{i,j,k} W_{i,j,k} B_{i,p_1}(s) B_{j,p_2}(t) B_{k,p_3}(u)}{\sum\limits_{i=0}^{p_1} \sum\limits_{j=0}^{p_2} \sum\limits_{k=0}^{p_3} W_{i,j,k} B_{i,p_1}(s) B_{j,p_2}(t) B_{k,p_3}(u)} \tag{2.64}$$

式中，$W_{i,j,k}$ 为控制顶点；$P'_{i,j,k}$ 为对应的权因子；$B_{i,p_1}(s)$、$B_{j,p_2}(t)$ 和 $B_{k,p_3}(u)$ 为 NURBS 样条基函数。

图 2-4 和图 2-5 为空间 FFD 技术应用举例，图 2-4(a) 为宽体飞机全机复杂构型的参数化示意图，图 2-4(b) 为飞翼布局飞行器参数化，图 2-5(a) 和 (b) 给出了 FFD 控制剖面以及不同基函数变形控制效果。

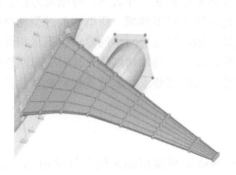
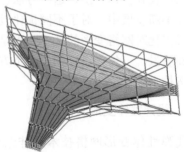

FFD 控制框和气动布局

(a) 翼身组合体参数化[23]　　　　　(b) 变形后的FFD控制框[24]

图 2-4　FFD 技术应用举例

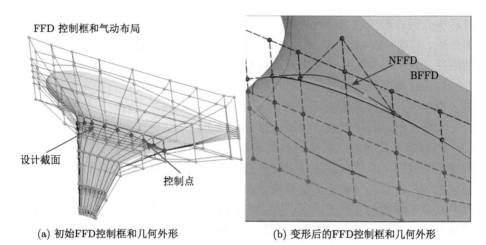

(a) 初始FFD控制框和几何外形　　　　　(b) 变形后的FFD控制框和几何外形

图 2-5　空间 FFD 方法对复杂外形进行参数化变形 [24]

2.4　典型网格变形技术

利用高可信度 CFD 技术以及结构有限元分析进行气动、结构性能评估时，空间网格重构技术是一个非常重要且具有挑战性的环节。在优化体系中，网格重构的鲁棒性、计算效率以及质量直接决定了设计平台的设计效率、设计品质以及设计能力。

针对不同的问题，研究人员发展了不同的变形网格方法，对于结构网格包括径向基函数法、无限插值方法、有限元方法、弹性体方法以及四元数方法等 [24–31]；非结构网格最常用的动网格技术包含径向基函数法、弹簧法、有限元方法、四元数方法以及弹性体方法，这些方法已经应用于许多领域，新型、改进型动网格方法也在不断发展中。对于不同优化设计问题，对变形网格的要求也不尽相同，布局形式优化对网格变形的基本要求是强鲁棒性，局部精细化设计对变形网格的要求是高质量，一体化设计则对两个方面均有较高要求。本节重点对典型的几种变形网格技术进行论述。

2.4.1　线弹性体变形网格技术

线弹性体变形网格技术是非结构网格中最常用的方法，最早由 Tezduyar 等 [25] 提出，假定 $\boldsymbol{u}$ 是网格的位移矢量，其应变张量定义为

$$\varepsilon_{ij} = \frac{1}{2}\left(\frac{\partial u_i}{\partial x_j} + \frac{\partial u_j}{\partial x_i}\right) \tag{2.65}$$

结合柯西应力张量 $\boldsymbol{\sigma}$ 满足的物理方程关系式：$\sigma_{ij} = \lambda\varepsilon_{kk}\delta_{ij} + 2\mu\varepsilon_{ij}$，其中 λ, μ 及 δ_{ij} 分别代表拉梅系数及克罗内克符号，可以进一步给出线弹性方程

$$\nabla\cdot\boldsymbol{\sigma}=\nabla[\mu(\nabla\boldsymbol{u}+\nabla\boldsymbol{u}^{\mathrm{T}})+\lambda(\nabla\cdot\boldsymbol{u})\boldsymbol{I}] = f \tag{2.66}$$

令 υ 代表泊松比常数，E 代表杨氏模量，则拉梅系数的定义为

$$\lambda = \frac{\upsilon E}{(1+\upsilon)(1-2\upsilon)}\mu = \frac{E}{2(1+\upsilon)} \tag{2.67}$$

其中杨氏模量定义通常有两种方式：由壁面距离 d 定义 $E=1/d$，由网格单元体积 V 定义 $E=1/V$，显然，杨氏模量和泊松比常数直接决定了弹性体的刚度以及可压缩程度，在网格变形中起着至关重要的作用。

线弹性方程离散后可以得到大型稀疏矩阵线性方程组，求解极为耗时，可以采用广义残差算法 (GMRES) 求解。线弹性体方法存在一定的缺陷，尤其在物面发生较大变形时，边界附近的网格极易发生较大的扭曲，限制了网格变形能力，Nielsen 和 Anderson 通过改变泊松比 [26] 大幅度提升了线弹性体方法网格变形质量。图 2-6 和图 2-7 给出了线弹性体变形网格技术在飞行器气动弹性与气动优化中的典型应用，能够在较大程度上保证网格变形的鲁棒性。

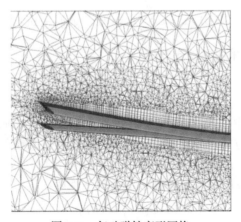

图 2-6 气动弹性变形网格

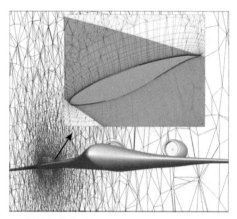

图 2-7　气动优化中的变形网格

2.4.2　RBF-TFI 变形网格技术

RBF-TFI 具有极高的网格变形效率，是结构化网格变形技术的典型代表，其基本原理是采用径向基函数插值技术来计算各个网格块顶点的位移，从而保证在大范围的几何外形变形的情况下，多块结构网格拓扑结构保持不变的同时产生合理的空间分区形状。在计算出多块结构网格各个块顶点的位移后，多块结构网格中每一个网格块内的网格位移量就可以通过无限插值方法计算出来。

径向基函数基本概念由 Buhmann 和 Wendland 提出 [27,28]，该技术在精确插值、神经网络构建、数据预测等方面获取了广泛的应用。基于径向基函数方法的插值技术数学模型可以表示为

$$\text{RBF}(x) = \sum_{i=1}^{N} \alpha_i \varphi(\|x - x_i\|) + p(x) \tag{2.68}$$

本节对 $p(x)$ 的选取采用多项式方法：

$$p(x) = \alpha_0 + \sum_{n=1}^{M} \alpha_n x_{i,n} \tag{2.69}$$

式中，M 为径向基中心矢量维数；$p(x)$ 的建立不仅能够精确地描述物体或网格的平移以及旋转运动方式，且能够保证进行径向基插值的输入点系统"力平衡"及"力矩平衡"。其中，x_i 为径向基中心，α_i 为插值系数。$\|x - x_i\|$ 为 x 到中心 x_i 的径向距离。且选取的径向基函数 φ 具有以下性质：

$$\varphi(-r) = \varphi(r) \tag{2.70}$$

$$\lim_{r \to \pm\infty} \varphi(r) = 0, \quad \varphi(r) = e^{-(\frac{r^2}{\sigma^2})} \tag{2.71}$$

式中，σ 表示径向基函数的宽度。其中高斯函数 $\varphi(r) = e^{-(\frac{r^2}{\sigma^2})}$ 最为常用。

以输入数据为径向基函数技术构建基础, 可以写为如下矩阵形式:

$$\boldsymbol{\Phi}\boldsymbol{\Gamma}^{\mathrm{T}} = \boldsymbol{Y} \tag{2.72}$$

式中, $\boldsymbol{\Phi} = [\varphi_{ij}]$, $\varphi_{ij} = \varphi(\|x_i - x_j\|)$, $i, j = 1, 2, \cdots, N$; $\boldsymbol{\Phi}$ 为插值矩阵, $\boldsymbol{\Gamma}^{\mathrm{T}} = \boldsymbol{\Phi}^{-1}\boldsymbol{Y}$, $\boldsymbol{\Gamma} = [\lambda_1, \lambda_2, \cdots, \lambda_N]$。从而实现径向基函数框架构建, $\mathrm{RBF}(x)$ 则为通过所有输入点的连续可微函数。基于物面网格变形的信息, 利用上式可以求出网格块顶点的位移, 进一步利用无限插值方法进行网格变形。

本节基于曲线长度的一维、二维和三维无限插值来计算不在参数曲面上的边、面和块内网格点的位移。基于已知的网格块顶点的位移, 进行一维、二维以及三维曲线的无限插值计算就可以得到块内网格点位移。首先对边进行一维无限插值。例如, 对于沿 i 方向的一维无限插值可如下表示[29,30]:

$$\Delta\boldsymbol{E}(i,0,0) = (1 - s_{i,0,0})\Delta\boldsymbol{P}(0,0,0) + s_{i,0,0}\Delta\boldsymbol{P}(\mathrm{NI},0,0) \tag{2.73}$$

$\Delta\boldsymbol{E}$ 为边的位移, $\Delta\boldsymbol{P}(0,0,0)$ 和 $\Delta\boldsymbol{P}(\mathrm{NI},0,0)$ 为边上两个顶点的位移。s 为沿 i 方向的归一化曲线参数。

$$s_{i,j,k} = \frac{\sum\limits_{m=1}^{i} \|\boldsymbol{x}_{m,j,k} - \boldsymbol{x}_{m-1,j,k}\|_2}{\sum\limits_{m=1}^{\mathrm{NI}} \|\boldsymbol{x}_{m,j,k} - \boldsymbol{x}_{m-1,j,k}\|_2} \tag{2.74}$$

进一步采用无限插值方法进行块内网格更新。TFI 方法已经被广泛地用来实现网格变形。本节采用 TFI 方法计算网格块内网格点的位移, 该方法是一个三步递推算法。第一步采用线性插值来计算 ξ 方向的内部位移。

$$\mathrm{d}\boldsymbol{x}^1(\xi,\eta,\gamma) = (1 - S_{\xi,\eta,\gamma})\mathrm{d}\boldsymbol{x}(0,\eta,\gamma) + s_{\xi,\eta,\gamma}\mathrm{d}\boldsymbol{x}(\mathrm{NI},\eta,\gamma) \tag{2.75}$$

然后将位移叠加到 η 方向

$$\begin{aligned}
\mathrm{d}\boldsymbol{x}^2(\xi,\eta,\gamma) =&\, \mathrm{d}\boldsymbol{x}^1(\xi,\eta,\gamma) + (1 - t_{\xi,\eta,\gamma})(\mathrm{d}\boldsymbol{x}(\xi,0,\gamma) \\
&- \mathrm{d}\boldsymbol{x}^1(\xi,0,\gamma)) + t_{\xi,\eta,\gamma}(\mathrm{d}\boldsymbol{x}(\xi,\mathrm{NJ},\gamma) - \mathrm{d}\boldsymbol{x}^1(\xi,\mathrm{NJ},\gamma))
\end{aligned} \tag{2.76}$$

类似地, 在 γ 方向上

$$\begin{aligned}
\mathrm{d}\boldsymbol{x}^3(\xi,\eta,\gamma) =&\, \mathrm{d}\boldsymbol{x}^2(\xi,\eta,\gamma) + (1 - u_{\xi,\eta,\gamma})(\mathrm{d}\boldsymbol{x}(\xi,\eta,0) \\
&- \mathrm{d}\boldsymbol{x}^2(\xi,\eta,0)) + t_{\xi,\eta,\gamma}(\mathrm{d}\boldsymbol{x}(\xi,\eta,\mathrm{NK}) - \mathrm{d}\boldsymbol{x}^2(\xi,\eta,\mathrm{NK}))
\end{aligned} \tag{2.77}$$

式中, NI, NJ, NK 为网格块中的网格点维数; $s_{\xi,\eta,\gamma}$、$t_{\xi,\eta,\gamma}$、$u_{\xi,\eta,\gamma}$ 的表达式分别为

$$s_{\xi,\eta,\gamma} = \frac{\sum\limits_{m=1}^{\xi} \|\boldsymbol{x}_{m,j,k} - \boldsymbol{x}_{m-1,j,k}\|}{\sum\limits_{m=1}^{\mathrm{NI}} \|\boldsymbol{x}_{m,j,k} - \boldsymbol{x}_{m-1,j,k}\|}$$

$$t_{\xi,\eta,\gamma} = \frac{\displaystyle\sum_{m=1}^{\xi} \|\boldsymbol{x}_{i,m,k} - \boldsymbol{x}_{i,m-1,k}\|}{\displaystyle\sum_{m=1}^{\mathrm{NJ}} \|\boldsymbol{x}_{i,m,k} - \boldsymbol{x}_{i,m-1,k}\|}$$

$$u_{\xi,\eta,\gamma} = \frac{\displaystyle\sum_{m=1}^{\xi} \|\boldsymbol{x}_{i,j,m} - \boldsymbol{x}_{i,j,m-1}\|}{\displaystyle\sum_{m=1}^{\mathrm{NK}} \|\boldsymbol{x}_{i,j,m} - \boldsymbol{x}_{i,j,m-1}\|}$$

基于上述步骤，完成网格变形 $\mathrm{d}\boldsymbol{x}(\xi,\eta,\gamma) = \mathrm{d}\boldsymbol{x}^3(\xi,\eta,\gamma)$。图 2-8 为采用 RBF-TFI 算法进行的气动弹性大幅度网格变形，可以看出 RBF-TFI 保持网格一致性的能力较好。图 2-9 给出了 RBF-TFI 对曲面局部的网格变形能力。

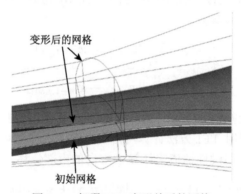

图 2-8　机翼 TFI 变形前后的网格

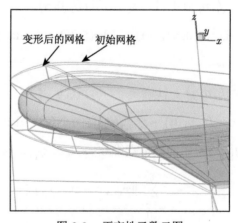

图 2-9　正交性函数云图

2.4.3 径向基函数贪婪法变形网格技术

径向基函数插值方法的基本思想是对边界节点位移进行插值，利用所构造的径向基函数序列将边界位移效应光滑地分散到整个计算网格区域，其所需求解的方程组维数仅与边界节点个数相关，计算量远小于弹簧法和弹性体法，而且节点位移的计算与其邻接节点位移无关，数据结构简单，更容易实现并行，能够由二维直接推广到三维 [31-33]，且适用于结构、非结构网格。然而单一径向基函数的网格变形方法难以兼具较大的网格变形能力和较高的变形质量，所以不少学者将以上所列多种方法混合使用 [34]，以寻求一种既高效又具备大变形能力的网格变形方法。

回顾一下径向基函数插值的基本形式：

$$S(\boldsymbol{r}) = \sum_{i=1}^{N_{\mathrm{b}}} \omega_i \varphi(\|\boldsymbol{r} - \boldsymbol{r}_{\mathrm{b}i}\|) \tag{2.78}$$

式中，$S(\boldsymbol{r})$ 是插值函数；ω_i 为第 i 个插值基底的插值权重系数；$\boldsymbol{r}_{\mathrm{b}i}$ 为插值基底的位置，即发生位移的物面节点的坐标；$\|\boldsymbol{r} - \boldsymbol{r}_{\mathrm{b}i}\|$ 是位置矢量 $\boldsymbol{r}$ 到第 i 个径向基函数插值基底的位置 $\boldsymbol{r}_{\mathrm{b}i}$ 的距离；N_{b} 为插值基底的个数；$\varphi(\|\boldsymbol{r} - \boldsymbol{r}_{\mathrm{b}i}\|)$ 是径向基函数的通用形式，常用的有三类：全局函数、局部函数和紧支函数，如表 2-1 所示。

表 2-1　径向基函数类型

全局型和局部型径向基函数		紧支型径向基函数	
名称	$\varphi(\eta)[=10^{-5} \sim 10^{-3}]$	名称	$\varphi(\xi) = \varphi(\eta/d)$
薄板样条函数	$\eta^2 \log(\eta)$	CPC^0	$(1-\xi)^2$
多二次函数	$\sqrt{a^2 + \eta^2}, a = 10^{-5} \sim 10^{-3}$	CPC^2	$(1-\xi)^4(4\xi - 1)$
逆多二次函数	$\sqrt{1/a^2 + \eta^2}, a = 10^{-5} \sim 10^{-3}$	CPC^4	$(1-\xi)^6(35/3\xi^2 + 6\xi + 1)$
二次函数	$1 + \eta^2$	CPC^6	$(1-\xi)^8(32\xi^3 + 25\xi^2 + 8\xi + 1)$
逆二次函数	$1/(1 + \eta^2)$	CTPS C^0	$(1-\xi)^5$
高斯函数	$\mathrm{e}^{-\eta^2}$	CTPS C^1	$1 + 80/3\xi^2 - 40\xi^3 + 15\xi^4 - 8/3\xi^5 + 20\xi^2 \log(\xi)$

运用径向基函数插值方法解决三维网格变形问题时，主要分两步：① 根据物面边界网格节点位移构造径向基函数权重系数序列；② 由所得的径向基函数序列插值获得所有计算网格节点的位移变化量，进而更新计算网格。

按照笛卡儿坐标系将式 (2.78) 改写为如下形式：

$$\Delta x_j = \sum_{i=N_1}^{N_b} \omega_i^x \varphi(\| \boldsymbol{r}_j - \boldsymbol{r}_{bi} \|)$$

$$\Delta y_j = \sum_{i=N_1}^{N_b} \omega_i^y \varphi(\| \boldsymbol{r}_j - \boldsymbol{r}_{bi} \|) \qquad (2.79)$$

$$\Delta z_j = \sum_{i=N_1}^{N_b} \omega_i^z \varphi(\| \boldsymbol{r}_j - \boldsymbol{r}_{bi} \|)$$

在物面边界上，网格点沿三个坐标方向上的运动位移是已知的，根据网格点坐标可构造基函数，通过求解矩阵方程

$$\Delta \boldsymbol{X}_S = \boldsymbol{\Phi} \boldsymbol{W}_X$$
$$\Delta \boldsymbol{Y}_S = \boldsymbol{\Phi} \boldsymbol{W}_Y \qquad (2.80)$$
$$\Delta \boldsymbol{Z}_S = \boldsymbol{\Phi} \boldsymbol{W}_Z$$

能够得到权重系数序列 $\boldsymbol{W}_X = \left\{ w_{N_1}^x, \cdots, w_{N_b}^x \right\}^T$, $\boldsymbol{W}_Y = \left\{ w_{N_1}^y, \cdots, w_{N_b}^y \right\}^T$ 和 $\boldsymbol{W}_Z = \left\{ w_{N_1}^z, \cdots, w_{N_b}^z \right\}^T$。然后利用空间网格点对物面网格点构造径向基函数，进而确定整个计算域内网格点的位移变化量。

对于三维复杂外形的非结构混合网格变形，由于网格量较大，使用所有物面节点作为插值基底会导致内存消耗量和计算量庞大，因此利用数据精简算法有效提高网格变形效率是必要的，即选取部分点，在满足变形精度要求的前提下实现降维处理。

Rendall 和 Allen[35] 引入贪心算法，首先选取 p 个物面节点做径向基函数插值，然后将所有物面点中位移误差最大的点纳入插值支撑点集合中，重复插值选点的过程，直至满足变形精度要求或达到规定的选点数目为止。

Wang 等 [36] 在贪心法基础上，引入函数空间子集逐级逼近的基本思想。首先利用贪心法选出 N_0 个物面节点做低维径向基函数插值，计算得出所有物面节点的误差 $\Delta \boldsymbol{S}^{(0)}$ 及径向基函数序列 $\boldsymbol{W}^{(0)}$；然后把径向基函数插值的对象更改为 $\Delta \boldsymbol{S}^{(0)}$，利用贪心法选出 N_1 个物面节点做径向基函数插值，计算得出所有物面节点的误差 $\Delta \boldsymbol{S}^{(1)}$ 以及径向基函数序列 $\boldsymbol{W}^{(1)}$；重复以上过程直至满足变形精度要求，最后叠加每一步获得的径向基函数序列，用于计算空间节点位移变化量，实现网格变形。

该方法可以进一步采取基于标准信息传递接口 (Message Passing Interface, MPI) 通信模式的分布式存储实现并行，让不同的子网格区域在不同进程上同时进行迭代求解计算，通过进程间的消息传递，交换不同子网格区域之间的数据 [37]。以子空间法为例，结合图 2-10 详细阐述网格变形的并行计算流程。

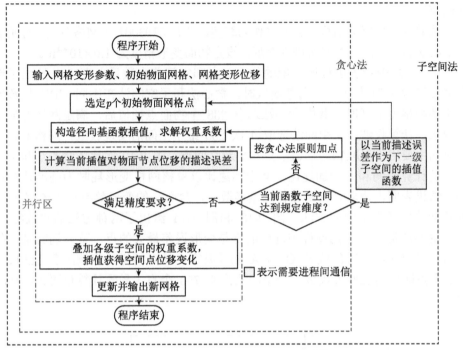

图 2-10   子空间法并行计算流程 [37]

(1) 首先输入网格变形参数、网格变形位移和初始物面网格，各进程分别读入分配得到的空间网格子区域。读入物面网格和网格变形位移信息后，程序会根据进程数对其进行分区，并分配给不同进程。

(2) 开始迭代，选定 p 个初始点创建径向基函数子空间。

(3) 构造径向基函数插值，求解权重系数序列。

(4) 各进程分别计算当前插值对各自分配的物面节点位移的描述误差，并确定当前进程中的最大误差及该节点编号，之后进行进程间通信，通过比较得出所有物面网格节点的最大误差及该节点编号。

(5) 判断最大误差是否满足网格变形精度要求。如果不满足，再判断当前函数子空间是否达到规定的维度。如果没有达到，按照贪心法原则，将步骤 (4) 中得到的误差最大的物面网格节点加入当前子空间，重复步骤 (3)(4)；如果已经达到规定的子空间维度，则将当前子空间的物面节点位移描述误差作为下一级子空间的插值函数，创建下一级子空间，重复步骤 (2)~(4)。

(6) 直至物面节点位移最大描述误差满足变形精度要求，叠加各级子空间的权重系数序列，统计各级子空间选取的物面支撑点，各进程分别插值计算各自分配的空间点的位移变化量，最后经过进程间通信，更新并输出新的空间网格，程序结束。

选取 M6 机翼非结构混合网格作为算例，共有 5793001 个网格单元，分别采用贪心法和子空间法对网格进行变形，设定物面变形精度为 1.0×10^{-4}m。

图 2-11 表示各进程所分配的物面节点和空间节点数量，表 2-2 给出了选取紧支函数 CPC^2 作为径向基函数时，贪心法和子空间法在不同 CPU 核数条件下的网格变形耗时，其中贪心法选取 338 个物面点插值后，满足网格变形精度要求，计算收敛；子空间法选取 4 次 200 维子空间后实现收敛，网格变形所需时间主要用于选取物面插值基点和更新空间点。图 2-12 对比了贪心法和子空间法的计算时间和并行加速比，其中加速比以单核网格变形耗时为基准计算得到，结果表明，选取紧支函数作为基函数时，贪心法的变形效率高于子空间法，并行加速比低于子空间方法。图 2-13 和图 2-14 给出了两种方法的收敛特征，由于贪心法每一次迭代过程中选取的都是变形误差最大的点，整体趋势是下降明显，子空间结束时的残差 C 与 A 相差甚微，针对同样的算例，贪心法仅需 338 个点即可实现残差收敛，子空间法需要 750 个点，导致计算量更大，耗时更长。

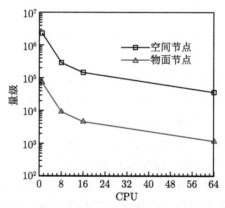

图 2-11　并行计算时各进程分配到的网格量级 [37]

表 2-2　选取 CPC^2 时不同算法的网格变形耗时比较 [37]

CPU	贪心法 +CPC^2	子空间法 +CPC^2
1	40+54.57=94.57(s)	43+120.24=163.24(s)
8	7+7.70=14.70(s)	7+15.40=22.40(s)
16	5+3.50=8.50(s)	3+8.32=11.32(s)
64	2+1.74=3.74(s)	1+2.25=3.25(s)

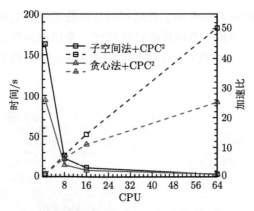

图 2-12 不同算法选取 CPC^2 时网格变形耗时及加速比 [37]

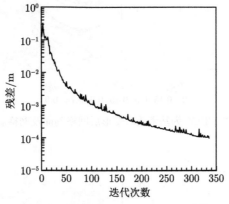

图 2-13 贪心法残差收敛示意图 [37]

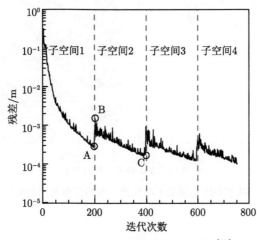

图 2-14 子空间法残差收敛示意图 [37]

　　图 2-15 和图 2-16 分别给出了使用不同基函数变形后的网格剖面图及网格质量云图，结果表明，与紧支基函数的结果相比，全局基函数计算得到的网格分布更加均匀；图 2-17 给出了该方法在飞翼布局中的应用，可以看出径向基函数方法可承受的变形较大。

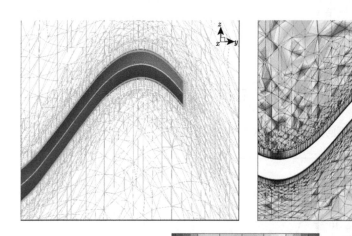

0　0.15　0.3　0.45　0.6　0.75　0.9

图 2-15　以 CPC^2 为基函数时变形后网格剖面及网格质量云图 [37]

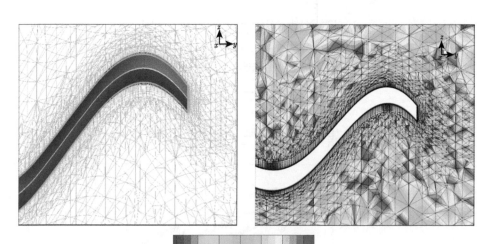

0　0.15　0.3　0.45　0.6　0.75　0.9

图 2-16　以 MQB 为基函数时变形后网格剖面及网格质量云图 [37]

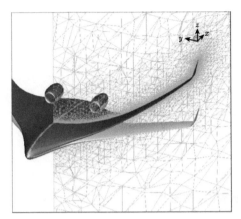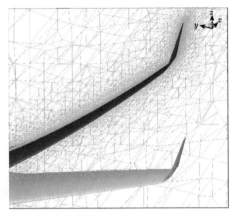

图 2-17 飞翼变形后网格示意图 [37]

2.4.4 四元数变形网格技术及其改进

四元数是继复数后在非交换域定义的新数系，它由英国数学家哈密顿 (W. R. Hamilton) 于 1843 年首先提出。四元数在飞行动力学、计算机图形学、雷达和无线通信学、航天器的姿态控制中有着广泛的应用。

描述旋转的四元数可以表示成

$$
\begin{aligned}
Q &= q_1 + q_2 \cdot \boldsymbol{i} + q_3 \cdot \boldsymbol{j} + q_4 \cdot \boldsymbol{k} \\
&= \cos\frac{\theta}{2} + \sin\frac{\theta}{2} \cdot \cos\alpha \cdot \boldsymbol{i} + \sin\frac{\theta}{2} \cdot \cos\beta \cdot \boldsymbol{j} + \sin\frac{\theta}{2} \cdot \cos\gamma \cdot \boldsymbol{k} \\
&= \cos\frac{\theta}{2} + \sin\frac{\theta}{2} \cdot \boldsymbol{n}
\end{aligned}
\tag{2.81}
$$

该四元数既反映了转动的方向，又反映了转动的幅值，其中向量 $\boldsymbol{n}$ 是转轴，角度 θ 是旋转角，即 Q 决定了旋转轴和旋转角度。三维空间中向量 $\boldsymbol{R}$ 的旋转 (图 2-18) 可以表示成下述四元数运算 [38]：

$$
\boldsymbol{R}' = \boldsymbol{Q}\boldsymbol{R}\boldsymbol{Q}^{-1} = \boldsymbol{Q}\boldsymbol{R}\boldsymbol{Q}^* \quad (|\boldsymbol{Q}| = 1)
\tag{2.82}
$$

插值方法是使用四元数实现动网格最重要的一部分。对于一般的向量，最常见的是线性插值 (Lerp) 方法：

$$
\begin{aligned}
T_{\text{lerp}} &= (1-\alpha)T_1 + \alpha T_2 \\
&= \text{lerp}(T_1, T_2; \alpha), \quad \alpha \in [0, 1]
\end{aligned}
\tag{2.83}
$$

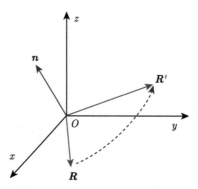

图 2-18　实数向量旋转示意图 [39]

由于向量计算是可交换的，线性插值可以扩展到任意多的向量之间的插值。对于四元数来说，通常采用球型线性插值 (Slerp) 方法 [40]：

$$Q_{\text{slerp}} = \frac{\sin[(1-\alpha)\Omega]}{\sin(\Omega)}Q_1 + \frac{\sin[\alpha\Omega]}{\sin(\Omega)}Q_2$$

$$= \text{slerp}(Q_1, Q_2; \alpha), \quad \alpha \in [0, 1] \tag{2.84}$$

式中，Ω 是两个四元数向量部分的夹角。由于四元数乘法计算的不可交换性，三个或三个以上的四元数进行插值时，计算顺序的不同会导致插值结果的不唯一，如图 2-19 所示。

$$\begin{cases} Q_{123} = \text{slerp}(\text{slerp}(Q_1, Q_2; \alpha_1, \alpha_2), Q_3; \alpha_3) \\ Q_{231} = \text{slerp}(\text{slerp}(Q_2, Q_3; \alpha_2, \alpha_3), Q_1; \alpha_1) \\ Q_{312} = \text{slerp}(\text{slerp}(Q_3, Q_1; \alpha_3, \alpha_1), Q_2; \alpha_2) \end{cases}, \quad \sum_{i=1}^{3} \alpha_i = 1 \tag{2.85}$$

式中，$Q_{123} \neq Q_{231} \neq Q_{312}$，即 slerp 不可以拓展到多个四元数插值的情况。

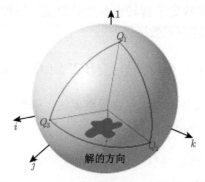

图 2-19　多个四元数插值的不唯一性 [39]

基于李代数空间的指数映射的插值方法 [41]，能够消除四元数乘法计算的不可交换性，用于多个四元数插值，保证插值的唯一性。定义四元数的对数：

$$\ln Q \equiv \left[0, \frac{\theta}{2}\boldsymbol{n}\right] \tag{2.86}$$

上式把四元数映射到指数空间，在指数空间里，四元数插值可以按照三维欧氏空间向量的线性插值来处理。

$$\begin{aligned}
Q_{\text{slerp}} &\cong \exp[\ln(\text{slerp}(Q_1, Q_2; \alpha))] \\
&= \exp[(1 - \alpha)\ln Q_1 + \alpha \ln Q_2] \\
&= \exp[\text{lerp}(\ln Q_1, \ln Q_2; \alpha)] \\
&= \exp(\ln Q)_{\text{lerp}}
\end{aligned} \tag{2.87}$$

该指数映射消除了四元数计算的不可交换性，多个四元数插值就可以唯一确定。与相关四元数插值处理方式不同，本节将距离倒数 (IDW) 应用于四元数插值，已知含有 n 个数据的数据集 $\boldsymbol{v} = \{v_1, v_2, \cdots, v_n\}$，若用距离倒数作为这一数据集的插值函数的权重，可将插值函数表示为 [42]

$$\omega(x) = \frac{\displaystyle\sum_{i=1}^{n} \phi(r_i)v_i}{\displaystyle\sum_{i=1}^{n} \phi(r_i)} \tag{2.88}$$

式中，权函数为 $\phi(r_i) = r_i^{-c}$，$r_i = \|x - x_i\|$ 是待求插值点到已知数据点的欧氏距离，x 为待插值点的坐标，x_i 为已知数据点的坐标，$c(c > 0)$ 为可调参数。由于 IDW 为显式插值函数，需要的计算机内存小。多个四元数在指数映射里的线性插值计算完毕后：

$$(\ln Q)_{\text{lerp}} = \text{lerp}(\ln Q_1, \ln Q_2, \cdots, \ln Q_m; l_1, l_2, \cdots, l_m) \tag{2.89}$$

再反映射到初始四元数空间：

$$\frac{\theta}{2} = |(\ln Q)_{\text{lerp}}|$$

$$q_1' = \cos\frac{\theta}{2}$$

$$q_2' = (\ln Q)_{\text{lerp}\_x} \bigg/ \frac{\theta}{2}$$

$$q_3' = (\ln Q)_{\text{lerp\_}y} \left/ \frac{\theta}{2} \right.$$

$$q_4' = (\ln Q)_{\text{lerp\_}z} \left/ \frac{\theta}{2} \right. \tag{2.90}$$

至此，四元数的插值问题得到了解决。

上述数学推导可以看出四元数动网格方法运算过程中存在距离倒数、大型旋转矩阵计算，并随着网格的边界以及内点数目的增多而飙升，因此，在保证鲁棒性的前提下，提高四元数动网格的计算效率显得尤为重要。由于四元数动网格方法对网格点的扰动能够从更高阶次上与物面变形保持一致性，且这种一致性随网格点到物面距离增大而合理衰减，因此在以上工作基础上，提出分层次变形策略A(QSub)。

首先根据整个流场边界的变形信息，只对每个网格块的 6 个表面进行变形；继而将 6 个表面作为"亚边界点"，块内网格的点则根据自身块的"亚边界点"作为边界信息进行变形，如图 2-20 所示。由于块内点占网格点数量的绝大部分，它们变形时只需要参考自身块上少量的"亚边界点"变形信息，避免了大规模网格内点与大量的边界点之间的插值运算，所以这样分层次变形的方式大大降低了网格点变形时所花费的时间。

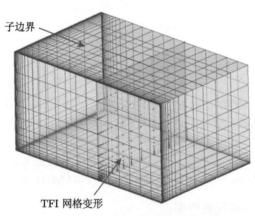

子边界

TFI 网格变形

图 2-20　子网格亚层次边界与内点 [39]

分层变形运算策略中从一定程度上明显减小了四元数动网格方法的计算量，然而在大型复杂工程问题中随着网格数量的飙升，每个 Block 网格变形运算量也明显增加，即便是采用并行计算，其对计算资源和计算时间的需求也不可忽略，针对该问题本节利用无限插值方法在 Block 内点变形运算中替代四元数方法，在充分利用 TFI 节点逻辑不变等特点的同时，避免了原始方法中的大型矩阵计算，进一步改进了分层次变形策略 B(QSub-TFI)：采用线性插值来计算各个方向的内部位移。其工作流程图如图 2-21 所示，内点位移插值采用 TFI，各个子网格边界点仍采用四元数法，从而保证了网格的鲁棒性。

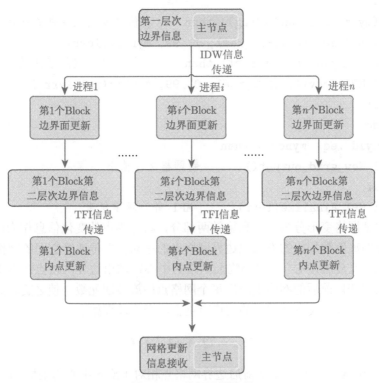

图 2-21　并行计算流程

为了提高变形速率，本节在网格变形中采用计算机并行处理 [43]，对空间网格分层变形。文中采用以下并行机制：

```
Call MPI_Init(ierr)      对 MPI 并行环境初始化
Call MPI_Comm_size(MPI_COMM_WRLD,numprocs,ierr)  获取通信域进程数
Call MPI_Comm_rank(MPI_COMM_WORLD,myid,ierr)     获取当前进程号
if(myid .eq. myhost) then
Call fileread()  主节点文件读入
Endif
Call MPI_Bcast(buff,count,datatype,myhost,comm,ierr)  向其他进程
'' 广播''
```

```
Call task_dist(numprocs, ng)        负载分配
Do ng=1,ngrid        多区域网格循环
If(taskid(ng).eq. myid) then
Call Quaterion()        四元数运算、网格边界变形
Endif
if (myid .eq. taskid(ng)) then        信息发送（阻塞式通信）
call MPI_send(A,1,MPI_real, 1, 99, myhost,ierr)
Else if(myid .eq. myhost) then        信息接收（阻塞式通信）
call MPI_recv(A,1,MPI_real, 0, 99, taskid(ng),ierr )
Endif
Enddo
if(myid .eq. myhost) then
Call New_grid_output()        新网格文件输出
endif
Call MPI_Finalize(ierr)        MPI 并行环境结束
```

通过把网格变形分为平动和旋转两部分，将边界点的变化信息作为已知数据集，通过距离倒数加权的方法把边界网格点的移动信息传递给空间的网格点。

首先定义旋转中心 (一般为物面网格的中心)，求出边界网格点在该中心下的坐标；根据变化前后的网格点求出每个网格点的旋转四元数，使之旋转到同一方向上；通过平移，使变形前后的网格点重合。变化过程如下：

$$X_{ni} = Q_i X_i Q_i^{-1} + T_i \tag{2.91}$$

式中，X_i 和 X_{ni} 分别为变形前后边界网格点相对于旋转中心的坐标；Q_i 为每个边界点的旋转四元数；T_i 为每个边界点的平移向量。

通过距离倒数加权法，求出空间每个子网格"亚边界点"的插值权系数。插值计算时，旋转部分采用指数空间映射的线性插值 (Lerp-Expmap)；平移部分直接采用线性插值 (Lerp)，再反映射到初始四元数空间，利用矩阵运算以及 TFI 技术进行网格更新。图 2-22 给出了不同方法的网格变形对比，四元数方法在物面附近扰动充足，扰动呈非线性衰减，且能够保证拓扑不变，衰减程度与衰减距离一定程度上影响着物面附近的网格质量 (正交性)，以及所能承受的网格变形量，物面附近的网格拓扑若扰动太小，在大的变形情况下会出现空间网格块边界的交叉。从图 2-22 上看四元数动网格方法衰减程度与扰动距离合理。图 2-23 为超临界机翼 2.5g 过载下网格变形的局部视图，绿色线为四元数动网格的边界线，所更新的网格边界与物面变形保持高阶一致性，这点是保证网格鲁棒性的重要因素，相反，径向基函数无限插值方法与物面气动弹性变形只保持了线性一致，在物面明

显弯曲的情况下，网格块边界线 (红色) 与物面变形 YZ 不一致，甚至交叉形成负体积。

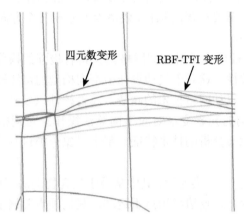

图 2-22　改进四元数方法/RBF-TFI 对比 [39]

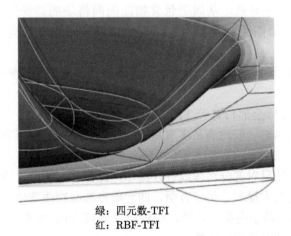

绿：四元数-TFI
红：RBF-TFI

图 2-23　局部视图 [39]

2.4.5　对象分类多算法融合

鉴于以上算法的特征，可以对多块对接网格变形算法进一步改进，进行多算法融合，提高鲁棒性与效率。对多块结构网格典型变形技术特征进行分析总结。

(1) 对物面附近网格进行变形操作时，传统线性方法与物面变形保持线性一致，网格边界与物面可能交叉出现若干负体积，而基于四元数的动网格技术则保持高阶一致性，从而保证了其鲁棒性与不过多损失网格的正交性。

(2) 四元数动网格技术的计算量和参与构建操作矩阵的边界点数成正比。

(3) 四元数动网格技术的计算量和更新的网格点数成正比。

(4)TFI 技术具有严格保证网格节点的逻辑不变性的能力，这点对于边界层内网格的精确操作来讲至关重要，其计算效率为 ξ, η, γ 三个方向上简单的代数运算，因此，运算效率较高。

(5) 径向基函数插值技术对空间网格拓扑具有极强的操作能力，严格保证了网格拓扑结构的一致性，这对于气动设计中不同构型的可比较性至关重要。

综合以上特征，以动网格技术的高效、高鲁棒性以及高质量的要求为基本原则，可以考虑将不同的元素变形对应不同算法操作。对网格中的元素做以下对象分类，依据以上章节分析的技术特征，基于对象分类进行多算法融合进行网格变形。

(1) 网格块顶点作为一类元素，其中从属于包含物面的网格块的顶点，优先归属于四元数操作对象，远场边界顶点不运动，其他顶点归属于径向基函数技术操作对象。

(2) 网格块的边缘线作为一类元素，其中与物面边界直接相连的边缘线优先归属于 TFI 操作对象，从属于包含物面的网格块的边缘线且不与物面直接相连的，优先归属四元数操作对象，其他边缘线归属于径向基函数技术操作对象。

(3) 所有网格块的面作为一类元素，远场边界不变，其他全部归属于 TFI 操作对象。

(4) 网格单元体全部归属于 TFI 操作对象。

由于结构化网格一般均满足多重网格的要求，文中利用所有边界的稀疏点序列进行四元数运算矩阵的构建 (而不再利用全部网格点)，同时，从上述分类也可以看出四元数方法只对部分边缘线进行操作，而不再对所有块边界进行操作，因此动网格效率将大大提高；另一方面，四元数方法与物面变化保持高阶一致性使得边缘线 (Edge) 具备高阶一致性，这种特性通过 TFI 技术向网格面 (Face) 传递，从而保证了动网格的鲁棒性。

动网格技术中物面网格为输入条件，因此物面网格上元素不做任何分类，以下分类中均不包含物面信息，为了方便起见，我们对不同的对象进行重新命名。

对于从属于包含物面的网格块的顶点，命名为 Vertex_BW，远场边界顶点为 Vertex_Far，其余顶点为 Vertex_Other；远场边界面命名为 Face_Far，其他为 Face_Other；网格单元体内点为 V_in；与物面边界直接相连的边缘线命名为 Edge_WD，从属于包含物面的网格块的边缘线且不与物面直接相连的为 Edge_WB，其他边缘线为 Edge_Other，图 2-24 和图 2-25 给出了对象元素的分类示意图；面对象与体单元分类比较简单，容易理解，因此不再给出示意图。图 2-26

给出了多算法融合后的网格变形算法流程，基于典型复杂气动外形进行多算法融合测试。图 2-27 给出了变形示意图，变形过程中，拓扑保持以及与边界一致性都较好。

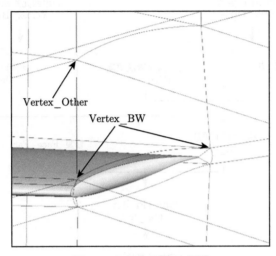

图 2-24 角点分类示意图

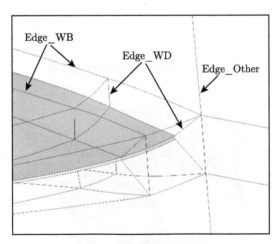

图 2-25 框线分类示意图

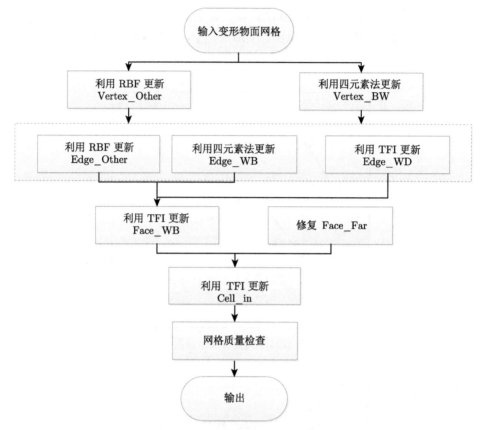

图 2-26　多算法融合网格变形流程

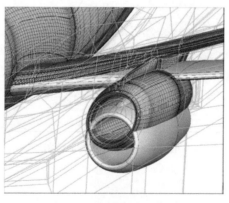

图 2-27　复杂外形网格变形

参 考 文 献

[1] Kennedy J, Eberhart R. Particle swarm optimization[C]// Proceedings of IEEE International Conference on Neural. Networks Perth, 1995: 1942-1948.

[2] Kirkpatrick S, Gelatt C D, Vecchi M P. Optimization by simulated annealing [J]. Science, 1983, 220: 671-680.

[3] Holland J H. Adaptation in Natural and Artificial Systems [M]. Cambridge: MIT Press, 1975.

[4] 陈宝林. 最优化理论与算法 [M]. 北京: 清华大学出版社, 2002: 98-106.

[5] 袁亚湘, 孙文瑜. 最优化理论与方法 [M]. 北京: 科学出版社, 1999.

[6] Hestens M R, Stiefel E L. Methods of conjugate gradients for solving linear systems [J]. Journal of Research of the National Bureau of Standards, 1952, 49(6): 99-147.

[7] 马昌凤, 最优化方法及其 Matlab 程序设计 [M]. 北京: 科学出版社, 2010.

[8] Nocedal J, Wright S J. Numerical Optimization[M]. 北京: 科学出版社, 2006.

[9] Yu J, Huang J T, Hao D, et al. Aerodynamic shape optimization of the common research model based on improved SQP algorithm[C]//2018 Asia-Pacific International Symposium on Aerospace Technology (APISAT2018) Chengdu, China. Oct 16-18, 2018, https://doi.org/10.1007/978-981-13-3305-7_90.

[10] Fiacco A V, McCormick G P. Nonlinear programming: sequential unconstrained minimization technique[J]. Philadelphia: SIAM, 1990.

[11] Courant R. Variational methods for the solution of problems with equilibrium and vibration [J]. Bull. Amer. Math. Soc., 1943, 49: 1-23.

[12] Haftka R T. Automated procedure for design of wing structures to satisfy strength and flutter requirements[R]. 1973, NASA TN D-7264.

[13] Hestenes M R. Multipliter and gradient methods[J]. Journal of Optimization Theory and Applications, 1969, 4: 303-320.

[14] Powell M J D. A method for nonlinear constraints in minimization problem[M]//Fletcher R. Optimization. New York: Academic Press, 1969: 283-298.

[15] Hicks R M, Henne P A. Wing design by numerical optimization[J]. Journal of Aircraft, 1978, 15(7):407-412.

[16] Kulfan B M. A universal parametric geometry representation method—"CST"[C]. AIAA Paper 2007-62, 2007.

[17] Kulfan B M, Bussoletti J E. Fundamental parametric geometry representations for aircraft component shapes[C]. AIAA-2006-6948, 11th AIAA/ISSMO Multidisciplinary Analysis and Optimization Conference: The Modeling and Simulation Frontier for Multidisciplinary Design Optimization, 6 - 8 September 2006.

[18] 朱心雄. 自由曲线曲面造型技术 [M]. 北京: 科学出版社, 2000.

[19] 施法中. 计算机辅助几何设计与非均匀有理 B 样条 (CAGD&NURBS)[M]. 北京: 北京航空航天大学出版社, 1994.

[20] Samareh J A. Aerodynamic shape optimization based on free-form deformation[C].

AIAA Paper 2004: 4630.

[21] Sederberg T W, Parry S R. Freeform deformation of solid geometric models[J]. Computer Graphics, 1986, 22(4): 151-160.

[22] Yeh T P, Vance J M. Applying virtual reality techniques to sensitivity based structural shape design[C]//Proceedings of 1997 ASME Design Engineering Technical Conferences, No. DAC-3765 in DETC97, Sept. 1997: 1-9.

[23] Huang J T, Zhou Z, Gao Z H. Aerodynamic many objective integrated optimization based on principle components analysis[J]. Chinese Journal of Aeronautics, 2017, 30(4): 1336-1348.

[24] Gao Z H, Zhao K, Wang C. Aerodynamic shape optimization of BWB aircraft based on multizone collaborative optimization design method[J]. AIAA, 2015: 2878.

[25] Tezduyar T E, Behr M, Liou J. A new strategy for finite element computations involving moving boundaries and interfaces-the deforming-spatial domain/space-time procedure:I. The concept and the preliminary tests[J]. Computer Method in Applied Mechanics and Engineering, 1992, 94(3): 393-351.

[26] Nielsen E J, Anderson W K. Recent improvements in aerodynamic design optimization on unstructured meshes[J]. AIAA Journal, 2001, 40(6): 1155-1163.

[27] Buhmann M. Radial Basis Functions[M]. Cambridge: Cambridge University Press, 2005.

[28] Wendland H. Fast evaluation of radial basis functions: methods based on partition of Unity//Approximation Theory X: Wavelets, Splines, and Applications. Nashville, Texas, USA: Vanderbilt University Press, 2002.

[29] Spekreijse S P, Boerstoel J W. An algorithm to check the topological validity of multiblock domain decompositions[C]//Proceedings 6th International Conference on Numerical Grid Generation in Computational Field Simulations, Greenwich, 1998, NLR-TP-98198.

[30] Smith R E. Transfinite Interpolation (TFI) generation systems[M]// Weatherill N P, Soni B K, Thompson J F. Handbook of Grid Generation. Boca Raton: CRC Press,1999.

[31] Rendall T C S, Allen C B. Unified fluid-structure interpolation and mesh motion using radial basis functions[J]. International Journal for Numerical Methods in Engineering, 2008, 74(10): 1519-1559.

[32] Boer A, Schoot M S, Faculty H B. Mesh deformation based on radial basis function interpolation[J]. Computers and Structures, 2007, 85(11): 784-795.

[33] Lin Y Z, Chen B, Xu X.Radial basis function interpolation in moving mesh technique[J]. Chinese Journal of Computational Physics, 2012, 29(2): 191-197.

[34] Zhang B, Han J L.Spring-TFI hybrid dynamic mesh method with rotation correction[J]. Acta Areonautica et Astronautica Sinica, 2011, 32(10): 1815-1823.

[35] Rendall T C S, Allen C B. Efficient mesh motion using radial basis functions with data reduction algorithms[J]. Journal of Computational Physics, 2009, 228(5): 6231-6249.

[36] Wang G, Lei B Q, Ye Z Y. An efficient deformation technique for hybrid unstructured

grid using radial basis functions[J]. Journal of Northwestern Polytechnical University, 2011, 29(5): 783-788.

[37] Liu H Y, Huang J T , Zhong Q, et al. Hybrid unstructured mesh deformation based on massive parallel processors[C]//2018 ASIA-Pacific International Symposium on Aerospace Technology (APISAT2018) Chengdu, China. Oct 16-18, 2018.

[38] Dam B E, Koch M, Lillholm M. Quaternions, Interpolation and Animation[R]. Technical Report DIKU-TR-98/5, July1998.

[39] 黄江涛, 高正红, 周铸, 等. 一种新型高鲁棒性动网格技术及其应用 [J]. 力学学报, 2014, 46(2): 291-299.

[40] Shoemake K. Animating rotation with quaternion curves[C]//ACM Siggraph Computer Graphics, July 1985.

[41] Grassia F S. Practical parameterization of rotations using the exponential map[J]. The Journal of Graphics Tools, 1998, 3(3): 29-48.

[42] Witteveen J A S. Explicit and robust inverse distance weighting mesh deformation for CFD[C]//48th AIAA Aerospace Sciences Meeting Including the New Horizons Forum and Aerospace Exposition. 4-7 January 2010, Orlando, Florida.

[43] Snir M, Otto S, Huss-Lederman S, et al. MPI: The Complete Reference[M]. London, UK: The MIT Press, 1996.

第 3 章　飞行器气动外形多目标/多学科优化

现代飞行器的性能要求越来越高，所以气动设计朝着越来越精细化的方向发展，导致气动设计所需要的设计变量急剧增加，同时越来越多的要求和约束导致了设计目标越来越多，为了进一步提高飞机综合性能，还需要开展气动多学科优化设计，这进一步增加了设计问题的复杂性和难度[1-3]。本章就现代飞行器气动设计面临的多变量、多目标和多学科问题进行了讨论。

首先介绍多目标问题和多目标优化搜索方法；接着引入高维设计变量问题，分析设计变量维度对代理模型的影响，阐明维度灾难问题，介绍一种分区协同优化方法；针对高维设计变量问题，介绍基于非线性降维、深度学习等算法的降维设计技术的研究进展和应用；随后介绍基于 POD 理论的反设计方法及其应用；接着介绍高维多目标设计问题，给出两种高维多目标优化设计方法；紧接着介绍基于 SOM 神经网络的数据挖掘分析技术；最后介绍多学科设计，重点说明了基于并行子空间技术和代理模型的多学科设计方法。

3.1　多目标优化算法

通常飞行器气动设计，特别是工程设计问题需要同时满足多个设计目标和约束，因此其优化设计模型多为多目标多约束问题，因此本节首先讨论了多目标优化问题和其求解方法。

3.1.1　多目标优化问题

通常数学上对多目标最小化问题定义如下[4]：

$$
\begin{aligned}
\min \quad & \boldsymbol{y} = \boldsymbol{F}(\boldsymbol{x}) = (f_1(\boldsymbol{x}), f_2(\boldsymbol{x}), \cdots, f_m(\boldsymbol{x})) \\
\text{s.t.} \quad & g_j(\boldsymbol{x}) \leqslant 0, \quad h_k(\boldsymbol{x}) = 0 \quad (j = 1, \cdots, p, k = 1, \cdots, q) \\
& \boldsymbol{x} \in X^n
\end{aligned}
\tag{3.1}
$$

式中，$\boldsymbol{F}(\boldsymbol{x})$ 为 m 维目标函数向量；$f_i(\boldsymbol{x})$ 为第 i 维目标函数；$\boldsymbol{x}$ 为 n 维决策变量；X^n 为决策空间；p, q 分别是不等式约束和等式约束的个数；$\boldsymbol{y} \in Y$ 为目标向量，Y 代表 m 维目标空间；$g_j(\boldsymbol{x})$ 为第 j 个不等式约束；$h_k(\boldsymbol{x})$ 为第 k 个等式约束。

下面给出多目标优化问题的几个基本定义。

(1) 可行解：满足式 (3.1) 中约束条件的决策变量 $x \in X$ 为可行解。

(2) 可行解集：在决策空间 X 中，所有的可行解 $x \in X$ 构成的集合定义为可行解集，记作 $X_p(X_p \in X)$。

(3) Pareto 占优 (支配)：对于两个可行解 x_1, x_2，如果下式成立：

(a) $f_i(x) \geqslant f_i(x^*), i \in \{1, 2, \cdots, n\}$；$f_i(x_1) \leqslant f_i(x_2), i \in \{1, 2, \cdots, m\}$。

(b) 至少存在一个 $j \in \{1, 2, \cdots, m\}$，使 $f_j(x_1) < f_j(x_2)$。

则称 x_1 支配 x_2，记作：$x_1 \prec x_2$。

(4) Pareto 最优解：Pareto 解又称有效解、非劣解或可接受解，它是指多目标问题的一个 "不坏" 的解。一个多目标优化问题中，不存在 x^* 使得 $x^* < x$，则可行解 x 为一个 Pareto 最优解。

(5) Pareto 最优解集：所有 Pareto 最优解构成的集合被称为 Pareto 最优解集。

(6) Pareto 前沿：称 Pareto 最优解集中所有解的目标向量值构成的集合为 Pareto 前沿。

多目标优化的目的便是搜索问题的 Pareto 最优解集，求解多目标问题的方法一般分为标量化方法和基于 Pareto 概念的多目标优化搜索方法。

3.1.2 多目标优化标量化处理方法

标量化处理方法是通过各种运算将多目标问题转化为单目标问题的求解方法，常用的标量化处理方法有：加权求和法、约束法、目标规划法、极大极小法等。本节介绍了前两种方法。

(1) 加权求和法：如式 (3.2) 所示，加权求和法首先给每个目标函数各分配一个权值系数，然后通过权值系数和目标函数相乘，通过线性组合的方式将多目标转化为单目标。

$$\min f(\boldsymbol{x}) = \sum_{i=1}^{k} \omega_i F_i(\boldsymbol{x}), \quad \boldsymbol{x} \in X \tag{3.2}$$

式中，ω_i 为设计目标的权值系数，一般取 $\omega_i \geqslant 0, \sum_{i=1}^{k} \omega_i = 1$，问题 (3.2) 为典型的单目标优化问题，问题的求解方法非常成熟。加权法主要优点在于简单易行，效率高，难点在于权值系数的选取非常困难，这是因为权值系数的选择往往并不与目标的重要程度直接相关，多个目标之间往往不可比较。加权平均方法的最大缺陷是，对于非凸的 Pareto 解边界，会使得某些解丢失，如图 3-1 所示，$F(P)$ 与 $F(Q)$ 点之间的非凸解集在求解过程中无法得到。

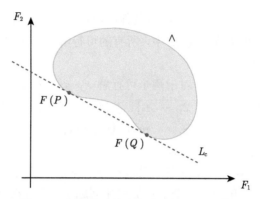

图 3-1　加权求和法求解多目标问题示意图

(2) 约束法 (ε-Constraint)：约束法[5] 是通过选取优化问题的首要目标作为优化目标，将其余的目标转作为不等式约束，这样一来就将原始多目标问题转化为单目标多约束问题，其原理表达式为

$$
\begin{aligned}
&\min \quad f_k(\boldsymbol{x}) \\
&\text{s.t.} \quad f_i(\boldsymbol{x}) \leqslant \varepsilon_i, \quad i \neq k \\
&\qquad \boldsymbol{x} \in X
\end{aligned}
\tag{3.3}
$$

其中 $\varepsilon_{-k} = (\varepsilon_1, \cdots, \varepsilon_{k-1}, \varepsilon_{k+1}, \cdots, \varepsilon_p)^{\mathrm{T}} \in \mathbf{R}^{p-1}, k \in \{1, \cdots, p\}$。

图 3-2 给出了约束法的求解原理，可见该方法能够有效克服加权求和方法的非凸解遗失问题，通过不断地改变约束值可以找到多个 Pareto 最优解。约束法的最大难度是如何选择适当的 ε_i，如何选取主要目标，这些往往需要设计者在优化之前确定，即需要先验知识。

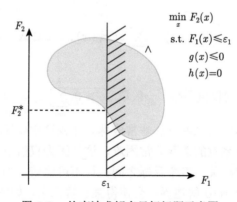

图 3-2　约束法求解多目标问题示意图

上述标量化方法为了获得原问题的多个 Pareto 最优解往往需要多次运行求解单目标优化问题的算法, 由于这些运行求解过程相互独立, 它们之间的信息无法共享, 所以计算的量较大, 且得到的解有可能不可比较, 令设计者难以有效决策, 同时造成时间及资源的浪费。因此对较复杂、函数性质不好的多目标优化问题, 应用标量化方法往往是不可行的。

3.1.3 基于 Pareto 的多目标优化方法

另一类多目标求解方法是建立在 Pareto 解集基础上的优化方法, 该类方法在优化过程中同时处理所有的设计目标, 对每个设计目标都能够进行充分的探索, 其优化结果为优化问题的 Pareto 最优解集。这种基于 Pareto 的多目标求解方法特别适宜于与进化类优化算法结合, 从而能够高效地获取多目标优化问题的全部解集, 而且保留了进化算法全局性好、收敛稳定等特点。目前较为成熟和广泛使用的进化多目标优化方法是 NSGA-II 算法和多目标粒子群算法, 本节对这两种算法进行了介绍。

1. NSGA-II 算法

NSGA-II 算法 [6] 是由 K. Deb 等在 NSGA 算法上改进而产生的, 该算法采用了快速非支配排序算法、拥挤机制及精英策略等技术, 大幅提高了优化效率, 改善了优化求解的精度, 同时 Pareto 解集也更加均匀。

NSGA-II 方法根据个体之间的支配与非支配关系进行排序, 依据顺序确定个体之间的优劣关系。种群中每个个体 i 都设有两个参数 n_i 和 S_i, 分别代表数种群中支配个体 i 的解个体的数量和个体 i 所支配的解个体的集合。首先, 找到种群中所有 n_i 为零的个体, 将其存入集合 F_1, 然后对于当前集 F_1 中的每个个体 j, 考察它所支配的个体集合 S_j, 将集合 S_j 中的每个个体 k 的 n_k 减去 1, 即支配个体 k 的解个体数减 1, 如果 $n_k-1=0$, 则将个体 k 存入另一个集 H。最后, 将 F_1 作为第一级非支配个体的集合, 并赋予该集合内个体一个相同的非支配序 r_i。然后继续对集 H 作上述分级操作并赋予相应的非支配序, 直到所有的个体都被分级。图 3-3 给出了 NSGA-II 算法的非支配排序示意。

早期的 NSGA 算法采用共享函数和小生境技术来保持种群多样性, 防止算法局部收敛, 但是需要决策者人为地给出共享半径的 σ_{share} 值, 为了解决此问题, Deb 等提出了拥挤度的概念, 拥挤度是指种群中给定点的周围个体的密度, 用 d_i 表示, 如图 3-4 所示, 其几何意义为在个体 i 周围包含个体 i 本身但不包含其他个体的最小的长方形。其计算公式为: $d_i = \sum_j^m \left| \dfrac{f_j^{i+1} - f_j^{i-1}}{f_j^{\max} - f_j^{\min}} \right|$, 其中 i 为种群个体, m 为目标数目。两端个体的拥挤度一般无穷大。当 d_i 比较小时, 从拥挤度

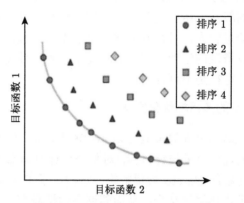

图 3-3　　NSGA-Ⅱ 方法中的等级 [7]

的计算公式中可以看出该个体周围的解是比较拥挤的，因此，为了保持种群的多样性，防止算法过早收敛从而引发早熟现象，可以通过拥挤度比较算子来确保算法能收敛到一个均匀分布的 Pareto 面上。为此 Deb 定义了如下拥挤度比较算子 $\prec_n$：如果 $r_i < r_j$ 或 $r_i = r_j \& d_i > d_j$，则 $i \prec_n j$。也就是说如果两个个体的非支配排序不同，则非支配排序较小的个体 (分层排序时，先被分离出来的个体) 占优；如果两个个体的非支配排序相同，则拥挤度较大的个体占优。

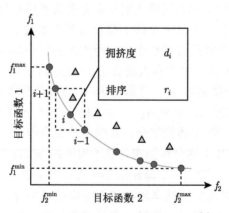

图 3-4　　NSGA-Ⅱ 方法拥挤度定义 [7]

最后采用精英保留策略改进多目标遗传算法的计算效率，精英策略就是在算法的迭代过程中，从上一代保留优秀的潜在解至下一代的过程。图 3-5 给出了 NSGA-Ⅱ 算法精英策略的执行过程。将父代种群与其子代种群竞争得到下一代种群，容易得到更为优良的下一代。

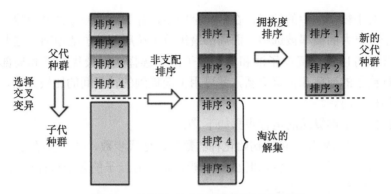

图 3-5 NSGA-Ⅱ 方法精英策略执行过程

NSGA-Ⅱ 算法的运行流程如下 [6]：

(1) 随机初始化种群 P_0，种群规模为 npop；

(2) 评价每一个个体的目标和约束；

(3) 采用非支配排序方法对种群进行分级排列；

(4) 计算拥挤距离；

(5) 使用遗传操作 (选择、交叉和变异) 生成中间种群 Q，其数目为 npop；

(6) 评价中间种群的目标和约束；

(7) 合并两个种群 (双亲和中间)，对其进行分级排序并计算拥挤距离；

(8) 根据精英策略选择 npop 个最优个体形成新的种群 P_t；

(9) 返回第 (3) 步，重复运行直到达到停止的条件，停止的条件一般设置为进化代数。

2. 多目标粒子群算法

粒子群算法 [8] 是近年来最为优秀的智能优化算法，该算法模拟了鸟群觅食的原理，通过自我学习和群体学习来使种群都能搜索到最优的解。其优化原理简单而高效，算法程序实现简易，因此在优化领域取得了广泛的应用。本节介绍了基于 Pareto 概念的多目标粒子群算法。与单目标粒子群算法的最大区别在于全局最优解不再是一个解，而是一个 Pareto 解集，因此需要定义一个粒子池来存储每一代的 Pareto 最优解集，随着迭代的推进，最终得到的解集即为最优解集。同时，还需要定义一个局部粒子池来存储粒子本身找到的基于 Pareto 的最优位置。

粒子群算法的核心是粒子的速度和位置更新，关键是从全局最优粒子池中选出一个全局最优位置，为了让 Pareto 解集在目标空间中分布均匀，在多目标粒子群算法中引入了基于小生境技术的共享度的概念，用来定量描述群体在某一空间的密集程度。本节定义的共享度是：在目标空间中，粒子和其最近的粒子的距离的倒数。对于粒子池中的粒子，在目标空间中，计算每个粒子的共享度，共享度小的粒子有更大的概率被选中。而局部最优粒子从局部粒子池中随机选取。

这样就可以从全局粒子池和局部粒子池中选择全局最优粒子和局部最优粒子，进行粒子的速度和位置更新，并可用上面提到的粒子间的比较方法，对粒子池进行扫描更新。

多目标粒子群算法的运行步骤如下 [9]：

(1) 粒子群初始化，包括初始化种群数目、迭代步数、学习参数等。

(2) 随机给定粒子的速度和位置，分析评估所有粒子的各个目标适应值，初始化个体粒子池和全局粒子池。

(3) 更新粒子的速度和位置，依据共享度定义，从粒子池中选出 gBest 和 pBest，并根据速度更新公式和位置更新公式对粒子的速度和位置进行更新。

(4) 更新粒子池。扫描粒子池，剔除粒子池中的"劣解"，加入新的"非劣解"。

(5) 判断结束条件。满足则输出粒子池中的结果，否则，返回步骤 (3)。

为了验证 NSGA-II 算法和多目标粒子群算法的性能，采用以下两个典型的多目标测试函数对算法进行测试，将优化算法得到的 Pareto 解集与实际最优解集和多目标粒子群算法解集进行对比。测试函数为

(1) 测试函数一：

$$
\begin{cases}
f_1(\boldsymbol{x}) = \displaystyle\sum_{i=1}^{2}\left[-10\exp\left(-0.2\sqrt{x_i^2 + x_{i+1}^2}\right)\right] \\
f_2(\boldsymbol{x}) = \displaystyle\sum_{i=1}^{3}\left[|x_i|^{0.8} + 5\sin\left(x_i^3\right)\right]
\end{cases}, \quad -5.0 \leqslant x_i \leqslant 5 \quad (3.4)
$$

(2) 测试函数二：

$$
\begin{cases}
f_1(x,y) = 0.5\times(x^2+y^2) + \sin(x^2+y^2) \\[2mm]
f_2(x,y) = \dfrac{(3x-2y+4)^2}{8} + \dfrac{(x-y+1)^2}{27} + 15 \\[2mm]
f_3(x,y) = \dfrac{1}{x^2+y^2+1} - 1.1\mathrm{e}^{(-x^2-y^2)}
\end{cases}, \quad -3.0 \leqslant x,y \leqslant 3.0 \quad (3.5)
$$

图 3-6~图 3-8 对比了理论的 Pareto 前缘与各种优化算法的 Pareto 前缘，由图可知文中两种算法具有很好的 Pareto 前沿搜索能力，所得解分布均匀，与理论解非常吻合，说明该算法能够应用于多目标优化设计问题求解。

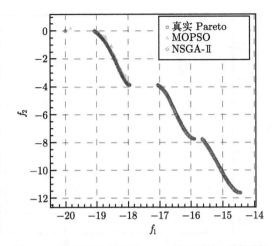

图 3-6 两种算法得到 Pareto 前缘对比 (俯视图)

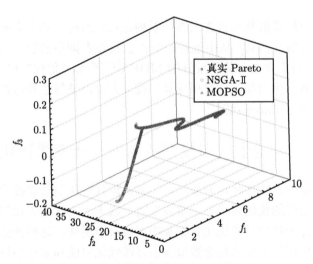

图 3-7 两种算法得到 Pareto 前缘对比

近年来针对多目标优化的优化效率、高维多目标优化及人工干预等问题,人们进行了大量的研究和探索,发展了一大批新的多目标优化算法。Zhang 和 Li 等 [10] 提出了一种基于分解的多目标求解算法 MOEA/D(Multi-objective Evolutionary Algorithm Based on Decomposition),与基于 Pareto 非劣解的多目标优化算法不同,该算法是将多目标问题转化为一系列的单目标优化问题进行求解,常见的分解算法有加权平均法、边界交叉法和切比雪夫 (Tchebycheff) 方法。这些算法最大的特点是计算效率更高、收敛速度更快,Pareto 前缘更加均匀。

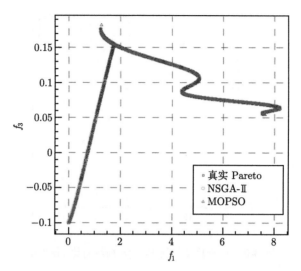

图 3-8　两种算法得到 Pareto 前缘对比 (侧视图)

　　传统的多目标求解算法首先求得一系列在优化目标上的非支配解，决策者再根据实际需要 (偏好信息) 从中选择一组符合决策者期望的解，这个过程由 "优化" 和 "决策" 两步完成。基于偏好的 MOEA[11,12] 将 "优化" 和 "决策" 有机结合，利用决策者提供的偏好信息引导算法搜索方向，使算法着重搜索能产生符合决策者偏好的部分 Pareto 解。

3.2　基于代理模型的高维设计变量优化

　　对于非梯度的直接优化搜索算法，尤其是现代进化类智能搜索算法，为了保证全局优化和最终的优化效果，通常需要进行成千上万次的优化搜索迭代和评估分析，随着设计变量数目和优化目标及约束数目的增加，这种评估规模呈指数增加，使得直接采用优化算法耦合数值评估方法优化只能局限在小规模和低精度模型的快速分析上，而对于工程常用的计算流体动力学 (CFD) 分析评估方法，如雷诺平均纳维–斯托克斯 (RANS) 方法，进行一次分析评估通常需要很大的计算代价和时间代价，因此即使在高性能计算机技术高度发展的今天，基于直接 CFD 的优化方法也无法在工程设计中应用。另外，飞行器气动优化设计通常是一项反复迭代的过程，不能够一次性保证优化模型的正确性和合理性，而现代优化搜索算法也存在着随机性和不确定性，这使得直接优化的结果是不确定的。以上这些情况需要寻求一种可重复使用或者快速的设计方法，一方面能够及时调整设计模型和纠错，另一方面也能够进行多次优化搜索试验，保证搜索到最优的设计结果。为此，人们提出了代理模型 (Surrogate Model) 的优化方法 [13]，采用数学统计模型代替直接数值分析进行优化对象的评估分析，代理模型方法可以通过取样和少数的数值分析代替高昂和低效的直接数值分析，大幅提高了气动优化设计的效率，使得直接优化方法能够应用于工程设计。

3.2.1 高维设计变量问题

为了提高飞行器的经济性、环保性、安全性和便捷性等，需要在气动设计上更加精细化，例如对阻力系数的精致追求通常是精益求精，照顾到每一个设计细节，不放过每 1count(1count=0.0001) 的阻力；飞机低速等边界特性的设计也需要对飞机的局部外形进行细致入微的设计，这种精细化设计最直接的方式就是增加设计参数，即设计变量的数目；同时现代飞机的外形越来越复杂，为了精细化地描述这些复杂外形，需要引入大量的设计变量。随着飞行器设计要求的精细化和外形的不断复杂化，用来定义飞行器气动外形的设计参数 (设计变量) 也从原来的 10~20 个增加到 100~200 个，更有甚者达到了 500 个左右。

这种设计变量维度的急剧增加，导致高维设计变量问题的产生，问题维度的增加使得问题的模拟和优化难度呈指数增加，这种由于维度而引起的问题被称为"维度灾难"[14]。设计参数的增加，一方面使得代理模型精度急剧恶化，建立代理模型所需要的样本数目也急剧增加，大规模的设计变量问题对代理模型构造技术、取样方法等提出了严峻的挑战，例如为了构建相当准确的二阶多项式响应面，所需样本的数目与设计变量数目的平方成比例增加。另一方面，优化搜索方法的效率和质量也随着设计变量数目的增加而变差，甚至造成优化搜索无法进行。因此飞行器气动精细化设计中的大规模设计变量问题成为气动设计的难点问题。该问题极大地限制了现代气动优化技术的应用和推广，成为气动优化设计工程化应用的最大障碍。

对于梯度类优化算法，其优化进程及最终优化结果随设计变量维度变化不大，而对于进化类智能算法，设计变量维度会直接影响优化过程所需的种群数目和迭代次数，这就使得优化效率随着设计变量数目呈指数下降，同时随着维度的增加，设计空间更加复杂，导致寻优的难度急剧增加，优化搜索更容易陷入局部最优，优化搜索算法最终找到最优解的概率减小。一方面，问题的搜索空间随着维数的增加呈指数级增加，在给定的计算代价下，需要搜索到所有可能的潜在区域，对算法提出了更高的要求；另一方面，问题的特性可能随着维数的增加而发生变化，例如罗森布罗克函数 (Rosenbrock Function) 在二维为单峰优化，但当维数超过二维就会变成多峰值优化，这就会使得低维优化策略在高维情况表现不好。

经统计研究，飞行器气动精细化设计问题的设计变量维度一般不会超过 1000 个，大多数设计问题设计变量个数在 50~200 个，在这种情况下优化搜索算法经过改良后基本都能够满足寻优要求，因此影响气动精细化设计的关键问题集中在代理模型精度上。

3.2.2　设计变量对代理模型精度的影响

为了研究设计变量维度对代理模型性能的影响，本节采用翼型气动特性预测算例探析了设计变量维数对 Kriging[15-17] 代理模型精度的影响。通过不同的样本点，即测试样本点，进行代理模型的精度和有效性校验。校验内容包括：代理模型在测试样本点的百分比最大相对误差 (%Maximum Relative Error, %MRE)、百分比平均相对误差 (%Average Relative Error，%ARE) 和百分比均方根误差 (%Root Mean Square Error，%RMSE) 以及代理模型对测试样本的预测值与原模型分析结果的相关系数。其中百分比最大相对误差定义为

$$\%\mathrm{MRE} = 100 \times \max_{1 \leqslant i \leqslant k} \left(\left| \frac{f_i(x) - \hat{f}_i(x)}{f_i(x)} \right| \right) \tag{3.6}$$

百分比平均相对误差定义为

$$\%\mathrm{ARE} = \frac{100}{k} \sum_{i=1}^{k} \left| \frac{f_i(x) - \hat{f}_i(x)}{f_i(x)} \right| \tag{3.7}$$

百分比均方根误差定义为

$$\%\mathrm{RMSE} = \frac{100 \times \sqrt{\frac{1}{k} \sum\limits_{i=1}^{k} \left(f_i(x) - \hat{f}_i(x) \right)^2}}{\frac{1}{k} \sum\limits_{i=1}^{k} |f(x)|} \tag{3.8}$$

相关系数 (Correlation Coefficient) 定义为

$$\mathrm{Correlation\ Coefficient} = \frac{\sum\limits_{i=1}^{k} \left(f_i(x) - \overline{f(x)} \right) \left(\hat{f}_i(x) - \overline{\hat{f}(x)} \right)}{\sqrt{\sum\limits_{i=1}^{k} \left(f_i(x) - \overline{f(x)} \right)^2} \sqrt{\sum\limits_{i=1}^{k} \left(\hat{f}_i(x) - \overline{\hat{f}(x)} \right)^2}} \tag{3.9}$$

$$\overline{f(x)} = \frac{1}{k} \sum_{i=1}^{k} f(x) \tag{3.10}$$

$$\overline{\hat{f}(x)} = \frac{1}{k} \sum_{i=1}^{k} \hat{f}(x) \tag{3.11}$$

式中，$f(x)$ 为原始模型计算结果；$\hat{f}(x)$ 为代理模型预测值；$\overline{f(x)}$ 为测试样本原始模型计算结果的平均值；$\overline{\hat{f}(x)}$ 为测试样本代理模型预测值的平均值；k 为测试样本点的个数。百分比最大相对误差 %MRE 反映了代理模型对非构造样本点预测的最低水平，属于局部评估指标；百分比平均相对误差 %ARE 和百分比均方根误差 %RMSE 分别体现了代理模型在整个设计空间内的预测平均相对误差；Correlation Coefficient 代表代理模型与原始模型的线性相关程度，取值在 0~1，Correlation Coefficient 的值越大，表示代理模型与原始模型的线性相关程度越强，拟合度越高。

首先研究了代理模型预测精度随设计变量数目的变化规律，分别测试了设计变量数目为 10、20、30、40、50 时代理模型的预测精度，基准外形为 RAE2822 翼型，采用 CST 方法进行翼型参数化，采用基于 RANS 方程的数值模拟方法进行翼型的气动特性分析，计算状态为：$Ma=0.73$、$Re=6.5\times10^6$，$\alpha=2.79°$。采用拉丁超立方方法选取样本，样本的个数为 $30\times D$，其中 D 为设计变量的个数。测试样本在设计空间内随机生成，测试样本数目为 300。

图 3-9～图 3-12 分别给出了代理模型的百分比最大相对误差、百分比平均相对误差、百分比均方根误差及相关系数随设计变量维数的变化。其中横坐标 D 代表设计变量维数，纵坐标为相应的校验参数。由图可以看出，随着维数的增加，代理模型的整体精度、局部精度和拟合度都会下降，当维数超过 40 时，精度急剧恶化，拟合度变差，出现了所谓的 "维度灾难"。而阻力系数的预测误差最大，随

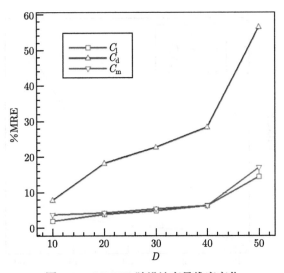

图 3-9 %MRE 随设计变量维度变化

着维数变化最为严重，维数为 50 时百分比平均相对误差超 12%，拟合度小于 0.7，百分比最大相对误差更是高达 50%，然而阻力系数往往是气动精细化设计最为关心的气动参数。分析对比结果可知，对于高维设计变量，代理模型精度不能得到保证，可能会直接影响气动设计的质量。

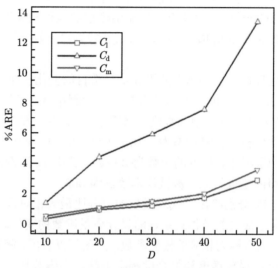

图 3-10   %ARE 随设计变量维度变化

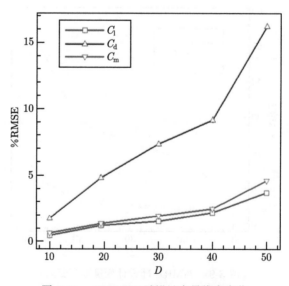

图 3-11   %RMSE 随设计变量维度变化

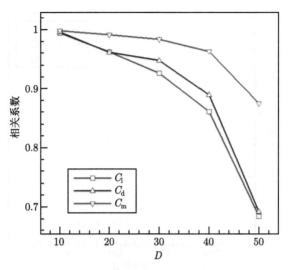

图 3-12 相关系数随设计变量维度的变化

进一步研究了设计变量维数对构造代理模型所需样本数目的影响, 分别选择了 14 和 50 个设计变量问题进行对比研究, 分析了高维设计变量对样本数目的需求关系, 以及代理模型精度随构造样本数目的变化规律。计算状态、参数化方法, 取样和测试方法均与文献 [17] 相同。

图 3-13~图 3-16 分别给出了 14 个设计变量时升力系数、阻力系数和力矩系数预测精度 (百分比最大相对误差、百分比平均相对误差和百分比均方根误差)

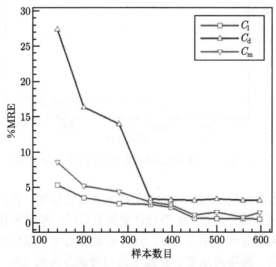

图 3-13 %MRE 随样本数目的变化 ($D = 14$)

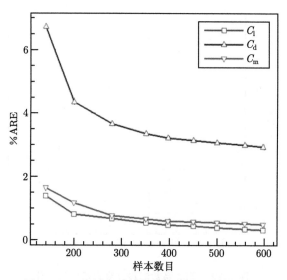

图 3-14   ％ARE 随样本数目的变化 ($D = 14$)

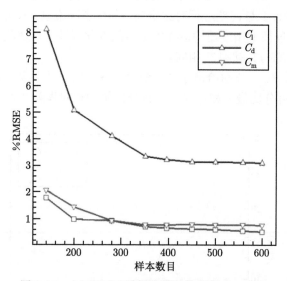

图 3-15   ％ RMSE 随样本数目的变化 ($D = 14$)

及相关系数随样本数目的变化。可见随着样本数目的增加，代理模型预测精度和相关系数提高，样本数目超过 30 倍设计变量数目时，精度变化渐趋收敛，阻力系数的百分比最大相对误差小于 4％，升力系数和力矩系数精度更高，表明代理模型局部精度很高，而阻力系数百分比平均相对误差接近 3％，升力系数和力矩系数百分比平均相对误差小于 3％，表明整体拟合精度也很高。所有气动力系数的

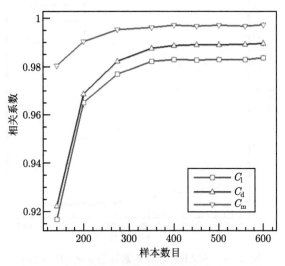

图 3-16 相关系数随样本数目的变化 ($D = 14$)

线性相关系数均超过了 98%，可见对于低维问题，通过增加样本数目可以显著地提高代理模型精度。

图 3-17~图 3-20 分别给出了 50 个设计变量时升力系数、阻力系数和力矩系数预测精度 (百分比最大相对误差、百分比平均相对误差和百分比均方根误差) 及相关系数随样本数目的变化。对比可知，随着样本数目的增加，相应的代理模

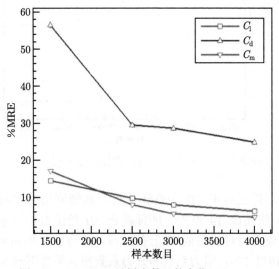

图 3-17 %MRE 随样本数目的变化 ($D = 50$)

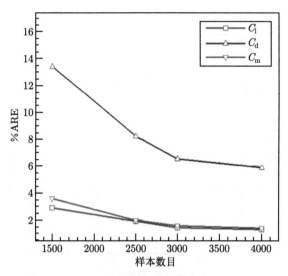

图 3-18　%ARE 随样本数目的变化 $(D = 50)$

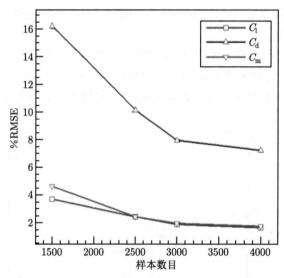

图 3-19　%RMSE 随样本数目的变化 $(D = 50)$

型精度有所提高，但是对于 50 个设计变量，其预测精度在很大的样本数目下 (80 倍设计变量) 依然比 14 维差。即便是在 80 倍维数的样本数目情况下，阻力系数的百分比最大相对误差依然超过 25%，百分比平均相对误差为 6%，百分比均方根误差超过 7%，阻力系数和升力系数相关系数不到 93%，其预测精度与 14 维的精度相比很差。这表明在构建高维设计变量代理模型时，需要采用更

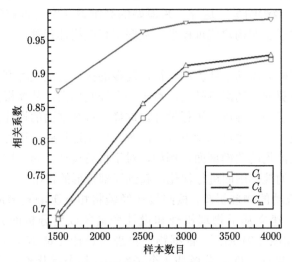

图 3-20　相关系数随样本数目的变化 ($D = 50$)

多的样本数目，同时代理模型精度很难达到低维的同等精度，不能保证预测的可靠性。

由以上分析可知，随着设计变量维度的增加，代理模型精度下降，当维度达到 40 维后，代理模型精度急剧恶化，同时构造代理模型所需样本数目也迅速增加。不精确的代理模型可能会影响设计建模的正确性并导致设计失败。

3.2.3　分区协同优化

进行气动外形精细化设计时，我们需要多变量建模，以充分利用大规模设计变量优化模型得到更充足的设计空间；同时，又需要面对多变量优化模型带来的优化搜索困难和代理模型精度下降的问题。因此，需要对多变量优化问题进行特殊处理，引入新的策略以便快速准确地求解高维问题，在满足精细化设计要求的同时缓解代理模型和优化搜索的困难。为了克服设计变量维度对代理模型预测精度造成的影响，赵轲基于物理分析和设计者对工程问题的知识提出了一种分区协同优化算法 [18]，与相应的代理模型进行耦合，克服了大规模设计变量优化中的代理模型精度问题。具体思路是：根据机翼的流动机理，顺流流动是占主导的流动，对模型气动特性影响最大，即顺流向剖面的气动外形是设计的核心，是影响模型气动特性的关键参数，而各剖面之间的影响属于次一级的影响参量；同时组成翼剖面的设计变量之间相关程度最强，应该将其归为一类设计变量。因此可以将原始的三维设计空间进行分区，划分为以翼型剖面为基本单元的一系列子空间，翼型剖面之间的设计变量构成了机翼流动的主要成分，主导着机翼的气动特性，同时这些设计变量的相关性也最强，至于三维效应及翼剖面之间的相互干扰属于次一级影响量。这样一来原始的高维设计空间将被化解为几组小的空间，再依次对子空间构建代理模型，克服了直接构建代理模型导致的维度灾难问题。

根据后掠翼横向流动主要流动特征，翼根的扰动会很大程度地影响到下游外翼段流场，即内翼的流动影响外翼，对于每个控制剖面，从翼根到翼尖，按照控制剖面的位置逐步向外推进，进行设计。这样，每个剖面的设计问题变成了翼型设计问题，其设计变量数目急剧下降。同时在优化过程中，还可以根据当前的设计结果确定影响流场的关键剖面，例如，对于机翼设计，为了控制激波发展，可以选择靠近激波的控制剖面进行优化，起到局部修形的作用。

根据机翼流动的物理机理，按照设计经验将相互影响紧密的设计变量划分为一个子系统，建立基于物理机理和设计变量关联度分析的分区协同优化系统 [19]，其流程如图 3-21 所示。依据物理机理对设计变量 $\boldsymbol{X} = (x_1, x_2, \cdots, x_n)^{\mathrm{T}}$ 进行分区，整个设计空间被分解成 l 个子空间，整个优化设计系统被简化分解成 l 子系统，按次序对每一个子系统进行优化设计。在一个子系统优化过程中，分配到其他子系统的设计变量被当作常值，代理模型的构建和优化搜索只在子系统的设计变量组中进行。一轮子系统优化完成后，更新当前的最优解，即将所有的最优子设计变量组整合到一起，然后进行下一轮并行优化直至达到收敛。

为了检验分区协同优化方法，分别采用直接优化和分区协同优化方法开展了类似于 BWB-450-1L 的 800 座客机气动设计研究。设计方案如图 3-22 所示。设计状态为：$Ma = 0.85$，$Re = 7 \times 10^7$。优化设计模型如下：

目标函数：$\min C_{\mathrm{d}}$

约束条件：

s.t.　$C_l = 0.360$

$g_1(X) = |C_{\mathrm{my}}| < |C_{\mathrm{my-initial}}|$

$g_2(X) = |\text{Thickness}_{\text{airfoil}} - \text{Thickness}_{\text{airfoil0}}| \leqslant 0.003$，$\text{Thickness}_{\text{airfoil0}}$ 表示初始外形机翼翼型的相对厚度。

首先采用传统的松散式代理模型优化设计系统对该外形进行气动优化设计，参数化方法为非均匀有理 B 样条自由变形 (NFFD) 方法，选择了 4 个控制剖面，分别位于翼根，内翼段中部，Kink 和外翼段中部，每个控制剖面取 14 个设计变量，共计 56 个设计变量，如图 3-23 所示。

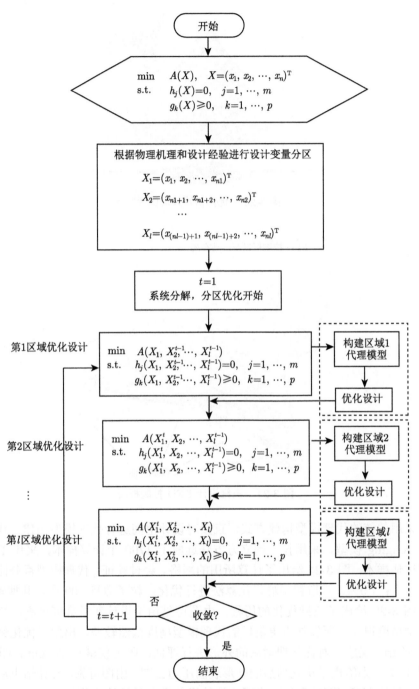

图 3-21 基于分区代理模型的协同优化管理框架算法流程 [18]

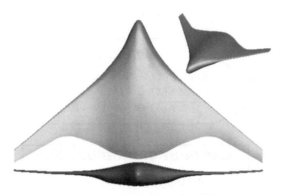

图 3-22　优化初始外形图 [19]

FFD 控制框以及气动布局

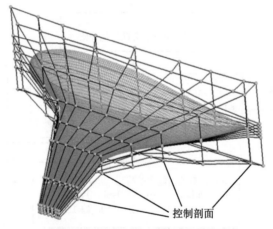

控制剖面

图 3-23　三维设计 FFD 控制框架

　　采用传统的代理模型构建方式，直接对设计空间进行代理模型构建，代理模型为 Kriging 模型，采用拉丁超立方方法选取了 1700 个计算样本，采用 RANS 方程评估样本，图 3-24 给出了计算所用的网格。经过验证，代理模型百分比均方根误差为：7.9%。选取粒子群优化算法进行优化，粒子数目 600 个，共搜索 200 代，图 3-25 给出了三维优化的历程，由图可见由于设计变量维度过高，初始代理模型精度很差，所以加点更新后的代理模型精度依然较差，出现了优化结果的"精度冻结"现象。对优化搜索后的外形进行评估，阻力仅减小 7count。图 3-26 与图 3-27 分别给出了优化前后的外形表面压力云图，由图可见，设计结束后飞机上表面仍然存在很强的激波，表明设计结果并没有明显的改善。

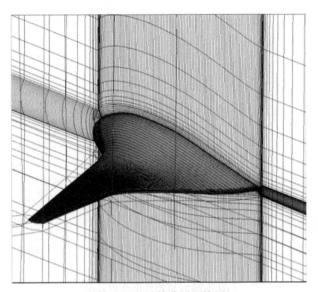

图 3-24　计算分析网格图

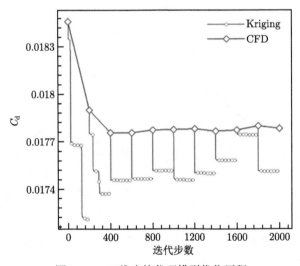

图 3-25　三维直接代理模型优化历程

　　分析发现本节三维设计失败的主要因素是代理模型失效,未能在设计空间中
给出很好的气动特性的预测。同时 56 个设计变量对于复杂外形设计是远达不到
精细化要求的,需要增加更多的控制剖面和翼型控制节点,这样一来将会进一步
加剧代理模型气动设计的维度问题。

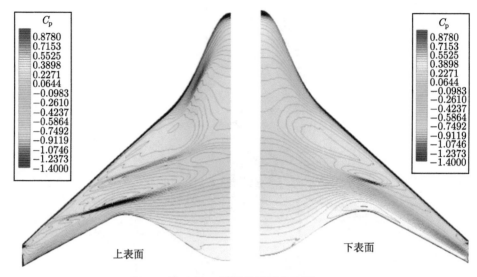

图 3-26　原始外形压力云图

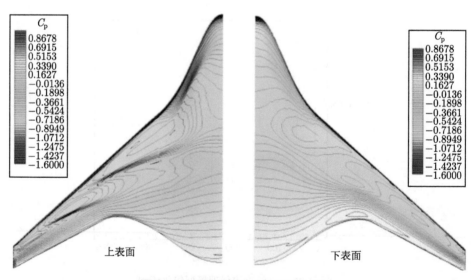

图 3-27　三维直接设计外形压力云图

　　为了克服三维直接设计的困难，采用分区协同优化设计方法对翼身融合体 (BWB) 外形进行优化设计，将设计空间分解为 5 部分，前 4 个子系统为机翼的 4 个控制剖面，每个控制剖面采用 14 个控制节点进行参数化，即 14 个设计变量，第 5 个系统为扭角，选取 8 个扭转角控制剖面。针对初始外形，采用分区协同优化设计方法对其进行了气动优化研究。具体的设计框架如图 3-28 所示。

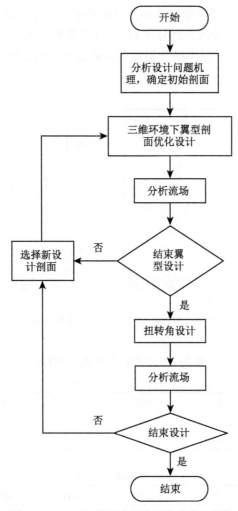

图 3-28 BWB 外形分区协同优化设计框架

首先对比测试了代理模型精度。为了对比采用物理分析方法对三维空间进行分区,分为 4 个子系统,即 4 个翼型控制剖面,分别对其进行代理模型构建,这样子系统设计变量数目为 14 个,同样采用拉丁超立方方法选取样本,选取样本数目分别为 300 个;为了进行验证,随机抽取了 100 个测试样本。

图 3-29 分别给出了两种代理模型构造方法的测试样本点处阻力系数与力矩系数预测误差的对比 ($N = 14$ 代表分区构建代理模型,$N = 56$ 代表直接构建代理模型),可以看出,经过空间分区,代理模型精度大幅提高。表 3-1 给出了两种代理模型构造方法 BWB 布局阻力特性与力矩特性的代理模型预测精度的对比,可以看出对于高维设计空间 (设计变量数目为 56) 直接进行代理模型构造,即使在

很大的样本数目下，代理模型精度也会急剧恶化，阻力系数%RMSE 达到 7.9%，相关系数只有 0.8275，经过空间分区后 (设计变量数目为 14)，将高维空间划分为低维设计空间，Kriging 模型的预测精度大幅提高，能够较好地预测 BWB 布局的气动特性。

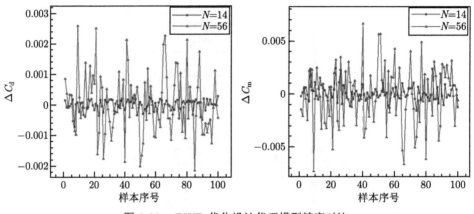

图 3-29　BWB 优化设计代理模型精度对比

表 3-1　　BWB 气动力预测误差

(a) 阻力系数预测结果

代理模型构造方法	样本数目	%MRE	%ARE	%RMSE	相关系数
分区构建 ($N=14$)	300	2.6%	0.9%	1.1698	0.9383
直接构建 ($N=56$)	1700	11.1%	5.8%	7.9146	0.8275

(b) 力矩系数预测结果

设计变量数目	样本数目	%MRE	%ARE	%RMSE	相关系数
分区构建 ($N=14$)	300	2.5%	0.66%	0.8190	0.9982
直接构建 ($N=56$)	1700	8.5%	1.86%	3.6300	0.8853

首先进行翼根剖面外形优化，保持其他控制剖面和扭角不变，图 3-30 给出了优化控制剖面及控制节点的分布。采用拉丁超立方方法选取 300 个样本，样本评估后构建了 Kriging 模型，经过验证，代理模型阻力%RMSE 为 1.17%。采用粒子群算法进行优化设计，粒子数目为 300 个，共搜索 200 代。

在优化完第一个剖面之后，得到如图 3-31 所示的压力分布，接着对下一个设计剖面进行优化设计，图 3-32 给出了第二个设计剖面的示意，按照优化流程依次进行设计。对于三维外形，扭角分布可改变展向载荷分布，从而改变了诱导阻力，因此，扭角分布将对气动特性产生很大的影响。

FFD 控制框和气动布局

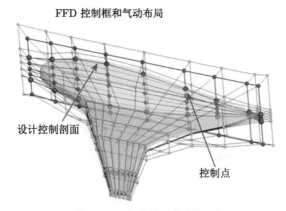

设计控制剖面

控制点

图 3-30　优化设计控制剖面

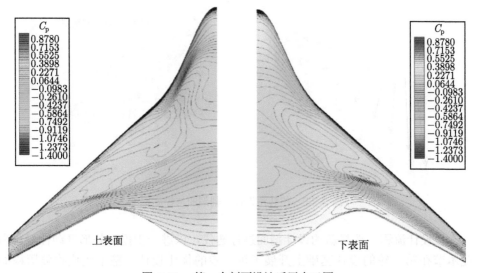

上表面

下表面

图 3-31　第一个剖面设计后压力云图

为了进一步改善气动特性,进行扭转角优化设计,选取如图 3-33 所示的 8 个扭转角控制剖面。采用拉丁超立方方法生成 120 个样本,采用粒子群算法进行优化搜索。优化后气动特性变化不明显,阻力仅下降了 3count,这是因为初始外形扭角分布已经很合理,因此扭转角变化减阻效果不明显。图 3-34 给出了第一轮设计结束后外形表面压力云图,由图可见,经过第一轮设计后,外形上表面激波减弱,压力分布大为改善。

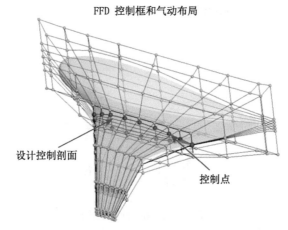

图 3-32　第二控制剖面

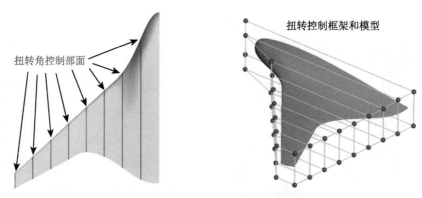

图 3-33　扭转角设计控制剖面与控制框架

　　按设计流程，选择新的设计剖面进行迭代，以进一步提高外形气动性能。为此本节在第一轮的设计基础上开展了进一步的优化设计，整个优化收敛历程如图 3-35 所示，其中 A 表示 1~5 子系统分别在 1、2、3 阶段的最优解情况，下标表示翼型剖面序列，从内到外依次为 1、2、3、4，最后为扭角；上标表示优化的轮次。本节总共进行了 3 轮搜索设计。

　　优化结果如表 3-2 所示，Initial 表示初始外形，Normal Opt 表示三维直接优化外形，Opt-1、Opt-2、Opt-3 分别表示分区协同优化的第一、二、三轮结果，可见采用分区协同设计后，外形气动特性得到了显著改善。主要的改善集中在第一轮，对于第二轮设计，效果收益很小，仅下降了 1.7count 阻力，到第三轮设计基本上已经没有太大的改善余地，阻力系数降低了 0.3count。图 3-36 给出了最终的外形表面压力云图，由图可见，经过分区协同设计之后，激波消失，气动特性明显改善。

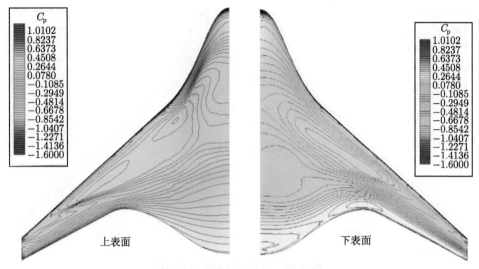

图 3-34 第一轮设计结束后压力云图

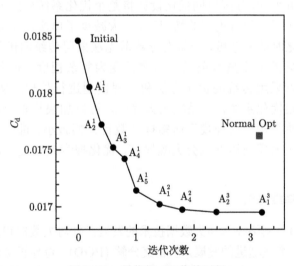

图 3-35 最优解 C_d 收敛历程

表 3-2 BWB 气动优化结果 ($Ma = 0.85$)

	C_l	C_d	C_m	K
Initial	0.36	0.1846×10^{-1}	-0.714×10^{-1}	19.5
Normal Opt	0.36	0.1773×10^{-1}	-0.660×10^{-1}	20.30
Opt-1	0.36	0.1715×10^{-1}	-0.685×10^{-1}	20.99
Opt-2	0.36	0.1699×10^{-1}	-0.689×10^{-1}	21.19
Opt-3	0.36	0.1696×10^{-1}	-0.683×10^{-1}	21.22

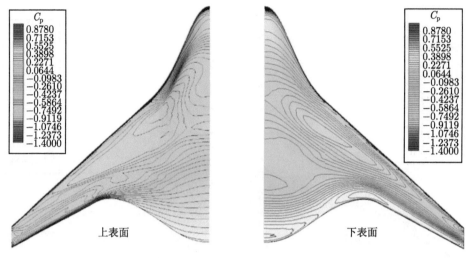

图 3-36　最终设计所得压力分布

　　由上述分析可知,分区协同优化设计将整个优化系统分解为若干个子系统,在保证了总设计变量数目不变的情况下,大大减少了单次优化的设计变量维度,降低了系统优化时的复杂度,使得在分解前无法采用传统的优化方法和代理模型技术进行优化的多变量复杂系统问题转变为复杂程度一般的若干子系统的优化问题,可以采用传统的优化方法和代理模型进行处理;从计算量上来讲,由于相对于原始优化系统,子系统大大简化,可以加快搜索速度,同时,由于系统维度减小使得构造代理模型所需样本数目大幅减小,进一步提高效率;维度的减小使得代理模型精度也会大幅提高,优化搜索效果变好,使得设计结果变好。

3.2.4　常用的降维方法

　　近年来,随着网络技术和大数据技术的发展,针对大数据和复杂系统的降维算法研究取得了突飞猛进的发展,从正交分解 (POD)、奇异正交分解 (SVD)、投影追踪法、多维尺度变换方法、因子分析法等线性降维算法到核主成分分析方法、自组织映射算法、等距特征映射算法、局部线性嵌入算法、最大差异展开等非线性降维算法,这些算法在图像压缩、文字识别、信号处理、无线网络分析、人脸识别、光谱影像分析等方面取得了巨大的应用。

　　鉴于降维算法的强大功能,近年来基于降维算法的飞行器气动精细化设计成为气动优化设计的研究热点,降维算法的引入降低了设计空间维度,使得设计问题复杂化,为基于代理模型的飞行器气动设计工程化应用研究提供了新的解决思路和灵感。本节介绍这些方法在气动设计中的应用。

要去分析、理解、处理一个高维数据和系统是一个极具挑战的任务,通常我们关心的只是数据的部分特征或者整个高维数据集本身就位于一个低维度的流形上。为了降低数据和系统的维度,一般有两种处理策略,要么采用过滤和封装等技术提取我们所关心的部分特征,要么我们可以将高维数据转换到低维度空间,同时保留数据重要的结构信息。这就包括线性的投影技术,如 PCA 或者非线性的降维方法。本节介绍 POD 方法和生成拓扑映射方法。

1. POD/SVD 方法

POD 方法在工程领域特别是计算流体力学领域已经取得了大量的应用,常被用作 CFD 的降阶模型来分析非定常流动。该方法能够将任意一组快照信息数据分解成按照重要性排列的最优正交基函数。假设有一组快照数据 S,包括了 M 组数据

$$S = [s_1, s_2, \cdots, s_M] \tag{3.12}$$

通常可以将上面的快照矢量分解为均值 $\bar{s}$ 和扰动矩阵 F

$$S = \bar{s} + F \tag{3.13}$$

式中,

$$\bar{s} = \frac{1}{M} \sum_{i=1}^{M} s_i \tag{3.14}$$

正交基函数可以通过求解以下特征问题得到

$$CV = \Lambda V \tag{3.15}$$

式中,Λ 为特征矢量,协方差对称矩阵为 C

$$C = F^{\mathrm{T}} F \tag{3.16}$$

特征向量矩阵 V 可以用来求解矩阵的特征函数:

$$\Phi = FV \tag{3.17}$$

式中,Φ 为 M 个特征函数组成的矩阵。这些特征函数连同相应的模态系数矢量 α 就可以重构原始的快照矢量

$$s_i = \bar{s} + \Phi \alpha_i \tag{3.18}$$

　　POD 方法的优势在于，在给定精度要求下重构原始数据快照集的时候并不需要所有的基函数。一般可以采用累积百分比变化来减小基函数。每一个 POD 基函数的重要性都与其相应的特征值绝对值相关联；特征值越大，表面基函数越重要。累积百分比变化定义为

$$\sum_{i=1}^{N} \lambda_i \bigg/ \sum_{i=1}^{M} \lambda_i \times 100 \tag{3.19}$$

　　该式可以用来衡量前 N 个基函数的综合重要性。采用这个简单的运算我们可以选择出满足最小累积百分比误差的少数基函数，采用这些基函数我们就可以将原始的快照矢量近似表示为

$$s_i \approx \bar{s} + \sum_{n=1}^{N} \alpha_{i_n} \boldsymbol{\Phi}_n \tag{3.20}$$

其中 $\boldsymbol{\Phi}_n$ 和 α_{i_n} 分别为前 N 个最重要的特征基向量和相应的模态系数。模态系数可以采用基函数矢量的正交性来计算。

　　2. 生成拓扑映射 (Generative Topological Mapping, GTM)

　　GTM 降维方法采用低维度隐性变量来模仿高维空间数据的分布。GTM 模型通过映射函数将高维空间 (维度为 D) 中的 N 个数据点映射到 L 维的低维空间，采用隐性变量点来表示。这种映射关系 $y(x, W)$ 函数能够确保每一个隐性空间的点都位于原数据点的混合高斯分布的中心位置。该映射函数的参数包括：W 加权系数矩阵和混合该类分布的方差参数 β，潜在空间中的点被限制在 L 维流形上。这些点的数目远小于原始空间中点的数目。令 $p(x)$ 为潜在空间的该类密度分布，同时会在真实空间中诱导出一种该类分布

$$p(t|x, W, \beta) = \left(\frac{\beta}{2\pi}\right)^{-D/2} \exp\left\{-\frac{\beta}{2} \sum_{d=1}^{D} [t_{\mathrm{d}} - y_{\mathrm{d}}(x, W)]^2\right\} \tag{3.21}$$

　　在潜在变量上积分得

$$p(t|W, \beta) = \int p(t|x, W, \beta) p(x) \, \mathrm{d}x \tag{3.22}$$

选取 $p(x)$ 为规则网格上的一组 K 个等权重 delta 函数，可得

$$p(t|W, \beta) = \frac{1}{K} \sum_{k=1}^{K} p(t|x_k, W, \beta) \tag{3.23}$$

$$p(x) = \frac{1}{K} \sum_{k=1}^{K} \delta \left(x - x_k \right) \tag{3.24}$$

该模型将每个潜在点映射到位于嵌入 D 维空间的流形上的高斯中心上。所有的高斯中心都不能相互独立移动，因此它们是仅依赖于映射 y 的约束混合。同时，混合项的各部分具有相同的方差 $\beta - 1$ 和混合系数 $1/k$。GTM 遵循贝叶斯定律，可以使用最大似然估计来确定映射的参数 W 和 β。数据集的似然函数为

$$\mathcal{L} = \prod_{n=1}^{N} p\left(\boldsymbol{t} | W, \beta \right) = \prod_{n}^{N} \left[\frac{1}{K} \sum_{k=1}^{K} p\left(t_n | x_k, W, \beta \right) \right] \tag{3.25}$$

取对数可得

$$l = \sum_{n=1}^{N} \ln \left[\frac{1}{K} \sum_{k=1}^{K} p\left(t_n | x_k, W, \beta \right) \right] \tag{3.26}$$

通过期望最大算法求解上式的最大极值即可确定出参数 W 和 β。通过线性组合一系列的 M 个固定的非线性径向基函数来构造线性回归模型 $y(x, W)$，径向基函数具有以下形式：

$$\phi_m \left(x_k \right) = \exp \left\{ -\frac{\| x_k - \mu_m \|^2}{2\sigma^2} \right\} \tag{3.27}$$

式中，μ_m 为径向基函数的中心，σ 为方差。矩阵形式的回归方程具有如下形式：

$$\boldsymbol{Y} = \boldsymbol{\Phi W} \tag{3.28}$$

式中，$\boldsymbol{W}$ 为 $M \times D$ 维的权值矩阵；$\boldsymbol{Y}$ 为 $K \times D$ 维的高斯混合项中心矩阵；$\boldsymbol{\Phi}$ 为 $K \times M$ 维的基函数矩阵。在最大似然开始时，$\boldsymbol{W}$ 是通过采用数据的前 L 个主成分值来进行初始化，后面会在 EM(差分进化) 算法中进行更新迭代。GTM 实际上是一个监督学习的过程，训练的数据集包括了变量和其响应值，使得计算过程中数据集维度为 $D + 1$ 维。

3.2.5 基于 POD 的降维优化

针对基于代理模型优化的优化方法高维设计变量问题，Toal 等 [20] 提出了基于 POD 降维算法的几何过滤优化方法。针对问题 (3.29)，采用 POD 主模态系数来代替原有的设计变量，减少了设计变量的维度。

$$\begin{aligned} \min \quad & y(\boldsymbol{x}) \\ \text{s.t.} \quad & \boldsymbol{l}_i \leqslant \boldsymbol{x}_i \leqslant \boldsymbol{u}_i \end{aligned} \tag{3.29}$$

采用该方法处理之后，优化问题变成 (3.30)，设计维度由 d 变成 N 维。此时的设计变量上下限可以由原始的快照集合的边界进行求解。

$$\min \quad y(\boldsymbol{\alpha})$$

$$\text{s.t.} \quad \boldsymbol{\alpha}\min_i \leqslant \boldsymbol{\alpha}_i \leqslant \boldsymbol{\alpha}\max_i \tag{3.30}$$

为了证明上面方法的效果，采用二维翼型优化设计对方法进行了测试。初始翼型为 RAE2822 翼型，采用 NURBS 曲线进行参数化，上下表面分别参数化，如图 3-37 所示。保持前后缘控制节点不变，前缘 $X = 0$ 位置的控制节点仅可以上下运动，其余的变量以节点位置作为控制参数，保持各节点的权值不变，共计 20 个设计变量，优化目标为最大化升阻比，设计状态为 $Ma = 0.725$，$Re = 6 \times 10^6$，固定迎角 $2°$。采用 VGK 求解器进行翼型气动特性评估，基本翼型的升阻比为 67.8。

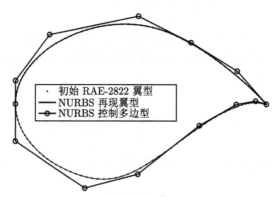

图 3-37　NURBS 曲线翼型参数化 [20]

首先开展了遗传耦合 VGK 的高精度直接气动优化，以此作为代理模型优化设计和几何过滤优化的标记，优化方法为 GA+DHC，每次将优化分为两个阶段，种群规模 50，进化代数 100，每次进行 10000 次分析评估，共进行了 10 次优化，最终优化的平均升阻比为 94.7，提高了 28.4%。

由于文献 [20] 的几何过滤方法是耦合代理模型优化的，为了进一步明确几何过滤的效果，开展了基于 Kriging 代理模型的优化，对于代理模型优化，每次优化共进行 300 次 CFD 计算，首先进行 100 次评估来构建初始代理模型，在优化过程中进行代理模型更新，更新策略是将优化过程的种群聚类中心选作更新点。共进行了 50 次的优化，优化迭代历程和翼型及压力分布如图 3-38 和图 3-39 所示。经统计，代理模型优化的平均最优升阻比为 86.4，较原始翼型改进了 21.7，最终改进尽管没有直接优化那么多，但是代理模型优化仅用了直接优化的 3% 的计算量实现了改进设计的 76.3%。

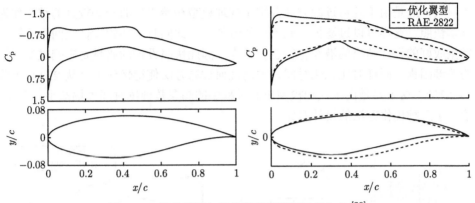

图 3-38 初始翼型与优化翼型外形和压力分布[20]

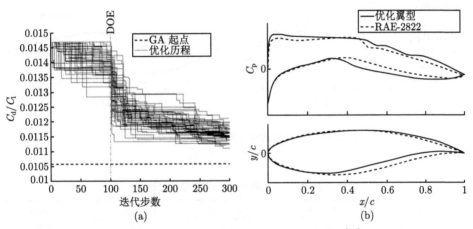

图 3-39 代理模型优化历程和典型优化结果[20]

最后开展了几何过滤方法的改进设计研究。首先进行了初步设计，与基于代理模型的优化相同，每次优化进行 300 次函数评估。将优化分为两个阶段，第一个阶段是基于代理模型的优化，第二个阶段是在基于代理模型优化的基础上进行几何过滤，在 POD 基模态上进行优化。第一阶段优化进行 80 个初始样本计算，优化过程中更新 70 次 Kriging 模型。在代理模型优化基础上，采用 K 均值聚类算法 (KMEANS 聚类算法) 选取 30 个翼型，对其进行 POD 分析，选取 99.99% 累积能量的基函数作为 POD 模态，在此模态的基础上进行 50 次采样，将 30 个快照翼型也加入到样本中，进行优化，更新 100 次代理模型。

同样开展了 50 次不同的优化设计，经统计，几何过滤优化设计平均最优升阻比为 89，相对于直接优化达到了 84.1% 的改进，优化结果如图 3-40 所示。对比代理模型优化和几何过滤算法优化的优化历程可见：几何过滤优化所得结果的方差很大，这是由于几何过滤方法采用了代理模型初始优化的一些较好的结果作为样本快照，这样可以过滤掉一些不好的特征。与此同时，初始设计空间中能够重新生成好的设计结果的潜在特征也会丢失，因此快照设计的质量是影响过滤方法的关键因素。同样对比优化时间，采用几何过滤方法使得优化用时从 22.0h 下降到 4.15h，这主要是由于代理模型更新过程中的超参数训练时间大幅减小。表 3-3 给出了三种优化方法的设计对比。

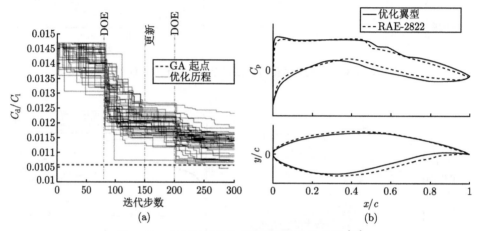

图 3-40　几何过滤优化历程和典型优化结果[20]

表 3-3　三种优化方法的设计对比

方法	分析次数	升阻比均值	升阻比方差	时间/h
遗传算法直接优化	10000	94.7	4.6	2.78
传统的 Kriging 优化	300	86.4	1.62	22
几何过滤	300	89.0	2.98	4.15

图 3-41 给出了几何过滤方法优化翼型对应的前 6 个基函数模态以及它们对翼型外形的影响，前两个函数控制了上表面后部和下表面的大部分型面，第 4、5 和 6 个基函数仍然控制着下表面外形，特别是靠近前缘附件的外形。这与图 3-40 中的优化结果一致，表明了下表面外形的改变对提高升阻比作用更大。特别是下表面前缘附件外形，这一点在代理模型优化过程中并未出现。同样，过滤方法也识别到了上表面变化是不敏感的，这一点同样在优化中明显地体现了出来。

以上对比分析表明几何过滤方法能够改善传统代理模型优化的效果和效率。由于影响几何过滤方法的因素很多，因此研究了不同因素对几何过滤方法的影响，包括初始优化和二次优化的样本比例，快照群体的规模和基函数选取方法对几何过滤方法的影响。表 3-4 给出了样本比例对优化结果的影响。可见提高初始设计样本数目可以提高优化效果，减小优化结果方差。但是随着第二阶段样本数目减少，优化效果会变差。图 3-42 给出了初始样本与进化样本比例对优化收敛历程的影响。表 3-5 给出了快照数目对优化结果的影响。增加快照数目能够明显提高优化效果，但是会使优化结果方差增加，优化所需时间增长，因为快照数目越多，第二阶段优化采样时间和代理模型更新时间会更长，样本包含的信息越多，导致优化结果误差增加。图 3-43 对比了 10 个快照和 50 个快照的优化历程，可见 50 个快照优化的结果更好，但是优化结果更加分散。图 3-44 给出了基函数数目对翼型几何误差及升阻力预测误差的影响，可见前 16 个 POD 基函数就已经能够非常精确地拟合原始翼型外形，其几何误差为 3.64×10^{-5}。POD 基函数数目的增加会使得气动力误差持续减小，但是 POD 基函数的增加会降低第二阶段优化的效果。最后还研究了 Kriging 代理模型优化的初始样本数和更新样本数对优化结果的影响，其结果如表 3-6 所示。

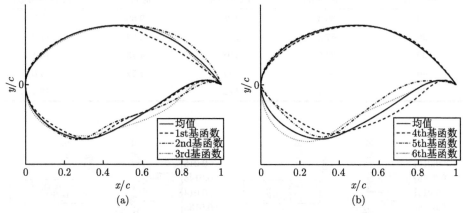

图 3-41 6 阶最重要模态及其对翼型外形的影响[20]

表 3-4 不同的初始优化与二次优化计算预算对优化结果的影响

方法	初始:二次	升阻比均值	升阻比方差	时间/h
A	1:2	88.0	3.15	5.50
B	1:1	89.0	2.98	4.15
C	2:1	88.0	2.08	5.11
D	2:1*	88.6	2.06	4.95

* 第二次优化不再加入新的试验设计数据，仅采用快照点进行样本更新。

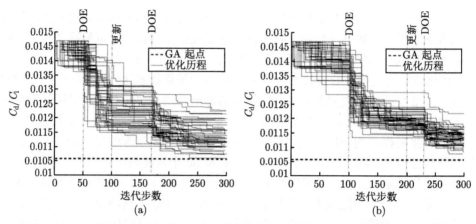

图 3-42　初始样本与进化样本比例对优化收敛历程的影响。(a) 1 : 2; (b) 2 : 1[20]

表 3-5　快照数目对优化结果影响

快照数目	升阻比均值	升阻比方差	时间/h	平均基函数数目
10	86.4	2.25	2.85	8.5
20	87.8	2.65	3.64	12.7
30	89.0	2.98	4.15	14.1
40	88.8	2.71	4.52	14.8
50	90.1	2.82	5.87	15.4

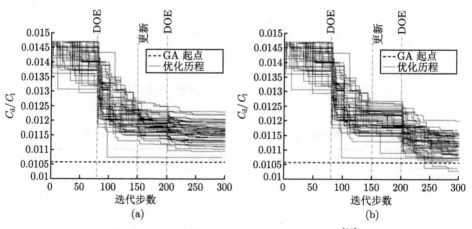

图 3-43　10 个快照和 50 个快照的优化历程[20]

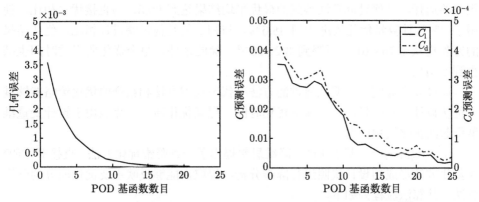

图 3-44 基函数数目对翼型几何误差及升阻力预测误差的影响[20]

表 3-6 代理模型样本数对设计结果的影响

Kriging 样本数目	升阻比均值	升阻比方差	时间/h
50	82.6	4.22	1.49
45	86.8	3.01	2.67
100	88.0	1.56	4.31
150	88.2	1.24	8.07
200	87.3	1.45	11.59
300	86.4	1.62	21.97

经过以上的几何过滤方法的参数研究, 选取了一组最佳的参数组合, 300 次模拟分析, 初始优化采用 200 个分析评估, 初始的 DOE 采样 100 个, 选取 50 个优化快照进行 POD 分析, 第二轮优化样本更新 100 次。同样根据 99.99% 累积误差进行基准矢量的选取。优化设计历程如图 3-45 所示, 经过以上

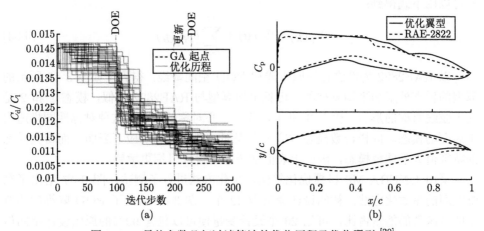

图 3-45 最佳参数几何过滤算法的优化历程及优化翼型[20]

策略的选择，几何过滤算法得到的最优平均结果达到 90.3，与直接优化相比，使用了 3%的计算量优化改进达到 88.6%。与初次的几何过滤设计相比，优化结果的方差也从 3.76×10^{-4} 下降到 3.2×10^{-4}。除此之外，整个优化所用的时间也减少到 2.51h。

通过以上算例，表明几何过滤方法与代理模型方法相结合的优化策略能够减少优化设计变量数目，从而减少优化时间，提高优化质量，克服由于设计变量维度引起的优化瓶颈问题。

国内 Qiu 等 [21] 基于 POD 降维思想提出了一种降维优化方法，直接对 FFD 参数化方法形成的设计快照进行降维分析，提取出能够反映主要优化成分的降维算法。其算法流程为如下。

(1) 快照集合生成。对于典型翼型剖面，其几何外形数据可以用矢量 $V_i(x, y)$ 将快照分为均值 $\bar{V}(x, y)$ 和相对于均值的扰动项。在设计过程中 FFD 控制节点仅在 y 方向移动，因此 x 方向扰动为 0，从而扰动快照可以表示为 $V_i'(y)$。

(2) 提取主模态。首先通过下式求解非零 Hermitian 矩阵 $\boldsymbol{C}$

$$C_{ij} = \frac{1}{N} \int_{\Omega} V_i'(y) V_j'(y) \mathrm{d}y = \frac{1}{N} \left(V_i'(y) V_j'(y) \right) \tag{3.31}$$

求解矩阵 C_{ij} 的特征值和特征矢量，采用 99%原则选取前 M 个特征值，可以得到 POD 基函数

$$\varphi_j(y) = \sum_{i=1}^{M} \alpha_i^j V_i'(y) \tag{3.32}$$

(3) 构建低维设计空间。将 POD 基函数系数作为设计变量，低维空间翼型坐标可以由下式得到：

$$\boldsymbol{V}_j(\boldsymbol{y}) = \bar{V}(\boldsymbol{y}) + \sum_{i=1}^{M} b_i \boldsymbol{\varphi}_i(\boldsymbol{y}) \tag{3.33}$$

以 RAE2822 为例进行快照生成和 POD 空间降维，得到了如图 3-46 所示的翼型的模态外形和平均翼型图。可见平均翼型与 RAE2822 相似，模态 1 和 2 是关于弦线对称的形状，模态 3 和 4 是关于中心对称的形状，这种对称性同样适用于后面的模态。同样奇数模态对应了上表面，偶数模态对应下表面，而奇数模态的特征值大于偶数模态，因此上表面的模态对设计目标更敏感。

采用 ONERA M6 机翼优化算例对优化方法进行了测试，图 3-47 给出了高维空间的参数化方法，初始设计变量为 42 个。图 3-48 给出了 POD 降维后的典型的基函数的能量占比。可见 20 个设计变量便可以包含 99%的原始设计空间信息。最终选取了前 20 阶模态进行参数化，图 3-49 对比了两种优化设计的收敛历

程，可见降维后优化收敛明显变快，同时设计结果更佳。表 3-7 给出了优化结果，可见降维设计得到的优化结果比直接优化阻力小 2count。表 3-8 给出了两种方法优化对比，可见新的设计方法优化时间明显少于直接代理模型优化方法。图 3-50 对比了初始机翼和优化机翼压力云图，可见优化后机翼上表面激波明显减弱，而降维算法优化机翼的激波基本消失，优化结果明显优于直接优化结果。

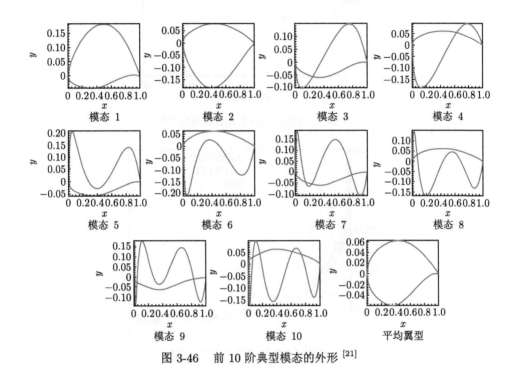

图 3-46　前 10 阶典型模态的外形[21]

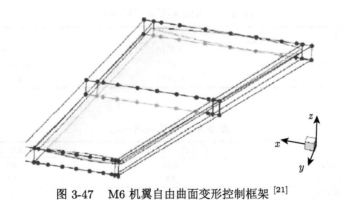

图 3-47　M6 机翼自由曲面变形控制框架[21]

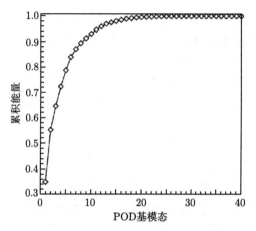

图 3-48　POD 基模态和累积能量 [21]

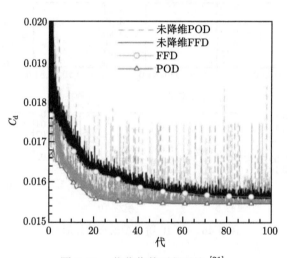

图 3-49　优化收敛历程对比 [21]

表 3-7　M6 机翼设计结果对比

方案	升力系数	阻力系数
基准方案	0.2715	0.01888
直接优化 ($n = 42$)	0.2715	0.01563
POD 方法 ($n = 20$)	0.2715	0.01545

表 3-8　优化耗时对比

方法	直接代理模型优化	新优化方法
构建代理模型/h	225	60
优化/h	15	11
总时间/h	240	71

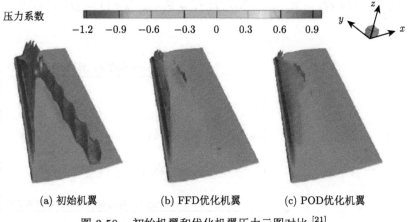

压力系数

−1.2　−0.9　−0.6　−0.3　0　0.3　0.6　0.9

(a) 初始机翼　　　　　(b) FFD优化机翼　　　　　(c) POD优化机翼

图 3-50　初始机翼和优化机翼压力云图对比 [21]

3.2.6 基于深度学习的几何过滤算法

在传统的基于代理模型的优化设计中，对于复杂设计问题通常会引入大量的设计变量进行参数化，但是在参数化过程中通常会产生大量的不正常的外形，这些样本对代理模型来说不会提供有效的信息，造成了样本的浪费。为了提高代理模型优化的效率，Li 等 [22] 采用最新的机器学习算法来减少初始的样本和新增样本的不正常外形。该方法包含了两项关键技术，首先是基于深度卷积生成对抗网络 (Deep Convolutional Generative Adversarial Network，DCGAN) 的翼型/机翼参数化取样技术，该网络经过训练后能够识别出翼型和机翼的潜在特征，从而能够生成更加正常的样本。另一项技术是基于卷积神经网络技术的鉴别模型，能够快速高效地辨识翼型和机翼的几何缺陷。文献 [22] 将以上两项技术嵌入代理模型优化过程中，建立了一种高效的设计技术。

1. 深度卷积生成对抗网络 (DCGAN)

图 3-51 给出了 DCGAN 模型的训练流程，文献 [22] 采用翼型坐标点作为学习训练对象，将其转化为一组矢量，训练数据来源于 UICC 翼型库。DCGAN 的训练是一种既包含有判别又具有生成性的对抗过程。判别模型 D 采用一个全连通的网络层来感知输入信息。接着使用四个卷积层提取底层特征，这一过程被称为下采样。这些特性被链接到完全连接层，该层网络仅有一个标量输出参数，用来区分输入是来自训练数据集还是生成模型的合成数据。生成模型 G 是将噪声输入转化为合成数据。噪声输入之后是一个完全连通的层。这一层被重塑，然后被四个转置卷积层向上采样。生成模型中最后一个转换卷积层的模型输出一组翼型坐标。采用 Adams 梯度优化算法进行样本训练。

$$\min_{G} \max_{D} V(D, G) = \mathbb{E}_{x \sim P_{\text{data}}} \left[\log D\left(x\right) \right] + \mathbb{E}_{Z \sim P_s} \left[\log \left(1 - D\left(G\left(z\right) \right) \right) \right] \qquad (3.34)$$

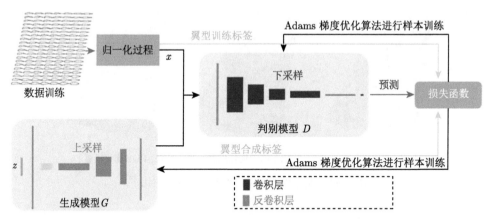

图 3-51   采用翼型数据库训练 DCGAN 模型的流程 [22]

在训练过程中首先对翼型进行了归一化处理。接下来需要为生成器 G 生成噪声样本。使用初始分数来评估 DCGAN 输出的多样性。同时还使用另一个指标,最大平均偏差 (MMD),来评估合成翼型的质量。MMD 能够计算出训练数据和合成数据之间的差异。小的 MMD 值意味着合成数据的分布更接近于训练数据。图 3-52 为 LHS 取样方法生成的机翼与 GAN 方法生成的机翼翼型对比,可见 GAN 方法生成的机翼更加光顺和符合实际翼型外形,明显过滤掉了不合理的翼型数据。

2. CNN 外形鉴别器

利用充足的训练数据,构造了如图 3-53 所示的判别模型。该模型利用四个卷积层提取训练数据的特征。滤波器的大小和深度与 DCGAN 判别模型相同。这些特征是由一个具有一个神经元的完全连接层总结出来的,它提供了一个判别分数。在训练数据中,正常翼型和异常翼型分别被标记为 1 和 0。该模型的损失函数是对标签的判别分数的均方误差,同样也可以采用二进制交叉熵函数使用 2 万个真实翼型和 2 万个异常翼型来训练 CNN 鉴别器。真实翼型是由 DCGAN 模型生成的,称为 GAN 翼型。利用 LHS 方法干扰 UIUC 翼型控制点产生异常翼型。经训练得到了一种能够准确鉴别翼型外形的卷积神经网络模型,采用该模型可以快速判断翼型外形是否正常。为了避免几何异常,在下面的优化中,使用 CNN 判别函数作为限制翼型和机翼剖面的约束,$S_{\text{validity}} \geq \theta$。$\theta$ 的选择会影响优化的效率和有效性,若 θ 的取值过于保守,甚至会限制具有良好性能新形状的产生。经权衡选取 $\theta = 0.9$。

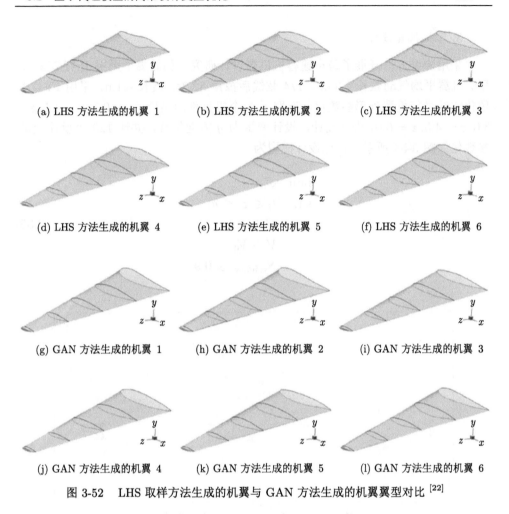

(a) LHS 方法生成的机翼 1   (b) LHS 方法生成的机翼 2   (c) LHS 方法生成的机翼 3

(d) LHS 方法生成的机翼 4   (e) LHS 方法生成的机翼 5   (f) LHS 方法生成的机翼 6

(g) GAN 方法生成的机翼 1   (h) GAN 方法生成的机翼 2   (i) GAN 方法生成的机翼 3

(j) GAN 方法生成的机翼 4   (k) GAN 方法生成的机翼 5   (l) GAN 方法生成的机翼 6

图 3-52   LHS 取样方法生成的机翼与 GAN 方法生成的机翼翼型对比 [22]

图 3-53   CNN 翼型鉴别模型生成 [22]

3. 客机机翼设计

采用降维方法开展了跨声速客机机翼设计研究，初始翼型采用 RAE2822 翼型。机翼平均气动弦长 1.35m，1/4 弦线后掠角 32.2°，展长 6.1m，采用 FFD 参数化方法进行机翼外形参数化，选取了 5 个机翼剖面站位 ($z = 0.1, z = 1.5, z = 3.0, z = 4.5, z = 6.0$) 进行设计，设计变量为 y 方向位移，共计 120 个设计变量。参数化如图 3-54 所示。优化设计模型为

$$
\begin{aligned}
\min \quad & C_{\mathrm{d}} \\
\text{s.t.} \quad & l_i \leqslant x_i \leqslant u_i \\
& C_l \geqslant 0.5 \\
& V \geqslant V_0 \\
& S_{\mathrm{validity}} \geqslant 0.9
\end{aligned}
\tag{3.35}
$$

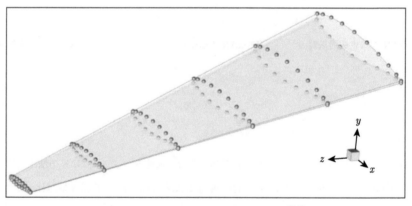

图 3-54　机翼外形的 FFD 参数化 [22]

图 3-55 给出了不同 EGO 算法的收敛历程。所有的初始样本均为 150 个，由图可见 EGO+GAN+CNN 组合方法是最有效的，在 500 次 CFD 计算分析的代价下，EGO+LHS 方法、EGO+GAN 算法和 EGO+GAN+CNN 算法分别使机翼阻力从最初的 408count 减小到 247.5count，243.9count 和 239.4count。图 3-56 给出了不同方法多次优化的收敛曲线对比，可见 EGO+GAN+CNN 算法使得优化收敛速度大幅提高，该算法在 215 次 CFD 计算评估所得的阻力值已经与 EGO+LHS 方法 420 次 CFD 计算的阻力值相近，表明收敛速度提高了 2 倍。

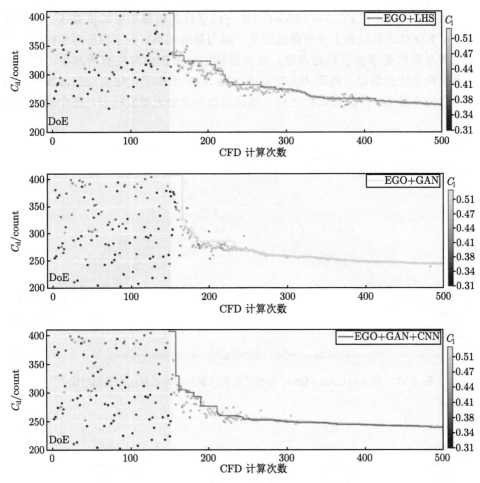

图 3-55　不同 EGO 算法的收敛历程 [22]

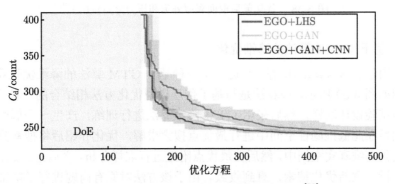

图 3-56　不同方法多次优化的收敛曲线对比 [22]

　　图 3-57 给出了 EGO+GAN+CNN 方法优化的机翼与原始机翼压力云图对比，可见优化之后机翼上表面激波消失，阻力显著减小。为了保证容积约束，优化机翼在翼根处增加了相对厚度，在外翼段的一些剖面厚度有所减少，但是机翼容积约束依然满足，而阻力大幅减小。图 3-58 给出了优化前后剖面翼型外形和压力分布对比，经优化设计之后，剖面压力分布呈无激波状态，整个激波阻力消除。

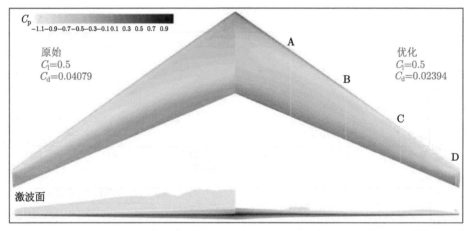

图 3-57　EGO+GAN+CNN 方法优化的机翼与原始机翼压力云图对比 [22]

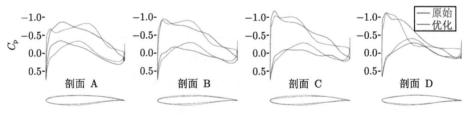

图 3-58　优化前后剖面翼型外形和压力分布对比 [22]

3.2.7　基于 GTM 算法的降维优化

　　英国学者 Viswanath 等 [23] 提出了一种基于 GTM 算法的降维优化算法，其流程图如图 3-59 所示，该算法是与基于代理模型优化方法相结合的一种方法，第一步是试验设计取样，然后采用 GTM 降维算法进行训练，产生一个低维流形空间，然后在此低维隐性空间中进行最优点搜索求解，优化介绍后将搜索到的最优点转换到高维真实空间中，然后在最优点附近进行取样分析，之后继续进行 GTM 降维分析，重新优化搜索，直到收敛。由于该方法对原有问题进行了降维，所以低维度代理模型精度提高，优化搜索更加容易和高效。

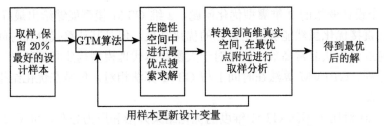

图 3-59 基于 GTM 算法的优化算法流程 [23]

为了验证 GTM 算法的可靠性和效果，采用 RAE2822 翼型减阻优化算例对该方法进行了测试。参数化方法采用 NURBS 曲线，共计 30 个设计变量。设计目标为减小阻力，采用 VGK 速度势方法进行气动力评估。

采用了 GTM 降维算法分别研究了 1~4 维隐性空间对优化结果的影响，以研究最优维度。初始采用 PCA 算法进行初始化，接着采用 EM 算法进行训练，从而得到了嵌在高维空间里的低维流形。然后在此低维隐性空间中寻找最小阻力值。采用 100 点的空间充满拉丁超立方方法进行试验设计。在 30 维的超空间中，100 个点能代表很少的数据信息。采用其中的 20% 进行 GTM 流形。这种方法使得 GTM 训练的设计点数减小到 4~5 个，在隐性空间中构造了 1~4 维的设计模型。采用遗传算法进行低维空间寻优，寻优进行了 15 次模型更新进行最优点的探索。得到的最优解矢量转化到 30 维空间，得到了真实的最优解，当增加隐性空间维度以改进最优解时，发现当隐性维度超过 2 时，最优解就不再改善。

将优化结果与其他的优化方法进行了对比，包括传统的 Kriging 代理模型优化、GPLVM 算法、几何过滤算法等。表 3-9 给出了各种优化算法的结果对比。结果表明 2 维的隐性空间 GTM 给出了最好的结果和最少的时间及取样成本。表明

表 3-9　不同优化设计方法结果对比

方法	优化后阻力均值	阻力方差	评估次数	时间/min
GA/梯度法	0.0079	0.8	3000	696.5
1 维 GTM	0.0089	3.93	132	5.7
2 维 GTM	0.0087	3.72	132	6.8
3 维 GTM	0.0087	3.65	132	11.5
4 维 GTM	0.0087	3.57	132	20
2 维 GPLVM	0.0093	6.51	145	4.6
Kriging	0.0091	6.03	140	8.2
2 维几何过滤	0.0094	8.13	131	4

对于 30 个设计变量的 2 维翼型优化问题，2 维 GTM 模型能够给出最好的结果。遗传算法直接优化虽然能够给出最好的优化结果，但是其计算代价和时间是最多的。几何过滤方法非常高效，但是对于大量样本代理模型构建和更新是一个非常耗时的过程。GPLVM 算法在时间上与 GTM 算法相对，但是在优化结果上不如 GTM 算法。

图 3-60 对比了不同 GTM 维度的优化结果外形和压力分布，可见 2 维以上，外形和压力分布几乎没有区别。图 3-61 对比了不同方法的优化结果外形和压力分布。图 3-62 为 2 维 GTM 算法在 50 次不同试验设计状况下的优化收敛结果，以及最终的优化外形及压力分布与原始翼型的对比。

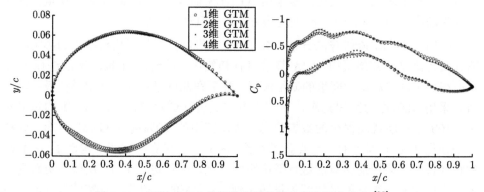

图 3-60　不同 GTM 维度的优化结果外形和压力分布 [23]

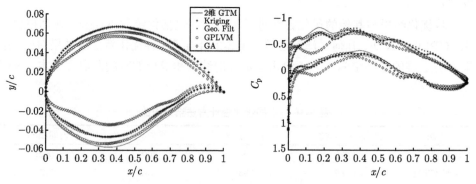

图 3-61　不同方法的优化结果外形和压力分布 [23]

30 维的空间之所以能够通过 GTM 算法降维到 2 维空间是由于 30 个 NUBNS 变量形成的翼型外形可能具有一种更加合理的 2 维维度表征。这与早期的翼型外形表示方法相吻合，例如，NACA 通常采用相对厚度和弯度来表述翼型，尽管 2 维 GTM 隐性空间转换到真实空间并没有那么直观。为了研究 2 维 GTM 翼型的特征,采用了一个特定的试验设计,采用 GTM 方法将其降维到 2 维,在隐性空间中绘制了阻力系数的云图,如图 3-63 所示,分别为实际和修正的隐性空间。修正结果去除了那些重构到真实空间后的无意义设计 (不具备翼型特征的设计) 的点。得到了 2 维流形空间函数分布,研究了该空间中翼型在 30 维真实空间的外形。从流形空间中选取了 21 个设计结果,选取了 $X_1 = 2.4$ 这个剖面上 $X_2 = (0,1)$ 对应的点。图 3-64 对比了 VGM 计算所得的阻力和 GTM 模型预测的阻力,可见GTM 模型与 VGM 计算所得的翼型阻力趋势一致,阻力大的翼型外形怪异,而这些翼型很容易在隐性空间中被过滤掉。

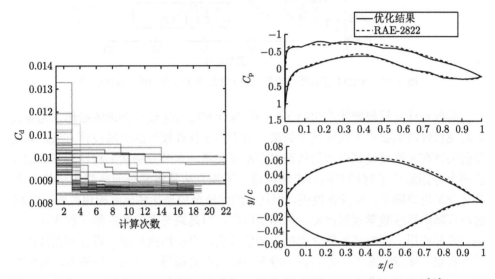

图 3-62　2 维 GTM 算法在 50 次不同试验设计状况下的优化收敛结果 [23]

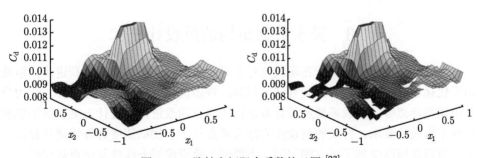

图 3-63　隐性空间阻力系数的云图 [23]

通过以上对比分析发现,非线性降维方法 GTM 能够将原有的高维度问题转化为低维度问题,提高了设计效率和效果。文献 [23] 没有开展三维多变量问题和带约束问题的深入研究,这是这种降维气动优化方法未来的研究方向。

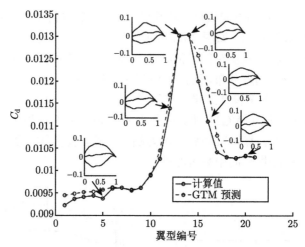

图 3-64　VGM 计算所得的阻力和 GTM 模型预测的阻力对比 [23]

　　高维设计变量问题的产生是飞行器精细化和综合化设计要求的必然，也是人们对飞机性能的要求不断提高的结果，对于基于代理模型的全局设计方法，该问题的关键在于维度提高引起的代理模型维度灾难，本节分别从工程经验和降维算法两个方面给出了问题的两种求解思路。工程方法是将复杂问题简单化的方法，其优点是思路简单，可操作性强，但是不能保证全局最优和问题应用范围有限制；而现代降维算法数学逻辑严密、应用范围广，但是缺乏系统的三维工程实际问题的实践和应用，同时该类研究仍处于初始阶段，至于约束问题，设计变量降维关系不直观，降维带来的误差和影响没有系统的理论指导，可操作性较差，还需要进一步在理论和实践上进行研究和突破，以期尽快应用到飞机精细化设计的工程实践中。

3.3　基于数据重构的反设计技术

　　尽管气动优化设计工作在现代飞行器设计中取得了很大的应用和进步，但是由于优化设计本身的难以控制等诸多问题，许多优化所得结果外形怪异，压力分布出现奇异点等，这就需要反设计方法给予修正和改进，使设计方案和结果更加符合工程设计要求。传统的反设计方法大多是基于小扰动速度势等快速计算的方法，所以其应用受到了很大的限制，不能用于跨声速等非线性复杂设计问题，同时计算设计鲁棒性较差，需要进行多轮次的迭代设计，效率较低。

　　近年来，一种基于 POD(特征正交分解) 降阶模型的反设计方法成为反设计的研究热点，该方法通过对有限的流场计算结果进行特征正交分解，提取流场系统的主要模态信息，然后通过线性组合的方式来重构整个流场，从而通过少量信息来预测未知的流场信息。其基本原理在前面章节中已有介绍。基于 POD 的翼型反设计方法经过近十年的发展和改进，已经非常成熟和稳健。本节介绍了一种 POD 算法的变形 Gappy POD 方法，它是在 Sirovich[24] 和发展的快照法 (Snapshot) 的基础上，用已知的系统快照样本数据分离提取系统主模态，用这些已知模态填补系统中其他缺失的数据。这种方法避免了反设计过程中使用余量修正迭代法的很多限制，可对与初始压力分布相差很大的目标压力分布进行精准的设计 [25]。李静 [26] 对该方法的改进，通过基于差量采样解重新定义快照矩阵

$$\Delta \boldsymbol{u} = \left[\left(u^1 - \overline{u} \right), \left(u^2 - \overline{u} \right), \cdots, \left(u^p - \overline{u} \right) \right] \tag{3.36}$$

式中，$\overline{u}$ 为采样解的平均值；$u^i \Big|_{i=1}^{p}$ 表示第 i 个采样解。通过 POD 方法求解 $\Delta \boldsymbol{u}$ 的基向量及系数，最终可得修正向量

$$\tilde{\boldsymbol{g}} = \overline{\boldsymbol{u}} + \sum_{i=1}^{m} \alpha_i \varphi^i \tag{3.37}$$

基于差量 POD 反设计方法的设计流程如下。

(1) 根据设计要求，给定设计问题的压力分布，或者针对优化设计所得的压力分布根据工程设计经验和要求进行修改得到目标压力分布。

(2) 选取基准翼型，进行扰动得到扰动翼型，进行 CFD 分析获得采样解，得到差量采样解后进行 POD 分解，得到系统的基向量，采用基向量的线性组合逼近目标压力分布，得到目标翼型外形。

(3) 评估翼型压力分布，并与目标压力分布进行对比，如果满足收敛条件，结束；否则以反设计得到的翼型为基准翼型，再重复步骤 (2)。

1. 跨声速翼型反设计

为了检验 POD 反设计方法的能力和效率，文献 [26] 采用跨声速翼型反设计案例进行方法的验证。首先选择 RAE2822 翼型作为基准翼型，采用 ΔCST 参数化方法进行翼型扰动，上下表面各 6 个扰动变量，共计 12 个变量，设置变量上下限，依次进行扰动，产生 24 个新的翼型，与基准翼型一共合计 25 个翼型。采用 RANS 方法求解以上翼型的流场，计算状态为：$Ma = 0.75$, $C_l = 0.60$, $Re = 6.5 \times 10^6$。提取以上翼型的表面压力分布，得到 25 个流场快照，按照 99% 能量准则选择基向量进行反设计。选取某含有弱激波的压力分布作为目标压力分布，进行反设计，如图 3-65 和图 3-66 所示，可见基准翼型与目标翼型

的压力分布及外形具有非常明显的差异,这样可以验证上述方法的鲁棒性和适应性。

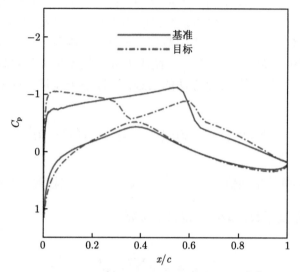

图 3-65　基准压力分布和目标压力分布 [26]

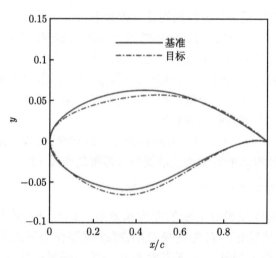

图 3-66　基准翼型和目标翼型对比 [26]

共进行了三轮次的反设计,每次均进行 25 次采样分析,其结果分别如图 3-67～ 图 3-69 所示。由图可见第一次反设计得到的翼型与目标翼型已经非常接近,只是在局部出现了差异,这是由于通过首次采样 POD 分析形成的最优降阶子空间未能完全涵盖目标翼型的所有信息。经过第二次反设计所得翼型与目标翼型几乎完全一致，而第三次反设计得到了更加完美的结果。图 3-70 给出了第三次反设计得到的翼型的压力分布 (CFD 计算分析) 与目标压力分布比较，可见，反设计翼型的压力分布与目标压力分布几乎重合，仅在弱激波处有很小的差异。最后对比了各轮次反设计翼型与目标翼型的上下表面误差，如图 3-71 和图 3-72 所示，可见随着反复迭代设计，翼型的反设计误差在不断减小。

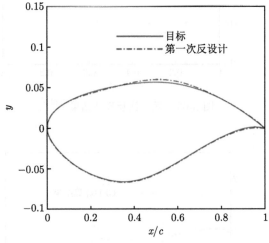

图 3-67　第一次反设计结果 [26]

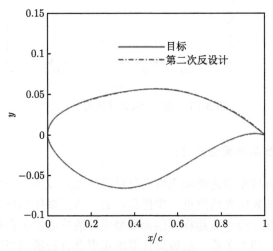

图 3-68　第二次反设计结果 [26]

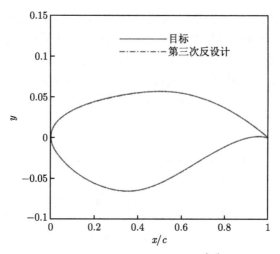

图 3-69　第三次反设计结果 [26]

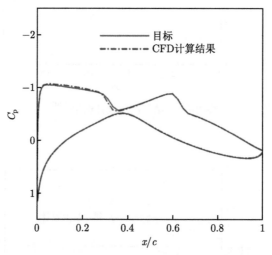

图 3-70　第三次反设计压力分布 [26]

2. 跨声速自然层流翼型反设计

近年来，层流技术成为提高飞机巡航性能的热点技术，一方面加工制造工艺进一步提高，机翼表面光洁度进一步提高；另一方面多年的技术积累和探索，层流技术进一步成熟。跨声速超临界层流翼型设计的核心在于合理地权衡层流区域和阻力发散特性这两个矛盾。层流设计要求翼型具有长的顺压区域，而过长的顺压必然会导致强的激波，因此如何合理设计压力分布是决定翼型成败的关键。这种基于压力分布的设计非常适合用反设计方法来处理，因此文献 [26] 基于 POD 反设计方法开展了层流超临界翼型的设计研究。

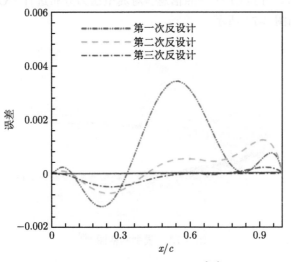

图 3-71 翼型上表面误差 [26]

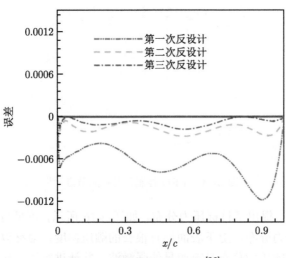

图 3-72 翼型下表面误差 [26]

设计状态: $Ma = 0.74$, $C_1 = 0.53$, $Re = 6.5 \times 10^6$, 来流湍流度 TU $= 0.2\%$, 湍流黏性比 10。采用基于 RANS 方程耦合 γ-θ 转捩模型的求解方法分析翼型的层流转捩流动, 进行压力分布及转捩位置的模拟。图 3-73 给出了计算分析所用的网格, 网格总计 8 万单元, 第一层壁面距离为 0.001mm。采用 FFD 方法进行翼型参数化，上下表面各 15 个设计变量，共计 30 个设计变量，如图 3-74 所示，通过上下限的扰动共产生 60 个新翼型，与原始翼型共计 61 个翼型，采用 CFD 进行翼型评估分析，得到 61 个快照信息。对翼型压力分布进行 POD 分析，得到前6 阶主模态，如图 3-75 所示。

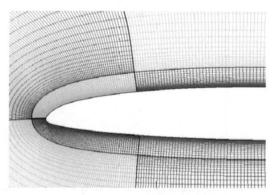

图 3-73　翼型网格图 [26]

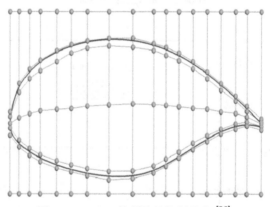

图 3-74　FFD 控制体及控制节点 [26]

　　经设计分析，提出了目标压力分布，如图 3-76 所示，可见目标压力分布为一典型的超临界压力分布，上下表面均有很长的顺压梯度，最终以弱激波的形式结束，而初始翼型的压力分布具有明显的强激波。共计进行了三轮次的反设计，所得的压力分布如图 3-77～ 图 3-79 所示，可见第一次设计之后激波明显减弱，压力分布向目标压力靠近；经过第二次设计，激波位置与目标压力吻合，强度稍强；经过第三次设计，压力分布与目标基本吻合，达到设计要求。记此次反设计翼型为 Airfoil_LSC1，为了对比研究，设计了另外一个压力分布形态，如图 3-80 所示，可见该压力分布与第一个相比下表面几乎不变，上表面顺压梯度更大、更长、激波更靠后，这是为了研究压力梯度对不同雷诺数转捩影响研究，以及激波位置对阻力发散特性影响研究。经过反设计得到翼型和压力分布如图 3-81 和图 3-82 所示，记此次翼型为 Airfoil_LSC2。

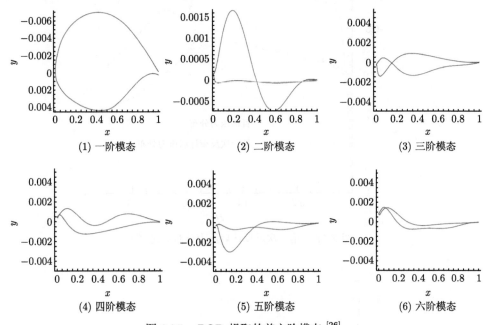

(1) 一阶模态　　　　　　(2) 二阶模态　　　　　　(3) 三阶模态

(4) 四阶模态　　　　　　(5) 五阶模态　　　　　　(6) 六阶模态

图 3-75　POD 提取的前六阶模态 [26]

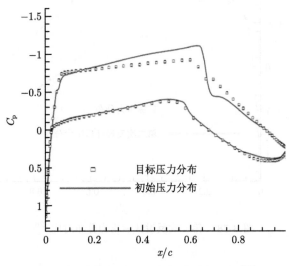

□　　目标压力分布
——　初始压力分布

图 3-76　目标压力分布与初始压力分布 [26]

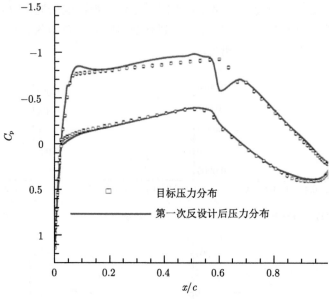

图 3-77　第一次反设计后压力分布对比 [26]

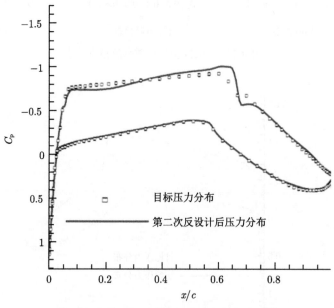

图 3-78　第二次反设计后压力分布对比 [26]

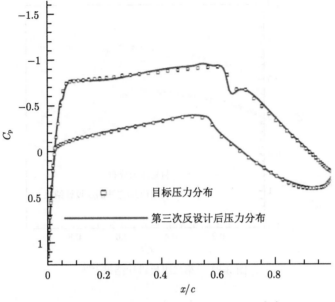

图 3-79 第三次反设计后压力分布对比 [26]

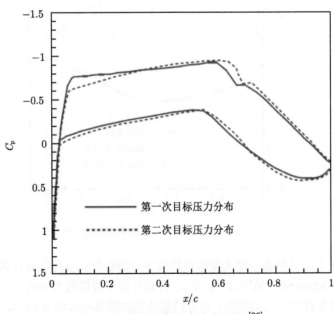

图 3-80 两次目标压力分布对比 [26]

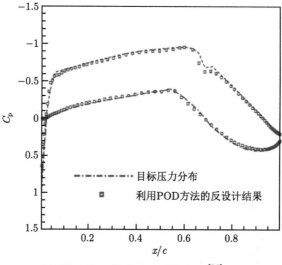

图 3-81   第二组反设计结果 [26]

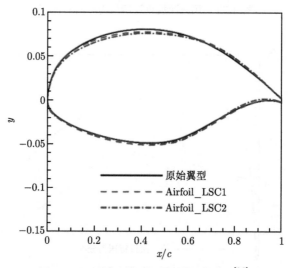

图 3-82   反设计翼型与原始翼型对比 [26]

选取了一个设计状态下阻力发散特性较好的超临界翼型与反设计翼型进行对比，记该翼型为 Airfoil-SC，如图 3-83 所示。分别计算了雷诺数为 600 万、700 万、800 万、900 万时各翼型的气动特性。计算结果分别如图 3-84~图 3-87 所示，分别对比了翼型的压力分布、阻力特性及转捩特性。可见在雷诺数效应 700 万时，顺压梯度使得翼型上下表面维持了很长的层流区域，阻力发散特性与传统翼型比较差，但是这种层流收益可以明显抵消阻力发散的不利。但是随着雷诺数增加，顺压梯度带来的层流效应快速减弱,层流区域下降,而由顺压梯度导致的激波发展很快,使得阻力发散特性减小。因此对于高雷诺数层流超临界翼型,应当适当地减小上表面顺压区域,兼顾压力恢复和阻力发散特性,尽量使弱激波靠前。

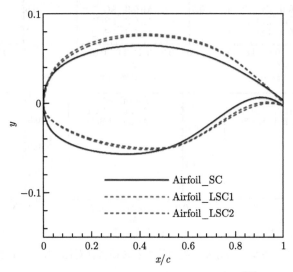

图 3-83 反设计翼型与超临界翼型对比 [26]

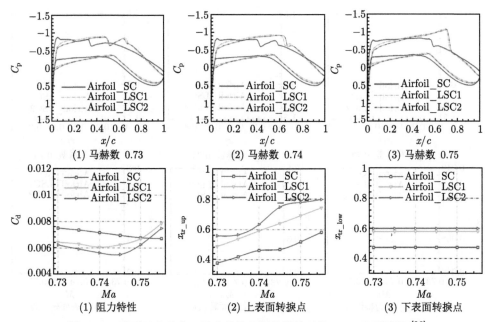

图 3-84 翼型压力分布、阻力特性及转捩特性对比 (600 万雷诺数)[26]

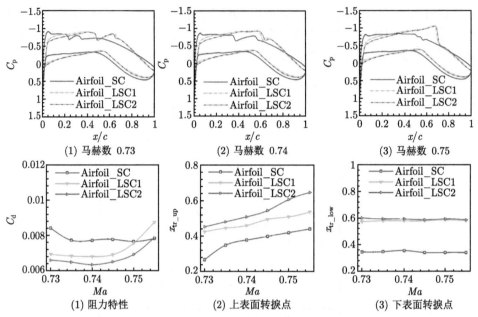

图 3-85　翼型压力分布、阻力特性及转捩特性对比 (700 万雷诺数)[26]

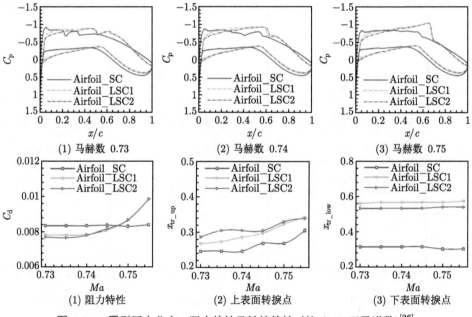

图 3-86　翼型压力分布、阻力特性及转捩特性对比 (800 万雷诺数)[26]

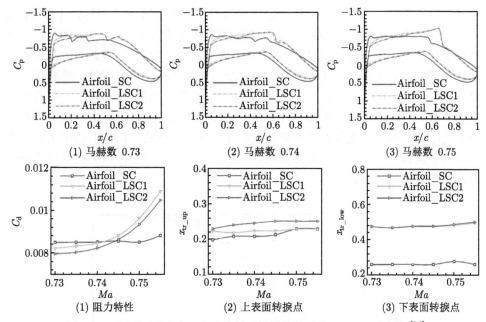

图 3-87　翼型压力分布、阻力特性及转捩特性对比 (900 万雷诺数)[26]

以上算例表明基于差量采样解 GappyPOD 方法具有很高的反设计精度、很强的反设计能力及很高的设计效率，可以采用该方法进行压力分布精细化的局部修形，得到更精细、更符合实际工程要求的飞行器气动外形。

3.4　高维目标空间处理

现代飞行器设计要求越来越多和飞行包线越来越大，因此就衍生出了多目标设计问题，当目标的维度大于 3 时，数学上将其称之为高维多目标问题 [27,28]，高维多目标问题给优化搜索、决策分析带来了很大的挑战，限制了优化方法在工程复杂设计问题中的应用。本节主要从降维的角度介绍了几种处理高维多目标问题的方法，并对照设计案例进行了阐释和验证。

3.4.1　目标维度灾难

高维多目标问题给传统的进化多目标搜索算法带来了很大的挑战。首先，基于 Pareto 支配的排序方法的效果与种群中非支配个体所占比例密切相关，当优化目标增多时，任意两个解的非支配概率增大，从而使优化空间中非支配解比例迅速增大，这将导致优化方法寻找最优 Pareto 解的能力受到限制。假设一个 m 维目标优化问题，随机产生规模为 N 的种群，对于其中任意两个个体 x_i 和 x_j，它们在每一个目标上具有相同机会的优劣关系，即对于第 k 个目标，个体 x_i 或 x_j 都具有 50% 的概率优于对方，在此假设下，根据 Pareto 支配关系的定义，种群中任意一个个体 x_i 为非支配个体的概率为 $((2^m-1)/2^m)^N$，因此在一个随机产生的种群中，非支配个体所占比例达到 $((2^m-1)/2^m)^N$，由此可见，随着目标个数的增加，非支配个体所占的比例将迅速上升 [29,30]。如图 3-88 所示，随着优化目标个数的增加，非支配个体在种群中所占比例迅速上升，甚至大部分个体都变为非支配解，由于进化类算法的寻优重点在于非支配解集，旧的群体中大部分个体得到了强调，因此没有太多的空间留给新的群体，减小了群体中更优解选择压力，导致进化算法搜索能力下降。

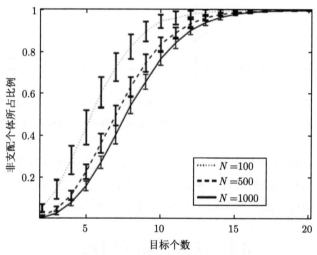

图 3-88　非支配个体所占比例随设计目标个数变化 [29]

Deb 等 [31] 以著名的 DTLZ5 问题为例阐述传统的进化多目标算法在处理高维多目标问题中的困难，采用 NSGA-II 算法进行测试，分别求解了 DTLZ5(2,10) 与 DTLZ5(3,10) 问题，种群数目为 1000，计算推进步数 5000 步。图 3-89(a) 给出了 DTLZ5(2,10) 问题接近真实 Pareto 最优前沿的解的个数随着推进步数的变化 $(g(x_M) \leqslant 0.01)$，进行了 5 轮不同初始解的优化，对应着图中不同的线型。为了进行对比，采用同样的方法进行了 DTLZ5(2,3) 问题的研究，其种群数目为 100。对于 DTLZ5(2,10) 问题，5000 代推进结束后，1000 个种群中只有 10 个解接近真实 Pareto 最优前沿 (1%)，而对于 3 个目标 DTLZ5 问题，推进 100 代后，种群中所有的解都已经收敛到 Pareto 前沿 (100%)。图 3-89(b) 给出了 DTLZ5(2,10) 问题最终的种群分布，可见只有少数解靠近真实 Pareto 最优前沿。

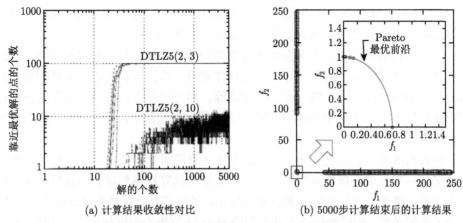

(a) 计算结果收敛性对比   (b) 5000步计算结束后的计算结果

图 3-89   对于 DTLZ5(2,10) 问题的优化搜索收敛情况及计算结果对比 [31]

对于 DTLZ5(3,10) 问题，具有同样的结果，对于该问题，真实 Pareo 解前沿为三维曲面，图 3-90(a) 表明 5000 代推进结束后，1000 个种群中只有 10 个解接近真实 Pareto 最优前沿 (1%)，图 3-90(b) 表明 1% 的解集中在 Pareto 的一角。这些图清楚地说明了维度对 NSGA-II 算法性能的影响，即便是在很大的种群数目和推进步数下，由于目标数目的增加，NSGA-II 方法收敛困难，需要更多的迭代步数，最终结果波动振荡，同时优化结果变差。

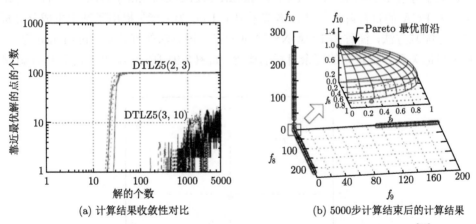

(a) 计算结果收敛性对比   (b) 5000步计算结束后的计算结果

图 3-90   对于 DTLZ5(3,10) 问题的优化搜索收敛情况及计算结果对比 [31]

除此之外，在高维目标优化问题中还存在如下难点：

(1) 由于目标数目的增加，描述 Pareto 最优前沿所需的个体数随目标数呈指数增长，大幅增加了计算量。如果描述一维 Pareto 最优前沿需要 N 个解，那么要表示 M 维的 Pareto 最优前沿就需要 $O(N^M)$ 个解，计算量呈指数增长。

(2) 随着目标空间维度的增加，相应的最优 Pareto 前沿维度也会增加，对优化算法的分布性提出了更高的要求，从而增加了算法的难度。

(3) 进行高维 Pareto 解集的可视化非常困难。寻找最优解集固然重要，然而以一种利于决策的方式对其进行可视化同样重要。尽管存在着许多成熟的辅助显示方法，如雷达图、散点图、平行坐标法等，然而这些方法都需要大量的分析计算，为了在 Pareto 解中找出实际问题中具有代表性的解，在解集可视化方面需要进行深入的研究。

针对高维多目标优化问题，人们进行了大量的研究与探索，主要分为改进优化算法和对目标进行降维处理两个方面。改进优化算法虽然能提高多目标进化算法在处理高维多目标问题方面的效率和质量，然而需要对算法程序进行大量修改，增加了编程难度，同时经过该方法得到的 Pareto 解集为高维超曲面，不利于进一步决策分析。鉴于此，人们尝试引入降维思想来缩减目标的数量，以便处理高维多目标问题。这种方法的基本论据是：对于一个包含 M 个目标函数的优化问题，并不是所有的目标在构造非劣解集过程中都必须考虑，可以通过目标间的相关性寻找非冗余目标。

3.4.2   分层多级约束优化

针对高维多目标工程气动设计问题，结合 PCA-NSGA-II 算法和可变约束方法建立了分层多级约束 (Multi-layer Hierarchical Constraint) 方法 [18]。首先介绍了基于 PCA 的目标降维算法，本节采用了 Deb 等 [31,32] 提出了基于主成分分析的目标缩减方法，简称为 PCA-NSGA-II 算法。该方法的基础是 Purshouse 等 [33]基于目标关系分析建立的冗余目标的概念。如图 3-91 所示，给出了几个 Pareto 最

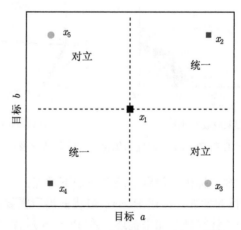

图 3-91   双目标问题目标关系定义 [33]

优解，分别为 x_1，x_2，$\cdots$，x_5，对应两个目标 a 和 b，解集相对于 x_1 呈对称分布以便清楚地解释优化目标之间的关系。

(1) 统一 (Harmony)：x_2 和 x_4 与 x_1 相比所形成的区域为统一区域。根据 Purshouse 与 Fleming[33] 对统一的定义，$(x_1^a<x_2^a)\char"5E(x_1^b<x_2^b)$，同理，这种关系对于 x_4 依然成立。加以引申，如果 x_4，x_1，x_2 为 Pareto 最优解集，则目标 a 和 b 之间为统一关系。

(2) 对立 (Conflict)：x_3 和 x_5 与 x_1 相比所形成的区域为对立区域，同样，根据 Purshouse 与 Fleming 对对立的定义，$(x_1^a<x_3^a)\char"5E(x_1^b>x_3^b)$，同理这种关系对于 x_5 依然成立，再次加以引申，如果 x_3，x_1，x_5 为 Pareto 最优解集，则目标 a 和 b 之间为对立关系。

(3) 独立 (Independence)：如果解集之间没有形成统一的 Pareto 最优解，目标之间的相关系数为 0，其优化进程相对独立地进行。

PCA-NSGA-II 算法的主要原理为：采用 PCA 分析方法对优化算法产生的 Pareto 前沿进行分析，筛选出呈对立关系的优化目标，剔除掉统一关系的目标 (即冗余目标)。为了确定最矛盾的目标 (也就是最重要的目标)，依次分析了相关矩阵的特征矢量 (即主成分)。通过提取第一特征矢量的最正和最负两个元素，辨别最重要的两个矛盾目标，为了聚集更多的目标进入重要目标集合，采用类似的方法分析了剩余的特征矢量，直到特征值累积贡献达到算法的阈值。基于 PCA 的 NSGA-II 算法能够迭代地排除多余目标，从而确定构造 Pareto 最优前沿所需要的最低目标维数。图 3-92 给出了 PCA 方法的分析原理，可见通过 PCA 分析运算可以找到数据的主要特征分布方向，得到数据的主要结构。

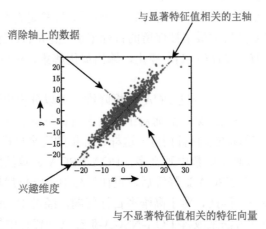

图 3-92　PCA 分析原理示意图 [34]

PCA-NSGA-II 方法的主要步骤 [32] 如下。

步骤 1：初始化迭代计数器 $I = 0$，初始非冗余目标集 $M = \Phi$，指定阈值 TC = 0.97 (Threshold Value)。

步骤 2：对于目标集中的所有目标，随机初始化种群，采用 NSGA-II 算法进行多目标优化，得到一组 Pareto 解 P。

步骤 3：对优化结果 P 进行 PCA 分析，采用预先指定的阈值 TC，剔除冗余目标，得到新的目标集，具体实施策略如下：

(1) 对目标矢量进行标准化处理，计算其相关矩阵 $R(i)$、特征值和特征矢量 $V(i, j)$，通过 PCA 分析提取第一、第二主成分 …… 并将所有特征值转换成比率数，排序后依次累加，当累加结果超过 TC 时，将不再分析后继目标。

(2) 对于第一特征矢量，选择最正和最负的两个元素所对应的目标进入 M。

(3) 对于接下来的主成分，检查阈值 TC，如果阈值满足，则结束；否则，检查特征值大小。

若特征值 <0.1，选择绝对值最大的元素 $|\max(V(i,j))|$ 所对应的目标进入 M；否则，令 $P = \max(V(i,j))$，$N = |\min(V(i,j))|$；

如果所有特征矢量元素均大于 0，选择最大元素对应的目标进入 M；

如果所有特征矢量元素均小于 0，选择所有目标进入 M；

如果 $(P<N)$，分以下两种情况：

若 $(P \geqslant 0.9N)$，选择 P 和 N 对应的目标进入 M；

否则选择 N 对应的目标进入 M；

如果 $(N<P)$，分以下两种情况：

若 $(N>0.8P)$，选择 P 和 N 对应的目标进入 M；

否则选择 P 对应的目标进入 M。

(4) 对于剩余目标，检查相关矩阵进一步降维，检验是否存在正相关目标，如果存在，保留 PCA 分析中最早被保留的目标 (特征值大的目标)。

Step4：如果 $M = M(I-1)$，停止，输出最优解集，否则令 $I = I+1$ 返回 Step 2。

对于高维多目标问题，经过 PCA 分析降维，可以分辨出优化目标中的冗余目标，提高了优化效率及结果。然而对于高维多目标气动优化设计问题，目标一般为 4~7 个，为中等高维多目标问题，这样目标集的冗余目标比例较低，即相互关联的目标数目不像测试函数中那么多，PCA-NSGA-II 算法的降维效果大幅减弱。其次，经过 PCA-NSGA-II 降维后，设计目标很可能仍然超过 4 个，依然难以优化和进一步决策。因此，对于高维多目标问题，经过 PCA-NSGA-II 降维后，需要进一步研究新的方法来改善 PCA-NSGA-II 在气动优化中的缺陷。另一方面，对于 PCA 所辨识出来的相互关联目标，虽然目标具有相同的推进方向，但是两者的推进速度不一定一致 (即相关性不强), 同时该目标又很重要, 如果直接将冗余目标舍掉, 必然会影响设计结果, 因此需要根据实际情况对冗余目标进行特别处理。

因此本节对 PCA 降维挑选出来的冗余但是重要的目标, 采用可变约束方法将其转化为可变约束, 形成了分层多级约束方法 [35]。首先采用 PCA-NSGA-II 算法对设计目标进行分析降维, 接着对于主要目标, 按照重要性及目标相关性进行分类, 将负相关性最强且最重要的两个设计指标作为设计目标, 以保证首要目标达到严格 Pareto 解, 将其他目标作为可变约束。最终将高维多目标问题转化为双目标问题, 与传统的直接优化的 "优化–决策" 模式不同, 该方法属于 "决策–优化–决策" 模式, 在优化前可以根据已有经验进行初步决策, 在优化过程中也可以根据用户偏好进行可变约束的调整。

分层多级约束方法的具体步骤为:

(1) 对设计目标进行 PCA 降维。PCA 分析可以提取出目标集合中的非冗余目标, 同时可以反映目标之间的相互关系。不同于 PCA-NSGA-II 算法直接将冗余目标舍弃, 将强相关目标进行直接求和处理, 组成一个目标, 这样一来可以使两个目标同时最优。

(2) 对于主要目标, 依据对问题的经验以及优化设计要求进行目标排序。排序的目的是将人们的先验知识和目标相互关系加入到优化过程中, 优先考虑重要目标。将矛盾强烈且排序靠前的两个目标作为优化目标, 排名靠后的目标作为约束目标, 建立双目标优化问题。如果没有先验知识和重要性序列, 将 PCA 分析所得的第一特征矢量的两个矛盾目标作为主要目标, 其他作为可变约束。

(3) 根据设计问题的特点和设计经验设置/调整约束范围及初始化优化模型参数, 保证在决策者关心的区域产生最优解。

(4) 对于每一组可变约束, 进行并行优化搜索。

(5) 评估分析每一组优化结果, 如果得到最优解, 停止搜索; 否则, 调整约束系数, 重新返回到优化问题中, 回到步骤 (3) 继续优化。重复以上过程, 直到得到最优解。从最后结果中选择最优的解集, 结束。

图 3-93 给出了分层多级约束优化的流程图。在具体的优化过程中, 为综合考虑优化效率及应用复杂程度, 使用了双目标优化, 即将目标降维至两个目标, 这是因为双目标优化效率高, 且易于进行进一步决策分析, 若应用三目标, 会导致后期决策复杂, 同时三目标优化过程中需要多次目标计算分析, 单次优化效率低。相对于单目标的 ε-约束方法, 文中方法是一种目标降维方法, 而非传统的将多目标转化为单目标优化, 最终优化问题仍为多目标优化, 保证了主要目标的完备性。

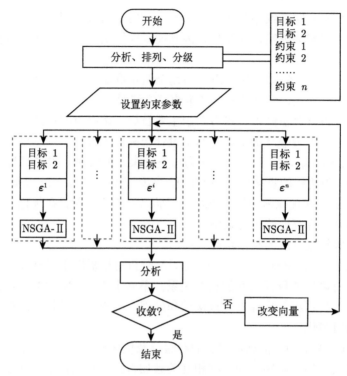

图 3-93　分层多级约束优化流程 [18]

3.4.3　高维多目标粒子群优化算法

降维算法在针对有冗余目标问题时有很好的设计效果，但是也存在着对没有冗余目标问题处理的局限性，基于此，王超[36] 结合了降维和分组的原理，提出了一种 MaOPSO 算法，该算法是在原始 MOPSO 算法上改进而来的，放弃了对完全均匀分布 Pareto 前缘的追求，以获取具有一定的多样性且收敛性良好的非支配解集。MaOPSO 算法融合了目标降维、分组和分解的思想，首先根据目标之间的相关系数对目标进行降维得到非冗余目标，然后根据相关系数将非冗余目标进行分组。最后借鉴目标分解的方法将高维多目标问题转换为一系列双目标子优化问题。图 3-94 给出了该方法的流程，其具体步骤如下。

步骤 1：初始化。设定粒子群规模 nPop，非支配解个数 nRep，搜索代数 k，初始化粒子群 Pop 和非支配解集 Rep；

步骤 2：评估非支配解集中各目标之间的相关系数，根据相关系数对原始目标进行降维，得到非冗余目标；

步骤 3：对非冗余目标进行分组；

步骤 4：利用多组权系数方法进行目标分解，将问题转化为 N 个双目标子优化问题，为了兼顾计算效率与非支配解集的多样性；

步骤 5：子种群优化；

步骤 6：整合每个子优化得到的非支配解集，根据原始的高维多目标重新进行非支配选择，最终得到完整的非支配解集。

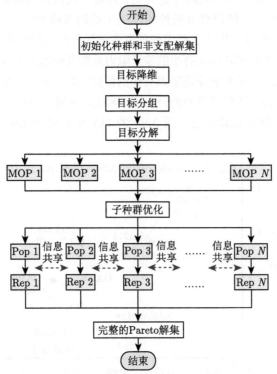

图 3-94   MaOPSO 算法流程图 [36]

MaOPSO 算法的关键技术是：目标降维、分组和分解。目标降维技术可以消除冗余目标，有效减少目标个数；目标分组和目标分解相配合，在相同的分解数目的前提下，将问题转化为一系列双目标优化，减小了问题难度的同时大幅增加了解的多样性。由于 MaOPSO 算法是面向工程设计，所以该算法并没有追求完全均匀分布的 Pareto 前缘，而是通过 LHS 试验设计的方法得到具有多样性且收敛性良好的非支配解集。

3.4.4 旋翼翼型高维多目标设计

直升机旋翼翼型设计是最具代表性的复杂多目标多约束优化难题。相对于固定翼飞机翼型，旋翼翼型设计研究进展缓慢，这主要是因为旋翼翼型复杂的设计要求和约束。翼型作为旋翼桨叶的主要元素,很大程度上决定着直升机的性能,因此为了进一步提高直升机的整体性能,高性能旋翼翼型设计显得尤为重要。早期由于各种因素的限制,常以对称翼型作为旋翼翼型,直到 20 世纪 70 年代,随着直升机飞行速度的提高,翼型成为阻碍直升机性能的关键因素,以美国、法国、苏联为代表的航空强国,开展了旋翼专用翼型的设计工作,经过十多年的研究,开发出了能够适应旋翼飞行需求的先进翼型,为新一代直升机研制提供了技术储备。这些先进翼型的使用,使得直升机性能产生了质的飞跃 [37]。

　　旋翼的整个性能及工作状态要求旋翼翼型在低马赫数到中亚声速状态具有高的最大升力系数,在跨声速状态具有小的零升阻力系数及高的阻力发散特性。同时为了减小扭矩及操纵载荷,旋翼翼型还需具有小的俯仰力矩。此外,为了保证直升机的悬停特性,在悬停状态下还应具有高的升阻比。因此旋翼翼型的设计是一个多设计点多目标多约束的综合优化设计难题。图 3-95 为 OA 系列翼型气动特性。

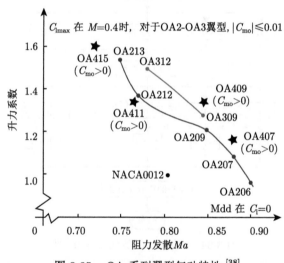

图 3-95　OA 系列翼型气动特性 [38]

1. 旋翼翼型设计要求

　　在进行旋翼翼型设计之前,需要仔细研究分析直升机旋翼的工作原理、相关流动特征及性能要求,提取相应的旋翼翼型设计指标,建立合适的设计模型。一般来说,可以根据直升机三个典型飞行状态的参数和相应的性能要求确定旋翼翼型的设计要求 [37]。

　　(1) 机动飞行:机动飞行时,需要高的载荷系数,旋翼后行一侧工作在低马赫数和大攻角状态下,由此产生了非常剧烈的非定常气动力,可能导致失速颤振现象的发生,同时伴随着升力突然下跌的高谐波振动,诱导了急剧的负力矩,限制了飞行范围。为了推迟这种现象,翼型在低马赫数下必须具有足够的最大升力系数和缓失速特性。在机动条件下,桨盘后行一侧的典型的马赫数为 0.4,该马赫数对应的最大升力系数是描述翼型机动性能的重要参数。直升机的机动能力主要与马赫数为 0.4 左右时翼型的最大升力系数有关。

(2) 快速巡航:前行桨叶上的跨声速流动限制了直升机前飞速度。由于激波的出现,波阻急剧增加,导致前飞需用功率急剧增加,而且激波的出现会使得旋翼气动中心后移,引起较大的负力矩。这两个结果限制了在高速状态下的飞行包线,描述这两种现象的重要参数是阻力发散马赫数,因此阻力发散马赫数影响着直升机航程和最大速度。

(3) 悬停:悬停飞行是直升机的独有特性,在这种状态下,其主要目标就是在给定的飞行重量下减小需用功率,这一点与翼型的最大升阻比特性相对应。在现代的主旋翼桨尖速度范围里,通常马赫数为 0.5~0.6,升力绝大部分是在此马赫数里产生的,在悬停状态下,作用在翼型上的平均升力为 $C_1 = 0.6$,因此通常采用 $Ma = 0.5 \sim 0.6$,$C_1 = 0.6$ 时的升阻比来描述悬停性能。

尽管直升机前飞时其旋翼桨叶的工作环境是非定常的,然而限于非定常分析的巨大计算量和复杂度,翼型设计指标通常根据定常特性来规定,设计状态也是典型的定常状态。图 3-96 给出了典型的旋翼翼型设计状态点及其相应的要求,由图可见旋翼翼型工作状态处于一个宽广的马赫数与迎角范围内,而且需要满足各种相互矛盾的设计要求。翼型的具体设计指标与其安装站位和直升机的使用设计要求相关,对于现代直升机旋翼,优秀的翼型应该满足以下基本设计要求:

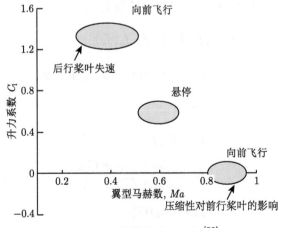

图 3-96 旋翼翼型设计点 [39]

(1) 高的阻力发散马赫数 ($C_1 = 0$) 及小的跨声速阻力系数以减小前飞需用功率及减小桨尖噪声；

(2) 在 $Ma = 0.3 \sim 0.5$ 的状态下，具有高的最大升力系数 C_{1max} 以推迟后行桨叶的分离失速及减小高速飞行的桨叶振动；

(3) 在整个飞行包线内具有非常小的力矩系数以减小桨叶扭转及控制系统的操纵载荷；

(4) 在中等马赫数及迎角时具有高的升阻比特性 ($Ma = 0.5 \sim 0.6, C_1 = 0.6$)，以保证旋翼悬停效率。

上述要求往往是相互制约相互矛盾的，因此优秀的直升机旋翼翼型需要在上述要求中进行权衡和折中。综合考虑以上因素，可归纳出如表 3-10 所示的设计目标。

表 3-10　旋翼翼型设计目标及状态

飞行状态	目标	设计状态
机动	$\max(C_{11})$	$Ma = 0.4$,　$Re = 3.2 \times 10^6$
$Ma = 0.4 \sim 0.5$,　$C_1 = C_{1max}$	$\max(C_{12})$	$Ma = 0.5$,　$Re = 4.0 \times 10^6$
	$\max(Ma_{Dd0})$	$Ma = 0.80$,　$Re = 6.4 \times 10^6$
前飞 $C_1 = 0$	$\min(|C_{m0}|)$	$Ma = 0.825$,　$Re = 6.6 \times 10^6$
	$\min(C_{d0})$	$Ma = 0.845$,　$Re = 6.76 \times 10^6$
悬停	$\min(C_d)$	$Ma = 0.6$,　$Re = 4.8 \times 10^6$
$Ma = 0.6$,　$C_1 = 0.6$	$\min(|C_m|)$	$C_1 = 0.6$

2. 基于多目标进化算法的旋翼翼型设计

参考表 3-10 可以建立如下的优化设计模型：

$$\begin{aligned} \min \quad & (f_1, f_2, f_3, f_4, f_5, f_6) \\ \text{s.t.} \quad & |t - t_0| \leqslant 0.09, \quad \boldsymbol{x}_l \leqslant \boldsymbol{x} \leqslant \boldsymbol{x}_u \end{aligned} \tag{3.38}$$

其中，

$$f_1 = C_{11}^0 / C_{11}$$

$$f_2 = \frac{C_{d2} + C_{d3} + C_{d4}}{C_{d2}^0 + C_{d3}^0 + C_{d4}^0}$$

$$f_3 = C_{d1} / C_{d1}^0$$

$$f_4 = \mathrm{abs}(C_{m1} / C_{m1}^0)$$

$$f_5 = C_{l2}^0 / C_{l2}$$

$$f_6 = \mathrm{abs}(C_{m2}/C_{m2}^0)$$

式中上标 0 表示初始翼型气动力系数。f_1 为 $Ma=0.4$ 的最大升力系数目标；采用阻力平均的方式表述提高阻力发散马赫数和减小高速阻力这一前飞设计要求，记为 f_2；C_{d2}，C_{d3}，C_{d4} 分别代表了 $Ma=0.82$，$Ma=0.835$，$Ma=0.845$ 三个状态的零升阻力系数；C_{d1} 和 C_{m1} 分别代表了悬停状态下的阻力系数和力矩系数；f_2 为 $Ma=0.5$ 的最大升力系数目标；C_{m2} 为 $Ma=0.835$ 时的零升力矩系数。

式 (3.38) 是一个典型的高维多目标优化问题，分别采用直接高维优化，PCA-NSGA-II 方法和分层多级约束算法进行优化设计研究。选择 Kriging 代理模型作为优化过程中的气动特性评估模型，采用 CST 方法进行翼型参数化，采用 14 个设计变量进行翼型设计空间构建，采用拉丁超立方方法选取 500 个样本，采用 RANS 方程进行样本评估，得到了各样本的气动特性值。

首先采用 NSGA-II 优化算法对该问题进行直接优化求解，由于设计变量及目标个数很多，为了保证收敛以及保证解的多样性，初始种群为 1000，直到进化收敛，共用了 4 个小时，得到了相应的 Pareto 前沿，由于直接优化所得前沿为高维超曲面无法直接表述，很难进行下一步的决策。在直接优化结果的基础上进行 PCA 分析找出冗余目标，对原始问题进行降维。表 3-11 给出了对 Pareto 解集的 PCA 分析结果，由表可见，对于 6 目标 Pareto 结果，按照 PCA 降维分析流程对其进行分析，前三个特征值的累加贡献值超过了阈值 TC，选择前三个特征矢量进行分析；对于第一特征矢量 V_1，选择 f_5、f_6 两个目标；对于第二特征矢量 V_2，选择目标 f_3；对于第三特征矢量 V_3，选择 f_2、f_4 两个目标；对于目标 f_2、f_3、f_4、f_5、f_6，进一步根据相关矩阵分析其相关性，发现 f_4、f_6 具有强相关性，由于 f_6 对应特征值最大，因此保留目标 f_6，经过第一轮 PCA 降维后目标变为 4 个：f_2、f_3、f_5、f_6。

表 3-11　6 目标 Pareto 解集 PCA 分析结果

(a) 相关矩阵 (R)

	f_1	f_2	f_3	f_4	f_5	f_6
f_1	1.0000	−0.9073	0.3118	−0.6123	0.8914	−0.8364
f_2	−0.9073	1.0000	−0.1967	0.5357	−0.8050	0.7953
f_3	0.3118	−0.1967	1.0000	−0.4995	0.4889	−0.5149
f_4	−0.6123	0.5357	−0.4995	1.0000	−0.8367	0.9220
f_5	0.8914	−0.8050	0.4889	−0.8367	1.0000	−0.9526
f_6	−0.8364	0.7953	−0.5146	0.9220	−0.9526	1.0000

(b) 特征值

特征值	比率/%	累积百分比/%
4.1312	68.8528	68.8528
1.0081	16.8022	85.6550
0.7113	11.8553	97.5103
0.0821	1.3690	98.8793
0.0650	1.0825	99.9618
0.0023	0.0382	100

(c) 特征矢量

	V_1	V_2	V_3	V_4	V_5	V_6
f_1	−0.4450	0.0721	0.4357	0.3952	0.6743	0.0626
f_2	0.4244	0.0584	−0.5551	0.5601	0.3388	−0.2828
f_3	−0.0079	0.9955	−0.0113	−0.0657	−0.0672	0.0049
f_4	0.4034	0.0125	0.6667	0.2708	−0.2748	−0.4937
f_5	−0.4747	−0.0042	−0.1394	0.6292	−0.5913	0.0981
f_6	0.4835	0.0168	0.1949	0.2537	−0.0292	0.8141

接着以 f_2、f_3、f_5、f_6 为目标，进行 4 目标的优化搜索，对其 Pareto 解集进行 PCA 分析后，结果如表 3-12 所示，按照 PCA 降维分析流程对其进行分析，前三个特征值的累加贡献值超过了阈值 TC，选择前三个特征矢量进行分析；对于第一特征矢量 V_1，选择 f_2、f_5 两个目标；对于第二特征矢量 V_2，选择目标 f_6；对于第三特征矢量 V_3，选择 f_2、f_3 两个目标；对于目标 f_2、f_3、f_5、f_6，进一步根据相关矩阵分析其相关性，发现没有强相关性目标组，因此目标数目不能进一步减少。

表 3-12　4 目标 Pareto 解集 PCA 分析结果

(a) 相关矩阵 (R)

	f_2	f_3	f_5	f_6
f_2	1.0000	0.2156	−0.8923	0.4607
f_3	0.2152	1.0000	0.0664	−0.2309
f_5	−0.8923	0.0664	1.0000	−0.6518
f_6	0.4607	−0.2309	−0.6518	1.0000

(b) 特征值

特征值	比率/%	累积百分比/%
2.5012	62.5294	62.5294
1.1975	29.9364	92.4658
0.2591	6.4764	98.9422
0.0423	1.0578	100

(c) 特征矢量

	V_1	V_2	V_3	V_4
f_2	−0.5901	−0.1744	−0.5535	0.5613
f_3	−0.4238	−0.6007	0.6770	0.0355
f_5	0.6082	−0.1897	0.1730	0.7511
f_6	−0.3198	0.7568	0.4531	0.3458

图 3-97 给出了 4 目标与 6 目标优化所得的 Pareto 前沿对比，其中 NSGA-II 表示 6 目标直接优化所得 Pareto 前沿，PCA-NSGA-II 表示 PCA 降维后 4 目标优化所得 Pareto 前沿，由图可见 4 目标优化所得前沿更加靠前而且集中，表明经过降维处理后，优化结果大幅改进，优化结果更加集中。

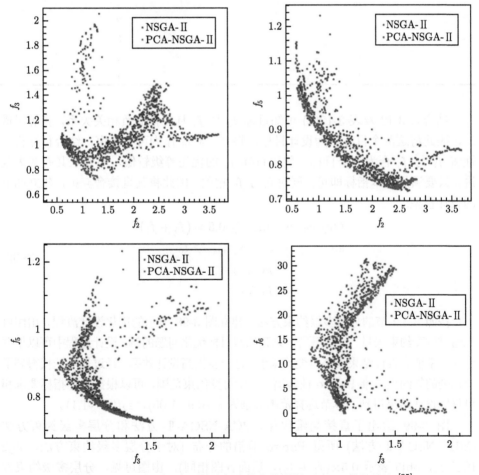

图 3-97　PCA-NSGA-II 算法与直接优化所得 Pareto 前沿对比 [35]

通过 PCA-NSGA-Ⅱ 分析可知，应该保留目标 f_2、f_3、f_5、f_6，对于这四个目标所构成的多目标优化问题，仍然属于高维多目标问题，传统优化算法依然难以给出很好的结果，同时进一步分析评估仍然困难。

按照分层多级优化算法的运行步骤，需要根据工程经验和设计要求对设计目标进行重要性排序，得到目标的优先等级，从而确定主要设计目标和可变约束。表 3-13 给出了本节设计问题的目标重要度分级，优先级越小表示目标越重要，本算例中，强调了翼型的最大升力特性和高速阻力及力矩特性。

表 3-13　目标优先级分布

目标	优先级
f_1	1
f_2	1
f_3	2
f_4	3
f_5	1
f_6	1

结合表 3-13 及表 3-12(a) 可知目标 f_2 与 f_5 具有强的负相关关系，且等级最高，因此将这两个目标作为设计目标，将 f_3 与 f_6 作为可变约束，结合目标相关性将 f_1 与 f_5 合为一个目标，优于目标 f_4 的优先等级较低，不要求其有多大改进，只要满足基本指标即可，同时它与 f_6 相关，因此将其直接舍弃掉，建立如下的设计模型：

$$
\begin{aligned}
\text{Objective} \quad & \min\left(f_2, 0.5 \times (f_5 + f_1)\right) \\
\text{s.t.} \quad & \boldsymbol{x} \in X, t_{\max} \geqslant t_0 \\
& f_3 \leqslant \varepsilon_1 \\
& f_6 \leqslant \varepsilon_2
\end{aligned}
\tag{3.39}
$$

按照 3.4.2 节的分层多级约束方法，建立图 3-98 所示的优化设计流程，由图可见通过改变约束矢量，可以得到一系列的双目标优化问题的解，设计过程中可以根据当前约束值和设计结果调整可变约束值，进一步提高设计效率。经过循环迭代得到了一系列的等约束二维 Pareto 曲线谱。关于可变约束范围，可以根据设计指标要求和单目标设计结果得到，本节选择范围分别为 $\varepsilon_1(0.9\sim1.05)$，$\varepsilon_2(0.7\sim1.1)$。

图 3-99 给出了直接高维优化、PCA-NSGA-Ⅱ 方法和分层多级约束方法 (MHC-NSGA-Ⅱ 方法) 所得 Pareto 前沿的分布 (对于分层多级约束方法，obj2 代表 f_2，obj5 表示 $0.5 \times (f_1 + f_5)$，后面各图相同)。由图可见，分层多级约束方法可以得到更加靠前的 Pareto 解，解的分布更加密集，算法求解结果更优，同时

对于前两种算法，由于 Pareto 为高维超曲面，难以进一步综合决策分析，而本节求解结果为等约束二维 Pareto 曲线谱，更方便进一步决策。

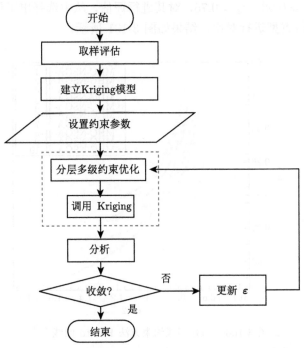

图 3-98 基于分层多级约束的旋翼翼型设计流程 [18]

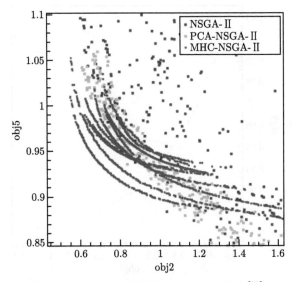

图 3-99 三种方法所得 Pareto 前沿对比 [35]

　　图 3-100 为分层多级约束方法所得的二维 Pareto 曲线谱，权衡各设计目标，分析决策得到了如图 3-100 所示的一组满足设计要求的 Pareto 曲线，其所对应的约束值为 $\varepsilon_1 = 0.98$，$\varepsilon_2 = 0.75$，对其进行评估，从中选择出了优化翼型，并与前两种方法所得翼型进行对比，结果如图 3-101 所示。

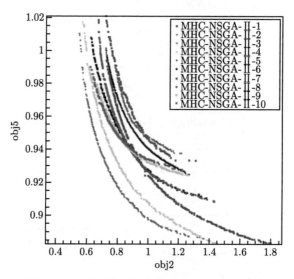

图 3-100　分层多级约束方法 Pareto 曲线 [35]

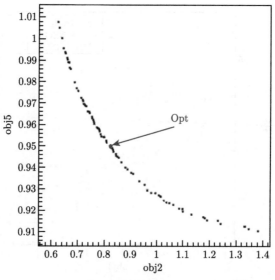

图 3-101　用于决策的二维 Pareto 曲线 [35]

图 3-102 给出了优化前后翼型的对比，NSGA-II-6 为直接优化所得的翼型，PCA-NSGA-II 为 PCA 降维算法优化所得的翼型，MHC-NSGA-II 为分层多级约束方法所得的翼型，由图可见，优化后翼型下表面较原始翼型平缓，这是为了保证其高速阻力发散特性，因为对于高马赫数零升力状态，翼型具有负迎角，其下表面变为上表面。

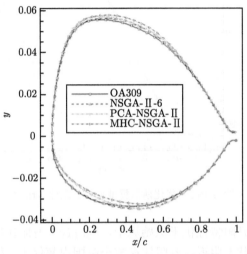

图 3-102　优化前后翼型外形对比 [35]

图 3-103 给出了 Ma=0.4 状态下翼型升力曲线图，由图可见优化后翼型最大升力系数提高，机动特性优于原始翼型。图 3-104 给出了悬停状态下翼型升阻比

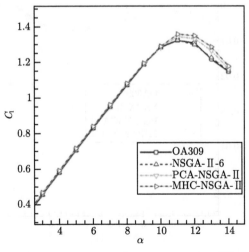

图 3-103　优化前后翼型升力曲线对比 [35]

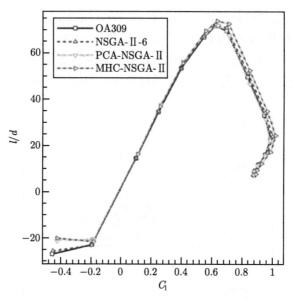

图 3-104　优化前后翼型悬停升阻比对比 [35]

对比，优化后翼型升阻特性优于原始翼型，同时最大升阻比提高，且最大升阻比正好对应旋翼悬停状态附近，升阻比在整个范围内都优于原始翼型。图 3-105 给出了悬停状态下翼型力矩曲线。由图可见，优化后翼型力矩绝对值减小。图 3-106 给出了悬停状态下翼型压力分布对比，由图可见，优化后翼型上表面激波减弱。

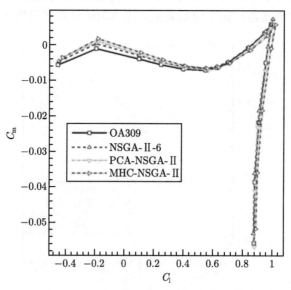

图 3-105　优化前后悬停力矩曲线对比 [35]

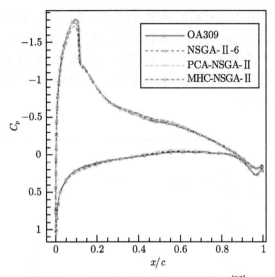

图 3-106 优化前后悬停压力分布对比 [35]

图 3-107 给出了翼型阻力发散特性的对比，可见翼型零升阻力下降，同时阻力发散马赫数提高，这对于提高直升机前飞速度非常有利。图 3-108 给出了翼型零升力矩曲线，由图可见，优化后翼型的力矩特性明显改善，这为直升机的操纵及结构设计提供了有利空间。表 3-14 给出了优化前后翼型的气动特性对比。由表可见，经过多目标优化后，翼型的各方面特性均显著提高。同时对比优化结果可见，分

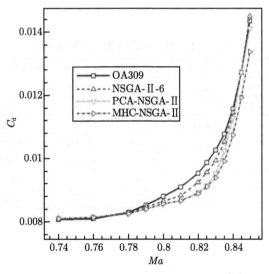

图 3-107 优化前后阻力发散特性对比 [35]

层多级约束方法 (MHC-NSGA-II) 的设计结果优于直接优化和 PCA-NSGA-II 方法，由于加入了人工经验，设计更有针对性，进一步提高了设计效率。采用相同的设计分析方法，优化得到了 12%、7%厚度旋翼翼型，形成了旋翼翼型系列，计算及实验分析表明该系列翼型气动特性整体优于 OA3 系列翼型，为新一代直升机设计提供了技术支持。

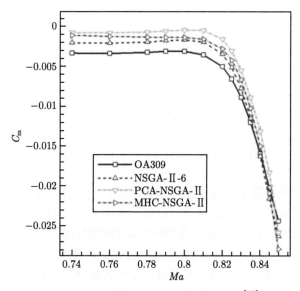

图 3-108　优化前后翼型力矩特性对比 [35]

表 3-14　优化前后翼型气动特性对比

飞行状态		设计目标	OA309 翼型	NSGA-II-6	PCA-NSGA-II	MHC-NSGA-II
机动	$Ma = 0.4$	C_{lmax}	1.349	1.352	1.371	1.386
	$Ma = 0.5$	C_{lmax}	1.182	1.183	1.191	1.199
前飞 $C_1 = 0$		Ma_{Dd0}	0.83	0.83	0.832	0.835
		C_{m0-mdd}	−0.0089	−0.0078	−0.0075	−0.0102
		C_{d0-mdd}	0.0103	0.0099	0.0095	0.092
悬停 $Ma = 0.6, C_1 = 0.6$		升阻比	81.8	81.85	81.1	82.7
		C_m	0.0071	0.0065	0.0069	0.0065

3.4.5 战斗机翼型设计

战斗机机翼的典型特点是小展弦比、大后掠角，因此其流动特征以三维特征为主，平面布局很大程度上对其性能起着决定性的作用，因此之前的战斗机比较注重布局设计，翼型设计通常是采用标准翼型进行修型。但是随着新一代飞机对作战性能要求的进一步提高，翼型的设计和改进成为制约战斗机设计的关键技术，例如，翼型的弯度关系到战斗机的亚、跨声速机动能力，翼型的前缘形状与飞机前缘涡的生成和发展息息相关，从而直接影响战斗机的大迎角升阻特性；翼型的跨声速升阻比、阻力发散边界和超声速阻力特性对战斗机的跨声速巡航以及超声速巡航能力有重要的影响。四代机要求飞机具有超声速巡航、跨声速大机动、超长作战半径等要求，这些都与翼型设计密切相关。为了检验 MaOPSO 方法的效能同时开展新一代战斗机翼型谱系的设计研究，王超[36] 开展了战斗机翼型的设计工作 (图 3-109)。

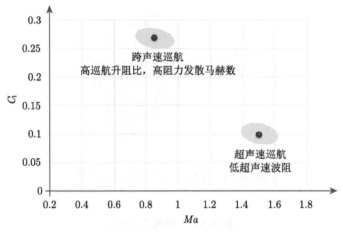

图 3-109 战斗机翼型设计状态和要求 [36]

根据新一代战斗机气动设计要求，梳理出来了战斗机翼型的设计点和设计要求，建立了如下设计模型：

$$\begin{aligned} \min \quad & (f_1, f_2, f_3, f_4, f_5) \\ \text{s.t.} \quad & t > t_{\text{Baseline}} \end{aligned} \tag{3.40}$$

其中，$f_1 = C_{d\_Ma0.88}$；$f_2 = |C_{m\_Ma0.88}|$；$f_3 = C_{d\_Ma0.90}$；$f_4 = C_{d\_Ma1.5}$；$f_5 = |C_{m\_Ma1.5}|$。

基准翼型为 NACA64A204 翼型，选择类 YF22 机翼的 3 个剖面进行三维环境下翼型设计，图 3-110 和图 3-111 分别给出了类 YF22 战斗机及其机翼的平面形状，表 3-15 给出了该机翼的几何参数。优化的几何约束为翼型的厚度不减小。

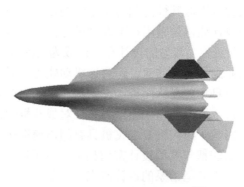

图 3-110　YF22 飞机俯视图 [36]

图 3-111　YF22 飞机机翼平面图 [36]

表 3-15　机翼几何参数

几何参数	量值
参考面积	19.52m^2
平均气动弦长	5.03m
力矩参考点	翼根 1/4 弦长处
前缘后掠角	48°
翼尖扭角	−2°

采用 FFD 方法对机翼的剖面进行参数化，如图 3-112 所示。保持机翼前缘和后缘的控制顶点不动，每个设计剖面包含 12 个设计变量，共 36 个设计变量。使用 LHS 方法生成 500 个初始样本，采用自适应设计空间扩展的方法进行加点优化，加点数目为 700。

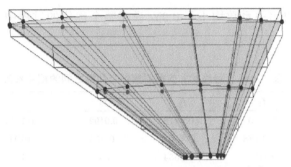

图 3-112   FFD 方法对机翼的剖面参数化 [36]

表 3-16 给出了初始样本的非支配解集中各个目标之间的相关系数, 本次优化选取的相关系数阈值为 $r_t = 0.95$, 在此阈值之下, 表中给出的目标相关系数均未达到阈值要求, 因此不存在冗余目标, 无法进行降维。表 3-17 给出了每个目标的总相关度, 由计算结果可知, 第 2 个目标总相关度最小, 即该目标与其他目标的对立性最强, 因此根据分组原则将该目标单独分为一组, 剩余目标分为一组。最后按照 MaOPSO 算法的目标分解方法, 将 5 个目标的优化问题转化为 21 个双目标子优化问题。

表 3-16   初始样本的非支配解集各个目标之间的相关系数

	f_1	f_2	f_3	f_4	f_5
f_1	1.0000	−0.7793	0.8211	−0.2578	−0.4291
f_2	−0.7793	1.0000	−0.6840	0.3653	0.1991
f_3	0.8211	−0.6840	1.000	−0.3335	−0.2705
f_4	−0.2578	0.3653	−0.3335	1.0000	−0.1837
f_5	−0.4291	0.1991	−0.2705	−0.1837	1.0000

表 3-17   初始样本的非支配解集各个目标的总相关度

$R(1)$	$R(2)$	$R(3)$	$R(4)$	$R(5)$
0.35487	0.1011	0.5331	0.5902	0.3156

使用 MaOPSO 算法进行优化搜索, 得到第一次代理优化的 Pareto 最优解集, 选择最优解集中的 20 个样本, 采用自适应设计空间扩展的方法进行加点, 完成样本库的更新。重复上述步骤, 不断更新样本, 当样本库中的样本达到 1200 个时, 终止优化。对最终的样本按照原始的 5 个设计目标进行非支配选择, 得到最终的非支配解集。求解目标之间的相关系数如表 3-18 所示。计算结果表明, 目标 1 和目标 3 的相关性最强, 目标 1 和目标 2 的冲突性最强, 但是

所有目标之间的相关系数均小于 0.95，说明整个优化的过程中并没有进行目标降维。

表 3-18　最终的非支配解集各个目标之间的相关系数

	f_1	f_2	f_3	f_4	f_5
f_1	1.0000	−0.9178	0.9192	−0.1314	−0.4294
f_2	−0.9178	1.0000	−0.8554	0.0794	0.3497
f_3	0.9192	−0.8554	1.0000	−0.1805	−0.2785
f_4	−0.1314	−0.0764	−0.1805	1.0000	−0.3343
f_5	−0.4294	0.3497	−0.2785	−0.3343	1.0000

图 3-113 给出了翼根、翼中和翼尖处优化翼型与 NACA64A204 翼型外形对比。由图可见，与原始翼型相比，优化后翼根翼型弯度降低，前缘变尖，展现出了明显的超声速翼型特征，有助于降低机翼的超声速波阻；优化后的翼中翼型弯度降低，呈现出明显的前加载特性，这样可以减小机翼的低头力矩；优化后的翼尖翼型弯度增加，弥补了翼根和翼中翼型弯度减小带来的升力损失，同时翼尖翼型前加载明显，有助于减弱机翼前缘的分离涡，从而降低机翼的亚跨声速诱导阻力。战斗机翼型设计的特点是跨声速诱阻与超声速波阻之间的折中，跨声速小诱阻设计要求翼型弯度不能太小，同时具备良好的超临界特性；超声速小的波阻要求翼型的弯度不能太大，同时尽量减小翼型的头部半径。从图 3-113 中的优化结果来看，优化的翼根翼型重点提升机翼的超声速性能，而翼尖翼型重点保证机翼的亚跨声速性能。

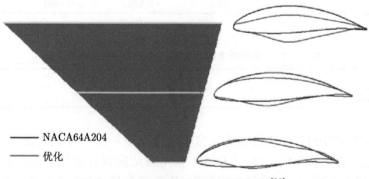

————— NACA64A204
————— 优化

图 3-113　初始翼型与优化翼型对比 [36]

将装配原始翼型 (NACA64A204 翼型) 的机翼记为 NACA-机翼，装配优化翼型的机翼记为 OPT-机翼。表 3-19 给出了 NACA-机翼与 OPT-机翼的气动评估结果计算, 可见 OPT-机翼的 5 个设计目标均优于 NACA-机翼。

表 3-19 NACA-机翼与 OPT-机翼的气动计算结果对比

	$C_{\text{d-}Ma0.88}$	$C_{\text{m-}Ma0.88}$	$C_{\text{d-}Ma0.90}$	$C_{\text{d-}Ma1.5}$	$C_{\text{m-}Ma1.5}$
NACA-机翼	0.01668	−0.1335	0.01703	0.01681	−0.0748
OPT-机翼	0.01655	−0.1294	0.01657	0.01513	−0.0568

进一步对比了跨声速状态不同站位处的压力分布结果, 如图 3-114 和图 3-115 所示, 从图中可以看出, NACA-机翼在 $Ma=0.88$ 状态下产生了弱激波, 随着马赫数的增加, 翼根和翼中的弱激波演化为一道强激波; OPT-机翼在 $Ma=0.88\sim$ 0.90 状态下没有出现激波, 当马赫数增加到 0.92 时, OPT-机翼上表面出现激波, 但是激波强度小于 NACA-机翼。由此可得, OPT-机翼推迟了激波的产生, 提高了阻力发散马赫数。

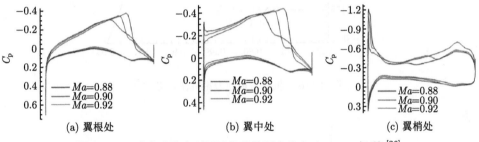

图 3-114 跨声速状态不同站位处的压力分布 (NACA-机翼)[36]

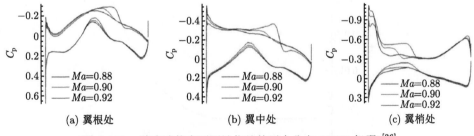

图 3-115 跨声速状态不同站位处的压力分布 (OPT-机翼)[36]

图 3-116 和图 3-117 分别给出了两副机翼的跨声速阻力特性以及力矩特性对比, 图 3-118 和图 3-119 分别给出了两副机翼的超声速力矩特性以及阻力特性对比。从图中可以看出, OPT-机翼在不增加巡航阻力系数的前提下, 其阻力发散马赫数由 NACA-机翼的 0.90 提高到 0.92 左右, 能够有效提高战斗机的跨

声速巡航速度；在 $Ma=1.3\sim1.8$ 的超声速范围内，OPT-机翼的超声速阻力系数大幅降低，在 $Ma=1.5$ 的巡航点，OPT-机翼的阻力系数相对于 NACA-机翼减少了 16.8count，约为 10%，可以明显提升战斗机的超声速巡航性能；与此同时，OPT-机翼的跨声速和超声速状态下低头力矩减小，有助于减小飞机的巡航配平阻力。

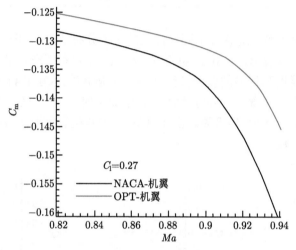

图 3-116　机翼跨声速力矩特性对比 I[36]

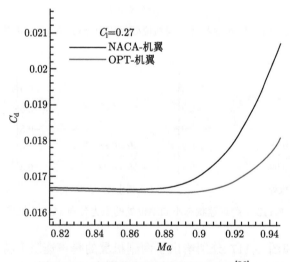

图 3-117　机翼跨声速阻力特性对比 II[36]

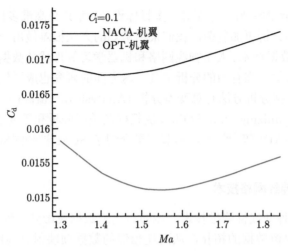

图 3-118   机翼超声速力矩特性对比 I[36]

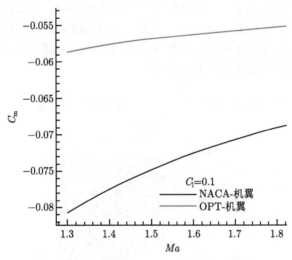

图 3-119   机翼超声速阻力特性对比 II[36]

3.5　基于神经网络的数据挖掘

现代化气动优化设计技术为设计者提供了一项高效实用的设计工具，但是我们不能简单地将其看作一个黑盒子，对气动优化的结果的分析、数据的挖掘以及知识经验的获取往往比单纯的设计结果更加重要，优化设计为我们提供了大量的设计数据和结果，往往这些数据都是高维的，很难直观地进行分析和处理，很难转换成我们的知识和经验；另一方面对于多目标设计，尤其是高维多目标设计，其设计结果的可视化和分析更加复杂，我们采用常规的方法很难做出一个最佳的选择判断。近年来，大数据技术、人工神经网络和机器学习等形成的数据挖掘技术给气动优化设计分析提供了强有力的分析工具，这方面的研究也成了气动设计的热点和重点。常用的数据分析方法有总变差分析 (Analysis of Variance, ANOVA)、自组织映射 (Self-Organizing Map, SOM)、决策树及关联分析和等度量映射 (Isometric Mapping, ISOMAP) 等 [40−42]。本节着重介绍了 SOM 神经网格技术在这方面的研究进展。

3.5.1　SOM 神经网格技术

SOM 是一种非线性降维技术，能够将高维数据投影到低维空间 (图 3-120)。这种投影能够保留数据的拓扑，从而使相似的数据项映射到地图上相邻的位置。SOM 输入通常是一组矢量。如果输入空间的维度为 n，则映射网格上的每个节点都对应一个 n 维权值向量。由于地图节点的数量通常比数据集中的项目数量要小得多，因此不可能在地图上表示数据空间的每个输入项。但是我们的目标是实现一种能够反映数据结构的分布，从而保留最重要的度量关系。特别是要实现数据集中项目的相似性与其在地图上最相似代表的距离相关联。换句话说，输入空间中类似的项应该映射到网格上附近的节点。

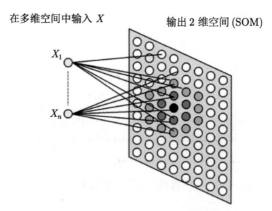

图 3-120　SOM 网络原理 [43]

SOM 算法的实现步骤：

步骤 1：初始化。确定网络拓扑、神经元个数，输出层权值向量初始化。设置迭代步数 T、初始学习率 $\alpha(0)$ 和邻域半径 $N(0)$;

步骤 2：输入样本数据 x_i;

步骤 3：计算权值向量 w_j 与输入向量 x_i 的距离，选择与输入向量距离最近的神经元为获胜神经元 Winner：

$$\text{Winner} = \arg \min \left\{ \| x_i\left(t\right) - w_j\left(t\right) \| \right\} \qquad (3.41)$$

其中 t 表示迭代次数；

步骤 4：更新获胜神经元 Winner 及其邻域的权值向量：

$$w_j(t+1) = w_j(t) + \alpha(t) \cdot \left(x_i\left(t\right) - w_j\left(t\right)\right) \qquad (3.42)$$

步骤 5：调整学习率和邻域半径：

$$\alpha\left(t\right) = \alpha\left(0\right)\left(1 - \frac{t}{T}\right) \qquad (3.43)$$

$$N\left(t\right) = \text{INT}\left(1 + N\left(0\right) \cdot \left(1 - \frac{t}{T}\right)\right) \qquad (3.44)$$

步骤 6：转到步骤 2，直到 t 达到最大迭代步数 T。

3.5.2 多目标优化分析

采用 SOM 方法进行高维数据可视化分析时，首先需要对输入数据进行归一化处理，这样可以排除数据量值不一致导致的误差和不利影响。本节介绍了 SOM 在多目标优化可视化和数据挖掘方面的应用。

对于多目标优化，当目标大于 3 个以后，Pareto 解无法以散点图在三维坐标中显示，因此很难进行决策和分析，而 SOM 图不受目标数目的限制。对于 4 个目标的 DTLZ2 函数，最优解集经过 SOM 降维后，可以得到如图 3-121 所示的 SOM 图，由图可以直观地分析 4 个目标之间的折中情况。

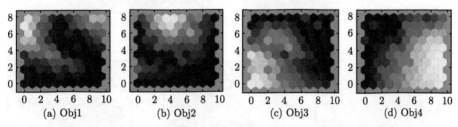

图 3-121　4 个目标的 DTLZ2 函数 Pareto 前缘的 SOM 图 [36]

图 3-122 给出了利用 SOM 进行决策的示意图，如果设计者只偏好某一个目标，例如最偏好目标 2，由于神经元 2 位置处目标 2 的颜色最浅，所以可以选择映射到神经元 2 中的非支配解。同理可以选择映射到神经元 1、3 和 4 中的非支配解；如果需要权衡所有的目标，则可以选择神经元 5 中的非支配解，神经元 5

位置处的各个目标颜色适中，代表所有目标均处于中等水平。由此可见，SOM 图可以直观呈现多个目标的折中关系，不受目标个数的限制，为设计者的分析和决策提供了一个全局视角。

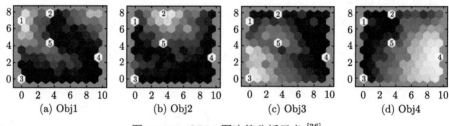

图 3-122　SOM 图决策分析示意 [36]

对于 3.4.5 节的战斗机翼型设计问题，王超 [36] 利用 SOM 方法对最终的非支配解集进行了分析，经处理后得到的 SOM 图如图 3-122 所示。由图可知，目标 1 和目标 3 的云图分布相似，目标 1 和目标 2 的云图分布相反，这表明 $Ma=0.88$ 与 $Ma=0.90$ 状态下阻力系数具有一致性，而 $Ma=0.88$ 状态下阻力系数和力矩系数相互冲突。通过权衡分析图 3-123 中 5 个云图分布，选出了 SOM 图中蓝色框中的神经元，该神经元中各个目标均处于中等或中等偏上的水平，代表各个目标的改善是均衡的。

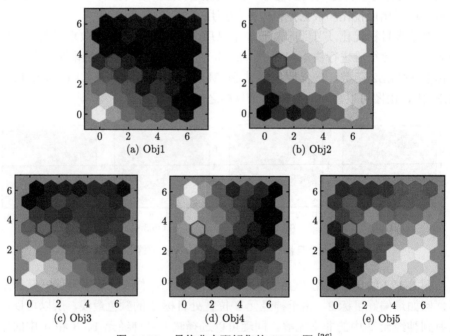

图 3-123　最终非支配解集的 SOM 图 [36]

Jeong 等[42] 讲述 SOM 方法时用到了气动设计空间的挖掘，其研究对象为可重复使用运载器的飞返式助推器，共计 4 个设计目标，经过多目标优化设计，得到了图 3-124 所示的 Pareto 解集，共计 102 个可行解，解集分布杂乱无章，无法进行设计空间分析，很难进行最优解的筛选，因此对设计结果进行了 SOM 分析，得到了图 3-125 所示的 SOM 图，经过分析解集按照目标相似性被分解成了 10 个聚类，横坐标和纵坐标没有物理意义，采用这张图我们依然无法提取设计空间的信息，因此进一步对 SOM 图进行目标函数值染色，得到了图 3-126，由图可见目标 1 和目标 2 颜色分布相似，表明这两个目标是统一的关系；同样目标 3 和目标 4 分布一致，但是目标 3 是最小化设计，而目标 4 是最大化设计，因此这两个目标是对立关系；进一步研究了设计变量值的 SOM 染色，研究了三个设计变量 (dv7,dv18,dv15)，如图 3-127 所示，图 3-127(a) 可见，dv7 的颜色分布与图 3-126(a),(b) 的分布相反，可知此变量与目标 F_1、F_2 呈负相关关系；而变量

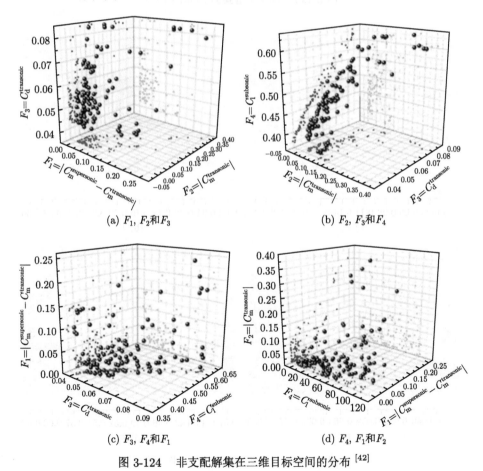

(a) F_1, F_2和F_3 (b) F_2, F_3和F_4

(c) F_3, F_4和F_1 (d) F_4, F_1和F_2

图 3-124　非支配解集在三维目标空间的分布 [42]

dv18 的颜色分布与设计目标 F_3, F_4 的分布相似，这表明该设计变量对 F_3, F_4 有很大的影响；而 dv15 的颜色分布没有任何规律，表明该设计变量对所有目标影响很小。

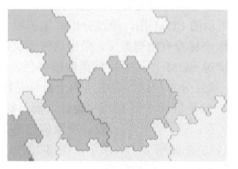

图 3-125　　非支配解集的 SOM 图 [42]

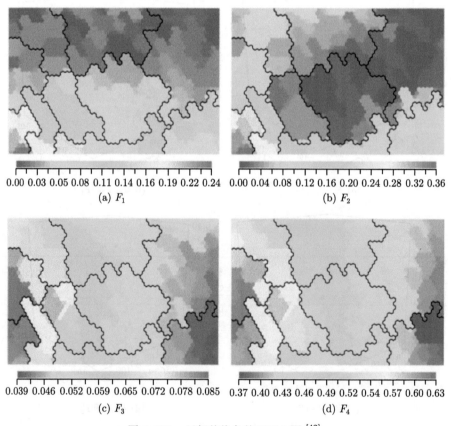

0.00 0.03 0.05 0.08 0.11 0.14 0.16 0.19 0.22 0.24　　0.00 0.04 0.08 0.12 0.16 0.20 0.24 0.28 0.32 0.36

(a) F_1　　　　　　　　　　　　　　　　(b) F_2

0.039 0.046 0.052 0.059 0.065 0.072 0.078 0.085　　0.37 0.40 0.43 0.46 0.49 0.52 0.54 0.57 0.60 0.63

(c) F_3　　　　　　　　　　　　　　　　(d) F_4

图 3-126　　目标值染色的 SOM 图 [42]

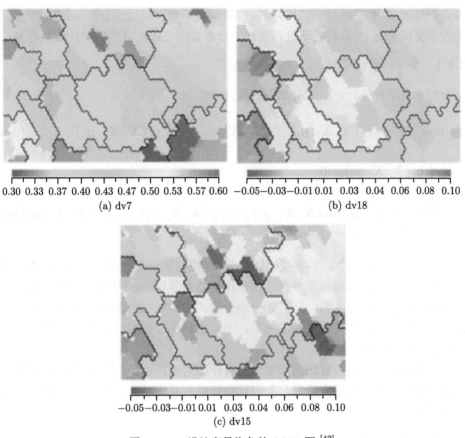

0.30 0.33 0.37 0.40 0.43 0.47 0.50 0.53 0.57 0.60
(a) dv7

−0.05−0.03−0.01 0.01 0.03 0.04 0.06 0.08 0.10
(b) dv18

−0.05−0.03−0.01 0.01 0.03 0.04 0.06 0.08 0.10
(c) dv15

图 3-127　设计变量染色的 SOM 图 [42]

3.6　气动多学科设计

飞行器设计本质上是一个多学科综合交叉的复杂系统问题，往往各个学科之间是相互矛盾的，单个系统的最优化并不能保证整个飞行器的性能最佳，为了使飞行器的性能达到综合最优，需要开展飞行器多学科综合设计。在近期的飞行器设计中，多学科设计已经取得了大量的应用，如美国的 F22 战斗机的气动/结构/隐身一体化多学科设计，F35 战斗机的设计更是引入了气动/隐身/结构/系统/动力等超多学科的综合优化设计，波音 787 客机更是将多学科设计用到了极致，在其设计研发过程中，气动/结构一体化设计已经达到了不可思议的境地，同时还引入了噪声/重量/系统等诸多学科的综合设计。近年来，以翼身融合布局为代表的新概念布局的设计和探索成为飞行器设计领域的研究热点，同时也是下一代飞行器设计的最优选择，这种新的布局最大特点就是飞机的部件及功能系统高度集成和融合，这就要求在飞机的设计各阶段都必须采用多学科综合设计。最典型的是美国波音公司的 X48 系列验证机和欧洲的静音客机设计，多学科设计随处可见。

3.6.1　多学科设计模型

对于多学科设计，一般有如下的设计模型：

$$\min \ f = f\left(f_1\left(\boldsymbol{X}, \boldsymbol{X}_1, \boldsymbol{y}_1\right), f_2\left(\boldsymbol{X}, \boldsymbol{X}_2, \boldsymbol{y}_2\right), \cdots, f_n\left(\boldsymbol{X}, \boldsymbol{X}_n, \boldsymbol{y}_n\right)\right) \tag{3.45}$$

$$\text{s.t.} \begin{cases} h_i\left(\boldsymbol{X}, \boldsymbol{X}_i, \boldsymbol{y}_i\right) = \boldsymbol{0} \\ g_i\left(\boldsymbol{X}, \boldsymbol{X}_i, \boldsymbol{y}_i\right) \leqslant \boldsymbol{0} \\ E_i\left(\boldsymbol{X}, \boldsymbol{X}_i, \boldsymbol{y}_i, y_{1i}\left(\boldsymbol{X}, \boldsymbol{X}_1, \boldsymbol{y}_1\right), \cdots, y_{ji}\left(\boldsymbol{X}, \boldsymbol{X}_j, \boldsymbol{y}_j\right), \cdots, y_{ni}\left(\boldsymbol{X}, \boldsymbol{X}_n, \boldsymbol{y}_n\right)\right) = \boldsymbol{0} \end{cases}$$
$$(i, j = 1, 2, \cdots, n; i \neq j)$$

式中，f 为设计目标；$\boldsymbol{X}$ 为系统设计变量，该变量影响整个系统的特性；$\boldsymbol{X}_1$，$\boldsymbol{X}_2$ 为学科设计变量，又称局部变量，仅作用于单个学科；$\boldsymbol{y}$ 为状态变量，用于表征系统和学科的状态的参数；h 和 g 分别为等式和不等式约束；E 为状态方程，表征了状态变量和设计变量之间的关系，通过求解该方程实现了学科的分析，为目标函数提供了输入。

一般把满足上述所有约束和要求的设计称为可行设计，得到的设计变量为可行解；使得上述目标最大或最小的可行设计称为最优设计，其对应的设计变量称为最优解。

3.6.2　多学科处理

上述多学科问题一般是一个极其复杂的系统问题，通常需要对其进行分解和组织。在处理该问题时，按照优化过程中的模块层次性通常分为单级优化和多级优化方法。

单级优化只在系统级进行优化设计，各学科只进行学科分析和评估，不开展优化。常见的单级优化方法有 AAO 一致性 (All-At-Once) 方法、IDF 方法 (单学科可行方法) 和 MDF 方法 (多学科可行方法)。单级优化方法组织难度大，优化过程规模过大，对于学科规模较大的问题，如飞行器设计等大型工程优化，很难给出好的结果。

多级优化方法将设计系统分解为多个子系统的优化问题与系统间的协调问题，各个学科子系统分别进行优化。该类方法将复杂的大规模优化问题分解为子系统优化设计问题，问题复杂度减小，同时各个子系统可以进行并行设计，提高了设计分析的效率，该方法与现有的工程学科分工一致，有利于工程推广和各学科专家经验的利用。常用的多级优化方法有：协同优化方法、并行子空间优化 (Concurrent

Subspace Optimization，CSSO) 方法和递阶优化过程 (Multilevel Optimization，MO) 等。

多学科设计的关键技术为学科耦合技术，如气动结构一体化分析、气动隐身一体化分析、动力系统内外流一体化分析等。由于气动与结构之间是强耦合关系，所以气动结构一体化分析成为学科耦合计算分析的难点问题，主要包括气动分析、气动载荷传递、有限元分析和位移传递等问题，随着复合材料的大规模采用和飞机飞行包线的不断拓展，许多非线性问题随即而生，进一步加剧了该问题的复杂性。但是随着 CFD 技术、有限元分析技术和插值技术的进步和发展，针对气动结构一体化分析形成了很多成熟的可靠的方法。所有问题的关键集中到各学科的建模分析以及设计要求的分析上，这就需要各个学科之间加强协作交流，同时加强研究机构和工业部门之间的沟通交流。

3.6.3 并行子空间优化

如图 3-128 所示，并行子空间优化是一种多级、非分层型的优化方法，该方法将多学科设计分解为系统级和学科级两个级别，学科级先进行单独的建模、分析和优化设计，得到各个学科的优化结果之后，返回到系统级开展综合优化，最终经过迭代得到整个系统的最优解[44]。

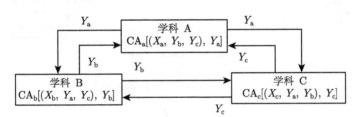

图 3-128　学科非层次型系统[44]

并行子空间优化方法最早由 Sobiesk 于 1988 年提出，早期的方法需要求解系统的敏度信息，虽然经过很多的研究和改进，但是由于求解学科敏度信息方面的限制，最终应用受到了很大的限制。1996 年，Sellar 和 Batill 将响应面技术引入到并行子空间方法上，提出了基于响应面的并行子空间设计方法。其设计流程如图 3-129 所示，该方法充分利用响应面方法来替代学科分析，使其成为学科和学科之间的信息纽带，响应面方法计算效率高，适应范围广，能够处理离散和连续性问题，不需要系统和学科的灵敏度信息，因此提出以后在工程设计上取得了广泛的应用。由于响应面的并行子空间设计方法在学科级进行了优化，但是经研究这一过程并不是必要，因此 Stelmack 和 Batill 等对 CSSO-RS 方法进行了改进，将子空间优化设计改为设计，既可以进行优化，也可以采用专家系统和逻辑判断，甚至可以是直觉等，进一步拓展了并行子空间方法的灵活性。国内李响等进一步将设计改为评估分析，子学科或子空间仅进行评估分析，根据分析结果对响应面进行更新和迭代。

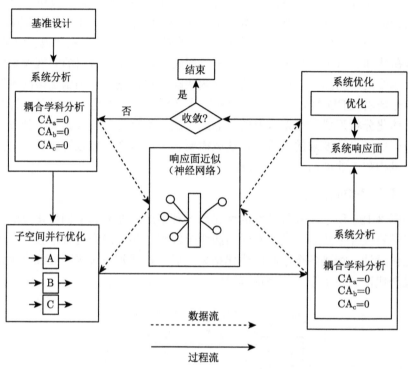

图 3-129　CSSO-RS 流程图 [44]

3.6.4　基于并行子空间方法的高超声速飞行器设计

文献 [45] 基于并行子空间方法开展了高超声速飞行器的设计，设计外形为典型的类 X43A 高超声速乘波体飞机，如图 3-130 所示。优化设计涵盖了气动、动力、气动热、质量特性、隐身性能和弹道特性。首先将飞机外形分解为机体、机翼和翼身融合部分。设计主要针对机体部分外形进行多学科设计，详细的参数化建模过程见参考文献 [46]。

优化设计目标：最大化航程。优化过程主要包含两个子系统——外形分析和气动/动力一体设计。

设计变量：共计 8 个设计变量，包括 6 个气动外形参数和 2 个飞行参数，具体的定义和范围如表 3-20 所示。可见前 4 个设计变量定义了前体和进气道的外形。尾喷管外形采用三次样条函数进行模化和两个偏转角定义该外形参数，并对其尾端纵坐标进行了约束。气动参数的定义如图 3-131 所示。

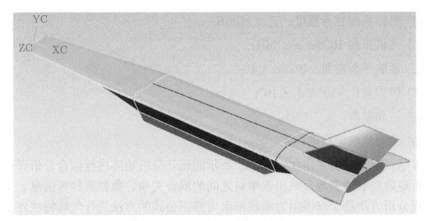

图 3-130 高超声速飞行器外形 [46]

表 3-20 设计变量定义及上下限

变量	下限	上限	初值	定义
δ_1	1	5.5	5.043	前体第一偏转角
δ_2	1	5	2.149	前体第二偏转角 (外部压缩)
δ_3	0.5	4	2.370	前体第三偏转角
δ_4	3	8	7.608	进气道第一偏转角
δ_6	6	10	9.000	尾喷管前端偏转角
δ_7	3	7	5.294	尾喷管尾端偏转角
H	25000	35000	30000	巡航高度
Ma	5	7	6	巡航马赫数

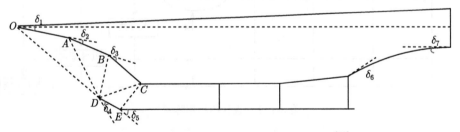

图 3-131 高超声速飞行器设计外形及参数 [46]

设计约束：共计 9 个设计约束，分别如下。

(1) 前体长度：$LOC \leqslant 2.7\text{m}$；

(2) 尾喷管底部纵坐标：$y_b \leqslant -0.001\text{m}$；

(3) 机体内部容积：$V_b \geqslant 1.5\text{m}^3$；

(4) 机体头部驻点温度：$T_s \leqslant 1400\mathrm{K}$；

(5) 飞机正向 RCS：$\sigma \leqslant 3\mathrm{dB}$；

(6) 巡航平衡攻角：$0° \leqslant \alpha \leqslant 4°$；

(7) 俯仰角：$-10° \leqslant \delta_z \leqslant 10°$；

(8) 法向载荷：$n_y > 1.54$；

(9) 纵向静稳定裕度：$X_{c1} \geqslant -12.0\%$。

多学科耦合分析采用如图 3-132 所示的设计分析矩阵进行综合分析评估，评估分析矩阵能够清楚地反映出各学科之间的耦合关系、数据流程等信息。采用无黏工程分析方法结合摩擦阻力和底部阻力修正公式的方法进行气动特性评估，评估方法充分考虑了各部件之间的干扰。气动热的评估分析同样采用了经验公式方法；冲压发动机特性采用准一维方法进行评估，计算模型如图 3-133 所示，将动力系统分解为进气道、隔离器、燃烧室和尾喷管等几部分，分别评估了发动机的特性；对于隐身特性，采用物理光学法结合等效电磁流方法评估飞机的 RCS；弹道及飞行力学特性采用飞行动力学方法进行评估。

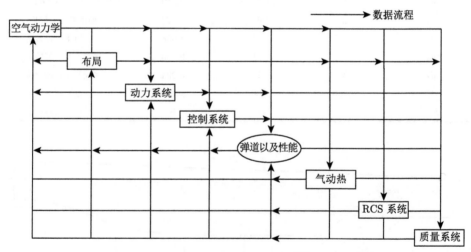

图 3-132　设计结构矩阵 [46]

为了进行多学科设计，结合并行子空间方法和二阶多项式响应面方法构建了多学科设计平台。设计流程如图 3-134 所示，采用连续空间蚁群算法进行优化搜索，各个约束通过惩罚函数的形式加入到设计模型中。采用了二阶多项式响应面代理模型模拟设计变量和响应函数之间的关系，减少优化计算量，提高设计效率。采用正交试验设计方法进行取样，共计 75 个样本点。

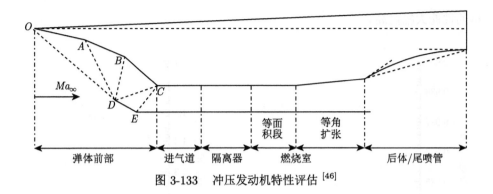

图 3-133　冲压发动机特性评估[46]

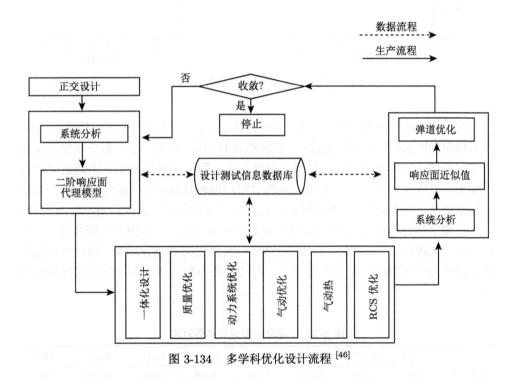

图 3-134　多学科优化设计流程[46]

　　在优化过程中，子系统的优化结果被添加到数据库中，经过 195 代的优化，最终数据库容量达到 460，在此数据库基础上进行弹道学科优化，弹道分析是直接精细化分析结果，而其他学科均采用响应面近似。蚁群算法的参数为：种群数目 20，局部更新系数 0.1，全局更新系数 0.1，最大迭代步数 1000 步。经过 105 代推进，算法收敛，图 3-135 给出了优化搜索历程和目标函数的收敛历程。优化结果见表 3-21～ 表 3-23。由表可见优化后航程提高了 18.9%，航程的提高主要得益于油耗的下降，油耗减小使得飞行时间提高，而推力系数几乎不变，这表明发动机的性能大幅提高。

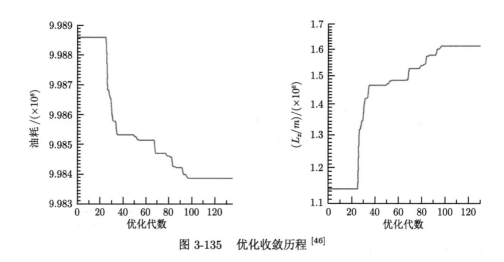

图 3-135   优化收敛历程 [46]

对比优化前后参数的变化可见，第一偏转角减小了 79.8%，这使得焦点前移，静不稳定性增加；平衡俯仰角减小，这使得航时增加，航程增加。第二和第三偏转角分别增加 115% 和 41.9%，导致飞行器升力、阻力和油耗增加，因此航时和航程减小。进气口偏转角几乎未变。尾喷管前端偏转角减小了 160%，这使得发动机性能提高，油耗减小，因而航时和航程增加。尾端偏转角减小了 28.9%，该参数对飞行器影响的趋势与 δ_6 相同。优化后巡航高度增加，一方面大气密度减小，从而平衡攻角增加，另一方面，需用推力减小，使得航时和航程增加。同样马赫数增加导致升力系数增加，配平攻角减小，发动机推力和油耗减小，使得航程和航时增加。

表 3-21   优化前后设计参数对比

	$\delta_1/(°)$	$\delta_2/(°)$	$\delta_3/(°)$	$\delta_4/(°)$	$\delta_6/(°)$	$\delta_7/(°)$	H/m	Ma
基准方案	5.043	2.149	2.370	7.608	9.000	5.294	30000	6.00
优化方案	1.018	4.628	3.640	7.925	7.556	3.760	32000	6.35

表 3-22   各学科性能对比

	V_b/m^3	m/kg	T_s/K	$\sigma/dBsm$	C_{L_0}	C_{D_0}	n_z	X_{s_1}
基准方案	1.819	834.04	1368	1.617	0.01968	0.00648	1.176	7.15%
优化方案	1.534	830.28	1203	2.063	0.01522	0.00636	1.023	9.81%

表 3-23 飞行性能对比

	L_x/m	t/s	α_0/(°)	δz_0/(°)	n_y	X_{c_1}	m_i/(kg/s)	CF_0
基准方案	1516100	837	1.008	7.624	1.54	-20.67%	0.289	0.0073
优化方案	1802642	1082	1.675	5.034	1.43	13.83%	0.201	0.0077

图 3-136 给出了优化后飞行器的 CAD 外形，可见优化后三个外部压缩角减小，两个内部压缩角几乎不变，外部压缩角的减小使得飞行器前体尺寸减小，从而容积减小。最终优化外形如图 3-137 所示。

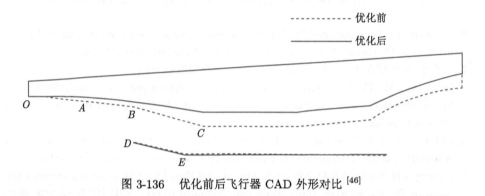

图 3-136 优化前后飞行器 CAD 外形对比 [46]

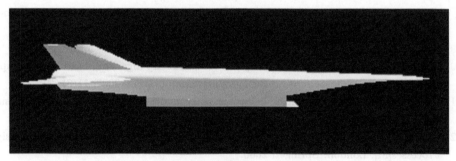

图 3-137 最终优化外形 [46]

经过多年的改进和发展，多学科优化已经在飞机设计中取得了很广泛的应用和实践，同时也形成了很多先进的软件和工具，如 OPENMDO、DAKOTA、ISIGHT 等，国内目前还缺少相应成熟和完善的软件系统，同时在具体的型号设计应用较少，关键在于缺乏多学科知识的综合能力，这一点需要加强科研机构和工程单位的合作与交流，推动多学科优化设计的实质性进展和推广。

同时基于代理模型和全局算法的多学科优化系统适合于飞行器布局和初步方案设计阶段，该阶段牵扯的设计变量较少，设计空间很大，同时满足设计要求的设计较多，存在很多局部最优解，因此可以发挥智能算法的全局优化和多目标优化优势。同时该阶段设计输入较少，存在很多的不确定性，因此需要开展基于不确定设计的多学科设计研究。

参 考 文 献

[1] 高正红. 气动外形优化设计方法研究与存在问题 [C]//深圳: 中国航空学会 2007 年学术年会，2007.

[2] 高正红, 王超. 飞行器气动外形设计方法研究与进展 [J]. 空气动力学学报, 2017, 35(4): 13.

[3] Jameson A. Computational fluid dynamics and airplane design: its current and future impact[R]. Cincinnal: Lecture in University of Cincinnati, Feb. 22, 2008.

[4] 郑金华. 多目标进化算法及其应用 [M]. 北京: 科学出版社,2007.

[5] Laumanns M, Thiele L, Zitzler E. An efficient, adaptive parameter variation scheme for metaheuristics based on the epsilon-constraint method[J]. European Journal of Operational Research, 2006, 169: 932-942.

[6] Deb K, Pratap A, Agarwal S, et al. A fast and elitist multi-objective genetic algorithm: NSGA-II[J].IEEE Transaction on Evolutionary Computation, 2002, 6(2): 181-197.

[7] Ryberg A B, Bäckryd R D, Nilsson L. Metamodel-Based Multidisciplinary Design Optimization for Automotive Applications [R]. Technical Report. LIU-IEI-R-12/003, 2012.

[8] Venter G, Sobieski J.Particle swarm optimization[C]//AIAA 2002-1235, 43rd AIAA/ASME/ASCE/AHS/ASC Structures, Structural Dynamics, and Materials Conference, Denver, Co., April, 2002.

[9] 付丹丹. 基于改进粒子群算法的多目标优化研究 [D]. 哈尔滨: 哈尔滨工程大学, 2012.

[10] Zhang Q, Li H. MOEA/D: a multiobjective evolutionary algorithm based on decomposition [J]. IEEE Transactions on Evolutionary Computation, 2007, 11(6): 712-731.

[11] Coello C. Handling preferences in evolutionary multiobjective optimization: a survey[C]// Congress on Evolutionary Computation. IEEE, 2000.

[12] Cvetkovi D, Parmee I. Designer's Preferences and Multi-objective Preliminary Design Processes[M]. London: Springer, 2000.

[13] Forrester A I J, Keane A J. Recent advances in surrogate-based optimization [J]. Progress in Aerospace Sciences, 2009, 45: 50-79.

[14] Koch P N, Simpson T W, Allen J K, et al. Statistical approximations for multidisciplinary design optimization: the problem of size[J]. Journal of Aircraft, 1999, 36 (1): 275 -286.

[15] Martin J D, Simpson T W.Use of kriging models to approximate deterministic computer models[J]. AIAA Journal, 2005, 43(4): 853-863.

[16] Toal D J J, Bressloff N W, Keane A J. Kriging hyper parameter tuning strategies[J]. AIAA Journal, 2008, 46(5): 1240-1252.

[17] Gao Z, Zhao K, Wang C. Aerodynamic shape optimization of BWB aircraft based on

multizone collaborative optimization design method[C]// San Diego, California AIAA Applied Aerodynamics Conference, 2013.

[18] 赵轲. 基于 CFD 的复杂气动优与稳健设计方法研究 [M]. 西安: 西北工业大学, 2014.

[19] Lyu Z, Martins J. Aerodynamic shape optimization of a blended-wing-body aircraft[C]// 2013, AIAA-2013-2586.

[20] Toal D J J, Bressloff N W, Keane A J. Geometric filtrationusing proper orthogonal decomposition for aerodynamic design optimization[J]. AIAA Journal, 2010, 48(5): 916-928.

[21] Qiu Y, Bai J, Liu N, et al. Global aerodynamic design optimization based on data dimensionality reduction[J]. Chinese Journal of Aeronautics, 2018, 31(4): 643-659.

[22] Li J, Zhang M, Martins J, et al. Efficient aerodynamic shape optimization with deep-learning-based geometric filtering[J]. AIAA Journal, 2020, 58(6): 1-17.

[23] Viswanath A, Forrester A I J, Keane A J.Dimension reduction for aerodynamic design optimization[J]. AIAA Journal, 2011, 49(6): 1256-1266.

[24] Sirovich L. Turbulence and the dynamics of coherent structures. I. Coherent structures[J]. Quarterly of Applied Mathematics, 1987, 45(3): 561-571.

[25] Tan B T, Damodaran M, Willcox K E. Aerodynamic data reconstruction and inverse design using proper orthogonal decomposition[J]. AIAA Journal, 2004, 42(8): 1505-1516.

[26] 李静. 高性能飞行器气动外形设计方法研究与应用 [M]. 西安: 西北工业大学, 2014.

[27] Purshouse R C. Evolutionary many-objective optimization: an exploratory analysis[C]// Proceedings of the 2003 IEEE Congress on Evolutionary Computation, IEEE Press, Piscataway, 2003: 2066-2073.

[28] Fleming P J. Many-objective optimization. An engineering design perspective [J]. Lecture Notes in Computer Science, 2005, 34(10): 14-32

[29] Schutze O, Lara A,Coello C.On the influence of the number of objectives on the hardness of a multiobjective optimization problem[J]. IEEE Transactions on Evolutionary Computation, 2011, 15(4): 444-455.

[30] Kukkonen S, Lampinen J. Ranking-dominance and many-objective optimization[C]// Proceedings of the IEEE Congress on Evolutionary Computation (CEC2007) Piscataway: IEEE Press, 2007: 3983-3990.

[31] Deb K, Saxena D. Search for Pareto optimal solutions through dimensionality reduction for certain large dimensional multi objective optimization problems[C]//Proceeding of the IEEE Congress on Evolutionary Computation(CEC2006). Los Alamitos: IEEE Computer Society Press, 2006: 3352-3360.

[32] Saxena D K, Deb K. Dimensionality reduction of objectives and constraints in multiobjective optimization problems, a system design perspective[C]// IEEE World Congress on Computational Intelligence. New York: IEEE, 2008: 3204-3211.

[33] Purshouse R C, Fleming P J. Conflict, Harmony, and Independence: Relationships in Evolutionary Multi-Criterion Optimisation[M]. Fonseca C M. EMO. Berlin Heidelberg:

Spring-Verlag, 2003.

[34] Vaddi S, Nguyen J, Menon P, et al. Data mining and knowledge discovery from store separation trajectories[C]//AIAA Atmospheric Flight Mechanics Conference, 2009, AIAA-2009-5732.

[35] Zhao K, Gao Z, Huang J, et al. Aerodynamic optimization of rotor airfoil based on multi-layer hierarchical constraint method[J]. Chinese Journal of Aeronautics, 2016, 29(6): 1541-1552.

[36] 王超. 基于代理模型的高效气动优化与高维多目标问题研究 [D]. 西安: 西北工业大学, 2018.

[37] 李萍, 庄开莲, 李静. 国外直升机旋翼翼型研究综述 [J]. 直升机技术, 2007, 3: 103-109.

[38] Philippe J J. 30 years of rotorcraft aerodynamics research at ONERA[C]//Heli Japan 06. Nagoya, 15-17 November, 2006.

[39] Leishman J G. Principle of Helicopter Aerodynamics[M]. 2nd ed. New York: Cambridge University Press, 2006: 348-350.

[40] Obayashi S, Sasaki D. Self-organizing map of pareto solutions for multiobjective supersonic wing design[J]. The Proceedings of the Fluids Engineering Conference, 2001, 96.

[41] Chiba K, Obayashi S. Knowledge discovery for flyback-booster aerodynamic wing design using data mining[J]. Journal of Spacecraft & Rockets, 2015, 45(5): 975-987.

[42] Jeong S, Chiba K, Obayashi S. Data mining for aerodynamic design space [J]. Journal of Aerospace Computing, Information, and Communication, 2005, 2 (11): 452-469.

[43] Haykin S. Neural Networks: A Comprehensive Foundation[M]. Upper Saddle River: New Jersey Prentice Hall Publishing, 1999.

[44] 王振国, 陈小前, 罗文彩, 等. 飞行器多学科设计优化理论与应用研究 [M]. 北京: 国防工业出版社, 2006.

[45] Zhang D, Tang S, Che J. Concurrent subspace design optimization and analysis of hypersonic vehicles based on response surface models[J]. Aerospace Science & Technology, 2015, 42: 39-49.

[46] 车竞. 高超声速飞行器乘波布局优化设计研究 [D]. 西安: 西北工业大学,2006.

第 4 章　飞行器气动不确定性分析与稳健设计优化

不确定性是客观存在的，并且不可避免地出现在飞行器的整个生命周期中。在基于计算流体力学的飞行器气动优化设计过程中,这些不确定源来自于边界/初始条件、湍流模型假设/参数取值、网格/误差等造成的计算流体力学 (Computational Fluid Dynamics, CFD) 模拟不确定性,加工误差/腐蚀、损伤、变形等几何不确定性,飞行状态/大气环境等工作条件不确定性等。这些不确定性造成了设计的飞行器性能表现非常敏感,极有可能剧烈变化,急剧变差甚至失效造成经济成本增加以及任务失败等。考虑不确定性的气动稳健设计优化 (Robust Aerodynamic Design Optimization, RADO) 方法是一种非常有希望和有前景的技术 [1],但遭遇了巨大计算花费的难题,主要来自于气动不确定分析过程所需的大量计算,严重阻碍了它在先进飞行器优化设计中的广泛使用。为了发展高效实用的气动稳健设计方法,需要对稳健设计优化各个关键技术开展深入研究,并对重要技术模块进行有效组织和协调,这些重要技术模块包括不确定性建模模块、稳健性评价模块以及基于不确定性的设计优化模块等。其中,不确定性建模作为气动稳健设计的基础,主要包括按合适的分类标准对不确定性进行分类,如随机和认知不确定性;使用准确的描述方法描述不确定性,如概率和区间不确定性描述方法;以及使用有效的敏感性分析方法对不确定性进行筛选等。对不确定性进行的准确描述,直接影响了稳健性和稳健可行性的评价方式,为稳健设计过程提供了最有效的设计评估标准。不确定分析方法通过基于物理的方法 (即嵌入式不确定分析方法) 或数学分析方法 (即非嵌入式不确定分析方法) 来高效准确地获取不确定性对气动性能的影响,对稳健设计过程产生直接影响。飞行器复杂气动稳健设计通常包含多个 (通常是相互冲突的) 目标和复杂的约束,因此是一个大规模、高度非线性且可能非凸的优化问题。因此,它需要有效的多目标优化方法和多约束处理策略,以在性能、鲁棒性和可靠性之间进行最好权衡,从而提供给设计者获取尽可能多的选择和 Pareto 最优解集。气动稳健设计虽然具有巨大潜力,但其相对于确定性优化设计要求更多的计算花费,也因此阻碍了其推广应用。近些年来,气动稳健设计面向实际工程应用旨在为设计人员提供高效实用的方法和应用平台,一方面通过有效组织这些关键技术模块,改进优化流程,合理考虑不确定度的影响等以建立高效的气动稳健设计框架;另一方面通过改进气动稳健设计过程中花费最高的模块,提高多目标优化算法的有效性和鲁棒性等,努力降低计算花费。

4.1　不确定性建模、分析理论与方法

不确定性建模作为气动稳健设计的基础，包括确定所有不确定性源以及这些不确定源的影响，并根据合适的分类标准对这些不确定源进行分类，然后通过最适宜的描述方式表征这些不确定性等。此外，飞行器生命周期中存在大量的不确定源，将不可避免地导致计算成本过高。因此，通过使用敏感性分析技术来筛选出对设计问题影响可忽略不计的不确定源对于高效地完成稳健优化任务至关重要。

4.1.1　不确定性的识别和分类

由于不确定性在工程中广泛存在，并且在来源、类型、重要性等方面表现出非常大的差异。为了准确识别不确定性，应对不确定性定义一个合适的标准。Yao 等 [2] 将不确定性定义为 "知识的不完整性以及系统及其环境的内在可变性"。Guo 等 [3] 将不确定性视为当前知识状态与完整知识之间的差异。这些定义确定了不确定性的可能来源，但不确定性的来源和类型各不相同，导致管理和分析困难，因此应对其进行有效分类。

最著名的分类方法将不确定性分为两类，即偶然不确定性和认知不确定性 [4]。偶然不确定性也称为不可简化的不确定性或 A 类不确定性，它表征系统中固有的随机性，不能随着知识或数据的增加而消除。认知不确定性也称为可减少的不确定性或 B 类不确定性，它是由于缺乏对所研究系统的认识而产生的，因此可以通过补充信息或数据来减少。这两种不确定性类型几乎概括了所有的不确定性，但需要指出的是，有些特定的不确定性不在此分类法范围内。例如，空气动力设计中经常考虑不同攻角下的空气动力特性，但并非由于缺乏知识而导致的攻角变化很难归类为随机不确定性或认知不确定性 [5]。Agarwal 等 [6] 通过更完整的分类法补充了上述定义，即偶然不确定性、认知不确定性和误差。误差被定义为在建模和模拟的任何阶段或活动中出现的可识别的缺陷，这并非缺乏知识所致。Zang 等 [7] 将不确定性分为参数不确定性和模型不确定性。显然，通过区间边界、隶属函数或概率密度函数指定的参数不确定性比与模型验证和验证相关的模型不确定性更容易表征。通常，参数不确定性可能来自输入数据，如边界条件、湍流模型等，以及一些基本参数，如马赫数、升力系数、雷诺数等。而模型不确定性可能来自代理模型、随机优化搜索模型和近似计算模型等，主要包含认知不确定性。在实际稳健优化过程中，应注意和考虑模型不确定性的影响。Beyer 等 [8] 根据不确定性发生的可能性将这些不确定性建模分为三种类型，即确定性类型、概率类型和可能性类型。其中，确定性类型定义了不确定性参数的变化范围。概率类型描述了某个事件发生的概率。而可能性类型代表某个事件的可能性，或隶属度即这个事件是可能的。其中，偶然不确定性基本上属于概率类型，而认知不确

定性既可以用确定性类型描述，也可以用可能性类型描述。

对于飞行器空气动力外形设计问题，不确定性是指知识的缺乏而导致的不可控的变化或不可预测的变化，从而导致性能的波动或剧烈变化。为了便于气动稳健优化设计，根据不确定性的来源，对与气动稳健设计过程相关的飞行器整个生命周期的不确定性进行了分类，包括 CFD 模拟、稳健设计优化建模、几何制造过程、运行和飞行条件等产生的不确定性。这种分类的一些好处在于：设计人员可以轻松考虑和管理不同工程阶段的不确定性，并将不确定性量化为不同的学科研究范围，如 CFD 仿真和空气动力学设计等。CFD 仿真被认为是气动稳健设计优化中最主要的不确定性来源，因此高可信度 CFD 模拟对于空气动力学分析非常必要。Oberkampf 等 [9] 将数值模拟不确定性分为可变性、不确定性和误差。Yao 等 [2] 总结了数值模拟中的所有不确定性，即模型输入不确定性、模型不确定性和模型误差。实际上，CFD 模拟中的不确定性已被广泛研究，但这些研究并没有考虑计算花费，当集成到气动稳健设计中时计算花费更加昂贵。这些研究也表明，在气动外形设计中如果不考虑 CFD 数值模拟预测的不确定性，则设计的气动外形可能无法使用。同时，气动稳健设计优化过程应该考虑由不准确的参数化方法、不确定量化误差、进化算法内在的随机性和模型误差，以及代理建模近似误差等引起的各种不确定性。此外，在加工制造阶段，制造公差、几何变形等引起的不确定性可能导致气动性能急剧下降。更重要的是，在工作和飞行阶段，来自于马赫数、雷诺数、湍流、升力系数等飞行条件的不确定性，以及结冰等环境变化引起的不确定性。这些不确定性可能导致燃油的消耗增加以及难以完成特定的任务，因此它们在飞行器气动外形设计中得到了广泛的研究和考虑。图 4-1 给出了气动稳健设计优化过程中应考虑的所有不确定性源。实际上，目前制造水平的提升虽然可以有效减少制造误差，但高精密加工的价格昂贵，因此对制造公差不敏感的设计将有效降低制造成本。现实世界的系统设计必须面对不同类型的不确定性，这些不确定性总是超出设计的控制范围，因此考虑尽可能多的不确定性将有助于降低整个飞行器生产成本和提高飞行安全性。

4.1.2 不确定性描述和表征

在飞行器气动稳健设计中，对不确定性进行准确地描述和表征决定了设计者的决策和设计结果。因此，气动稳健设计过程中对不同类型的不确定性应该选择最合适的描述方式和表达。基于概率理论的不确定性描述虽然发展得很早，但关于概率理论是否普遍适用于处理所有类型的不确定性一直存在长期争论。事实是，在没有足够的信息可用的情况下，仅用概率方法来表示所有的不确定性显然是不合适的。概率理论将不确定性表示为随机变量或随机过程，当获得充足的信息时，概率理论可以在数学上表示任何形式的偶然不确定性。对于离散随机变量 $Z(\theta)$，

这意味着 $Z(\theta)$ 包括有限概率事件，即 $\{z_1(\theta_1), z_2(\theta_2), \cdots, z_w(\theta_w)\}$，并且 w 是一个有限整数,可以用概率质量函数 (Probability Mass Function, PMF) 来表示每个事件的概率。对于连续随机变量 Z，用累积分布函数 (Cumulative Distribution Function, CDF) $F(Z)$ 来表示 $Z \leqslant z$ 的概率，即 $F(Z) = P(Z \ll z)$。当 $F(Z)$ 相对于 Z 的导数在 Z 的每个值都存在时，可以使用概率密度函数 (Probability Density Function, PDF) 来描述 Z 在概率空间中每个值处的概率。一般来说，给定来自先验知识、历史数据、工程经验等的足够信息时，可以很方便地确定偶然不确定性参数的概率分布。然而，由于缺乏知识，不确定性的分布类型和分布参数等难以通过矩配置法、最大似然法等准确估计。

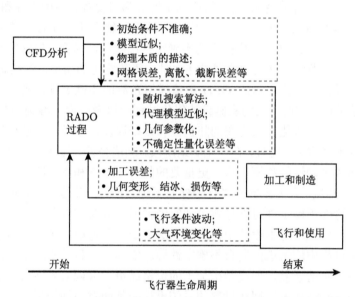

图 4-1　在飞行器整个生命周期中与 RADO 相关的不确定源 [1]

在飞行器气动外形设计阶段，关于一些不确定变量的可用知识非常有限，而且过去的经验、专家经验等又是相当主观的。因此，很难准确描述这些不确定性，如马赫数、升力系数、转捩位置等。由于缺乏足够的信息，实际设计过程中设计人员通常将这些不确定参数假定为偶然不确定性或随机过程，并分配已知的概率密度函数，如正态分布不确定参数和均匀分布不确定参数等。这些分布参数也是设计者根据有限的信息或主观认识选择定义的。然而如此做法可能导致这些不确定性参数从偶然不确定性退化为认知不确定性。值得注意的是，这种带有对某些不确定性参数分布的不准确描述可能会改变气动稳健设计优化的结果，并且在必要时应该考虑找到这些不确定参数的真实概率分布。因此，对这些信息非常有限的不确定性可以通过下面介绍的非概率理论来进行处理。

　　证据理论 (也称为 Dempster-Shafer 理论或 DS 理论) 提供了一种替代方法，该方法满足比贝叶斯概率论更弱的条件，即对数据的限制较少且不用假设来描述不确定性，它包括两个可能性的定义，即信度和似然度。DS 理论定义了三个重要的函数，即基本概率分配函数 (Basic Probability Assignment, BPA)、置信函数 (Bel) 和似然函数 (Pl)。令 θ 代表一个通用集合或样本空间。BPA 也称为质量函数 (m)，定义了幂集 2^{θ} 到区间 $[0, 1]$ 的映射，使得 $m(\phi) = 0$ 和 $\sum\limits_{A \in 2^{\theta}} m(A) = 1$，其中 A 是幂集 2^{θ} 中的一组焦元。在这个定义中，与子集 A 关联的 BPA 被分配给每个区间，表明不确定输入落入该区间的可能性有多大。如图 4-2 在概率理论中，设计者使用概率分布 (如 PDF) 来定义样本空间中每个元素的可能性。在 DS 理论中，BPA 不能等同于概率理论中概率的定义，也不是可能性的基本度量。相反，根据 BPA 定义的区间的上限和下限，即信度和似然度，是该区间的两个重要度量。对于集合 A，Bel 和 Pl 分别定义为 $\mathrm{Bel} = \sum\limits_{B|B \subseteq A} m(B)$ 和 $\mathrm{Pl} = \sum\limits_{B|B \cap A \neq \phi} m(B)$。

值得注意的是，Bel 和 Pl 是不可加的，前者可以通过 $\mathrm{Pl}(A) = 1 - \mathrm{Bel}(\bar{A})$ 由后者驱动，其中 $\bar{A}$ 是 A 的经典补集。此外，Bel 和 Pl 满足 $\mathrm{Bel}(A) + \mathrm{Bel}(\bar{A}) \leqslant 1$ 和 $\mathrm{Pl}(A) + \mathrm{Pl}(\bar{A}) \geqslant 1$。$\mathrm{Bel}(A)$ 和 $\mathrm{Pl}(A)$ 之间的关系如图 4-2 所示。与概率理论类似，可以定义累积置信函数 (CBF) 和累积似然函数 (CPF) 来描述 θ 的子集。对于信息非常有限的认知不确定性，它通过概率理论定义精确的概率密度分布，而 DS 理论作为概率理论的推广，可以以直接的方式处理随机和认知不确定性。有时可用的证据可能来自不同的不确定源。因此，从各种来源中获得的信息需要通过组合规则进行适当地聚合，例如，Dempster 的规则[10] 等。然而，Dempster 的组合规则只能在有限的情况下被使用。不同的组合规则具有不同的特征，在选择一种组合规则之前，应考虑这些因素，如证据本身、信息来源、应用背景和用于组合证据的操作等。

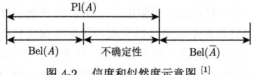

图 4-2　信度和似然度示意图[1]

　　可能性理论、模糊集理论和区间分析在气动稳健设计优化中可以方便地处理认知不确定性，以及偶然和认知不确定性的混合类型等。可能性理论与证据理论类似，为 θ 的每个子集指定了两个可能性的定义，即必要性和可能性。模糊集理论定义了一个隶属函数来表示 θ 的每个元素 A 的隶属度变化。区间分析提供了一种将不确定性从不确定性区间传播到性能表现区间的有效方法。值得注意的是，区间分析并没有试图定义出类似于概率理论、证据理论和可能性理论的函数的不确定性结构。基于区间分析，气动稳健设计优化的问题可以转化为优化系统输出区间的中点和范围。然而，一些研究[11]提到区间分析可能会产生过度保守的结果，即结果不切实际且违反认识，并且可能无法适应相关不确定性变量的问题。图 4-3 给出了同一区间分布对应的不同概率密度函数，相比于具有中点和范围的区间，概率密度函数可以表现出更多的信息，如偏度、多峰和方差等。事实上，实际工程问题可能包含来自多个不确定源的不确定性的多种表征和描述，使用过程中必须将这些多种不确定性汇总到一个单一的描述方式中，并分配适当的权重，该权重与不确定源数量等相关，并且不应消除任何不确定源。Cook 等[12]对比了不同的不确定性代表方式对跨声速翼型气动稳健优化的影响，他们指出不同的代表方式对结果的影响与问题本身息息相关。

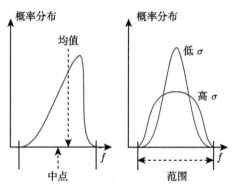

图 4-3　使用概率密度函数和间歇描述不确定性区别图示[12]

4.1.3　敏感性分析理论与方法

敏感性分析理论 (Sensitivity Analysis, SA) 旨在定性和定量地分析单个不确定性输入 (或每组不确定性输入) 对输出表现的影响或重要性。通过使用敏感性分析理论，可以系统地研究不确定性以实现对这些不确定性的敏感性或重要性排序，并滤掉对系统影响可忽略的一些不确定性。最重要的是，通过筛选出不敏感的不确定性，可以显著降低不确定量化等计算花费和简化问题复杂度，从而降低了气动稳健设计优化的复杂性和计算负担。然而，敏感性分析技术也带来了额外的计算花费问题，因此适用于气动稳健设计优化的敏感性分析技术应该以尽可能低的计算花费来快速分析有关输入对系统相关输出的敏感性。敏感性分析技术通常分为两类，即局部敏感性分析技术和全局敏感性分析技术。局部敏感性分析技术专注于每个不确定性输入对系统输出的局部影响。它通常利用函数输出对某个输入在给定值的偏微分或梯度信息来描述其敏感性，因此也称为微分敏感性分析技术。这意味着只有当输出线性或拟线性依赖于输入时，微分敏感性分析技术才能准确分析出近似不确定性输入对系统输出的全局影响。另一方面，全局敏感性分析技术可以分析单个或组合不确定性输入对系统输出在广泛范围内的全局影响。一般来说，不确定度敏感性分析技术是基于不确定性分析并结合一些敏感性技术来实现对单个或多个不确定性输入对输出的敏感性估计。常用的不确定分析和量化技术将在 4.1.3 节介绍，此处不再赘述。目前，已经有大量用于概率类型不确定性的敏感性分析技术，包括微分分析、基于回归的技术、傅里叶幅度灵敏度测试 (Fourier Amplitude Sensitivity Test, FAST)、Sobol 指数以及相关的基于方差的分析 (Analysis of Variance, ANOVA)、基本效应法等。其中，基于多项式混沌扩展方法的方差分析是一种高效的敏感性分析方法，它能应用很少的样本点来估计多项式系数，并可以分析单个输入的影响和多个输入的混合影响。由于多项式混沌基的正交性，输出方差可由下式给出 (具体在 4.1.3 节中介绍)：

$$\mathrm{Var}(f(\boldsymbol{Z})) = \sum_{i=2}^{N_P+1} b_i^2 \langle \psi_i^2 \rangle \tag{4.1}$$

式中，$b_i^2 \langle \psi_i^2 \rangle$ 代表偏方差；$f(\boldsymbol{Z})$ 的多项式混沌展开式可以表示为

$$f(\boldsymbol{Z}) = \sum_{i=1}^{N_P+1} b_i \psi_i(\boldsymbol{Z}) \tag{4.2}$$

式中，$N_P + 1$ 是多项式基的维数或截断多项式项的数量。b_i 和 ψ_i 分别是展开系数和多项式基函数。则 Sobol 指标定义为

$$S_j = \frac{b_j^2 \langle \psi_j^2 \rangle}{\sum\limits_{i=2}^{N_P+1} b_i^2 \langle \psi_i^2 \rangle}, \quad 2 \leqslant j \leqslant N_P + 1 \tag{4.3}$$

当系统输出相对于输入平滑变化时，上述方程的灵敏度指标分析可以快速收敛。

目前，大部分的敏感性分析方法对概率类型不确定性有很好的适应性和有效性，但仍然缺乏能够更加高效的敏感性分析技术快速分析认知不确定性的敏感性。证据理论已经被广泛用于处理认知不确定性的敏感性分析。此外，在一些工程应用中，也可以结合区间分析与证据理论进行敏感性分析。其中，Helton 等 [13] 结合基于抽样的敏感性分析和证据理论，以验证认知不确定性的敏感性分析基于证据理论是非常有效的。Guo 等 [3] 采用统一的不确定性分析方法来计算可信度和

似然度。他们将可信度和似然度之间的度量距离定义为认知不确定性对模型输出影响的指标，以分析偶然不确定性和认知不确定性的敏感性。气动稳健设计优化必须处理各种不确定性，包括认知不确定性 (如制造误差)、偶然性不确定性 (如飞行条件不确定性) 和误差。敏感性分析提供了有效的方法来筛选出这些不确定性并分析它们对系统的重要性。因此，在气动稳健设计优化过程中，建立高效可用的敏感性分析技术非常实用。评价不确定度敏感性分析技术的优劣应该包括计算成本、准确性、可解释性、合并相关输入的能力、处理偶然不确定性或认知不确定性或混合不确定性的能力，以及对大规模问题的适用性等。

4.1.4   不确定性分析理论与方法

不确定量化与分析 (Uncertainty Quantification and Analysis) 指通过有效的分析手段定量估计系统各种不确定性对系统输出的影响，这个过程通常可以规则化为一个多维变量积分与数值分析的问题。然而工程问题通常是非常复杂和计算昂贵的，比如高可信度 CFD 数值模拟系统，以至于通过经典的数值分析手段去获得解析解是不可能的，也是异常昂贵的。因此，对于一些复杂的"黑箱式"系统，通过直接数值积分的方式去获得不确定性量化指标几乎是不可能的，如可靠性和稳健性。为了解决这一问题，近些年来发展了许多有效的不确定量化手段，它们可分为嵌入式方法和非嵌入式方法两类。其中嵌入式不确定量化方法指通过在原分析系统或模型中嵌入包含待定系数的随机模型，然后通过数次求解修改后的系统获得对随机模型的解。相反，非嵌入式不确定量化方法仅仅将原系统或模型当做黑箱处理而进行多次模拟求解，从而免去了修改原系统带来的麻烦，简单易操作。前些年，研究人员通过将包含待定系数的随机代理模型如多项式混沌展开 (Polynomial Chaos Expansion，PCE)、随机配置 (Stochastic Collocation，SC) 和 Karhunen-Loeve(KL) 等模型嵌入到 CFD 数值模拟系统中，再通过数次求解修改后的系统获得随机代理模型的确定表达，从而估计出系统的不确定性量化指标 [14]。与非嵌入式方法相比，嵌入式方法虽然计算量较少，但需要对原始系统进行修改获得包含待定系数的新系统，因而带来了额外工作。近些年来，非嵌入式方法由于仅需要对原始系统进行多次求解带来的便捷性从而获得了更加广泛的关注和应用。本章主要聚焦非嵌入式不确定量化 (Uncertainty Quantification, UQ) 方法，主要介绍四类最流行的方法，包括基于抽样的方法、数值积分方法、随机代理模型方法以及基于当地展开的方法等。四类方法具有不同的特点，基于抽样的方法具有最广泛的适应性和与维数无关的特点，但通常花费较高；数值积分方法适用于较少变量和积分收敛的问题；基于当地展开的方法在输入变量小范围变化时收敛性良好，而随机代理模型方法对于平方可积且分布规则的系统保持二阶收敛性和稳定性。因此，不确定分析问题应该选择合适的方法。

随着非嵌入式不确定分析方法在气动稳健优化设计中得到了越来越广泛的应用，它们的效率、收敛性、稳定性和可靠性成为稳健设计方法关注的重点，也主导着稳健设计的效率和表现。当然，不确定量化方法的表现也与特定的稳健设计问题息息相关，包括不确定变量数量、不确定变量分布类型、系统的复杂性，以及稳健设计表现对不确定量化准确性的影响等许多因素。本章介绍的这些流行不确定量化方法在稳健设计问题中已经广泛使用，在针对具体的问题时，需要设计者在效率和准确性上折中选择。本节主要讨论对概率分布的变量进行不确定量化的问题，并假设构建不确定变量概率分布所需信息是充足的。对概率类型的不确定变量，其统计矩估计如下所示：

$$
\begin{aligned}
\mu_{\mathrm{f}} &= \int f(\boldsymbol{X}, \boldsymbol{\Xi})\omega(\boldsymbol{\Xi})\mathrm{d}\boldsymbol{\Xi} \\
\sigma_{\mathrm{f}}^2 &= \int (f(\boldsymbol{X}, \boldsymbol{\Xi}) - \mu_{\mathrm{f}})^2 \omega(\boldsymbol{\Xi})\mathrm{d}\boldsymbol{\Xi}
\end{aligned}
\tag{4.4}
$$

式中，$\omega(\boldsymbol{\Xi})$ 指联合概率密度函数。随着不确定变量个数的急剧增加，这个多变量积分问题将会遭遇维数灾难等难题。

这四种方法的特点总结对比如表 4-1 所示。对于气动分析问题，由于压缩性和黏性的影响，气动表现通常是非线性或强非线性的，并且随着要考虑的不确定变量增多 (如飞行状态不确定以及外形加工误差等)，使得除了 PCE 方法以外的其余三种方法都不同程度地遭遇巨大计算花费的难题，并且难以通过有效的办法解决。而 PCE 方法虽然具有良好的特性，但快速修建准确的 PCE 近似仍然是目

表 4-1   不确定分析方法总结 [15]

	蒙特卡罗模拟	数值积分	多项式混沌	泰勒展开
计算花费	巨大 ($\geqslant O(10^6)$)	指数增加，维度灾难	线性增加 (与重构方法有关)	随矩估计阶数指数增加
计算精度	充足样本量以达到满意精度	矩估计精度高，PDF 精度差	统计矩和 PDF 估计精度高	矩估计精度高，PDF 精度差
易用程度	非常容易	容易	中等偏难	中等
应用范围	范围最广 (连续和不连续，相关和不相关变量)	连续，不相关	范围广 (连续和不连续，相关和不相关变量)	连续，不相关
发展方向	代理模型 (新误差)，高效试验设计，多可信度	降低高维积分花费稀疏网格	高效的重构技术，抽样以及多可信度途径	结合伴随途径的高阶差分计算

前国际研究的热点和难点。因此，本章针对气动稳健设计的需要，对 PCE 方法进行了深入研究，以建立基于 PCE 的高效不确定分析途径。

1. 基于抽样统计的方法

基于抽样的方法其核心是蒙特卡罗模拟技术，因而其花费主要由蒙特卡罗模拟效率决定。基于抽样的方法可以归纳为以下四个步骤：① 使用概率统计的方法对实际工程问题或系统建立概率模型，比如定义不确定变量分布等；② 用随机抽样方法从随机变量或随机过程的概率分布中产生一个合适数量的样本值，其中样本量取决于蒙特卡罗模拟的效率和稳定性，以及面临问题的精度要求；③ 对工程系统或模型按照选取的样本分布进行数值模拟，得到所求统计量的分布，即确定统计量与随机变量或随机过程的函数关系，由随机变量或随机过程的样本值得到统计量的取值；④由统计量的分布值得到统计量各种统计矩的估计值，作为所要求解问题的近似估计值。蒙特卡罗方法误差与问题维度无关，对系统状态空间的复杂度不敏感，并对于连续和不连续变量概率分布等都具有良好的适应性，这是蒙特卡罗方法最大的特点。由于蒙特卡罗方法的误差与问题的维度无关，蒙特卡罗方法最适宜高维问题模拟，避免了"维数灾难"难题，也常被用来检验其他不确定分析方法的精度和效率。然而蒙特卡罗模拟本身是一种非常昂贵的计算方式，即它需要充足数量的样本才能获得满意的计算精度。其效率可以用费用 C 来衡量。费用 C 定义为统计量的方差 σ^2 与模拟时间 t 的乘积，即 $C = \sigma^2 t$。蒙特卡罗模拟效率与统计量的方差和每次模拟时间成反比，因此提高蒙特卡罗方法效率的主要途径是降低方差、减少模拟时间。使用蒙特卡罗模拟方法得到的无偏估计均值和方差定义为

$$
\begin{aligned}
\mu_{\mathrm{f}} = \bar{f} &= \frac{1}{k_1} \sum_{i=1}^{k_1} f^{(i)} \\
\sigma_{\mathrm{f}}^2 &= \frac{1}{k_1 - 1} \sum_{i=1}^{k_1} \left(f^{(i)} - \bar{f} \right)^2
\end{aligned}
\tag{4.5}
$$

其中

$$
f^{(i)} = f(\boldsymbol{X}, \boldsymbol{P}, \boldsymbol{Z}^{(i)}), \quad i = 1, 2, \cdots, k_1
\tag{4.6}
$$

以及失败概率估计定义为

$$
\begin{aligned}
P_{\mathrm{g}} &= \frac{1}{k_2} \sum_{i=1}^{k_2} I^{(i)}, \ \ i = 1, 2, \cdots, k_2 \\
I^{(i)} &= I(\boldsymbol{X}, \boldsymbol{P}, \boldsymbol{Z}^{(i)}) = \begin{cases} 1, & g(\boldsymbol{X}, \boldsymbol{P}, \boldsymbol{Z}^{(i)}) \leqslant 0 \\ 0, & g(\boldsymbol{X}, \boldsymbol{P}, \boldsymbol{Z}^{(i)}) > 0 \end{cases}
\end{aligned}
\tag{4.7}
$$

式中，$\boldsymbol{Z}^{(i)} = \left(z_1^{(i)}, z_2^{(i)}, \cdots, z_N^{(i)}\right)$ 为输入不确定变量；$\boldsymbol{X}$ 和 $\boldsymbol{P}$ 分别为设计变量和设计状态变量；k_1 和 k_2 则为评估次数或样本数。

早期蒙特卡罗模拟使用简单随机抽样方法去获得充足样本数。然而，对于气动不确定量化问题，蒙特卡罗方法通常要求 $O\left(10^6\right)$ 样本才能保证阻力系数等达到满意的预测精度 [16]，其计算花费是难以承担的。蒙特卡罗方法效率和收敛性的提高依托于对抽样方法的改进，主要包括两个方面：① 降低方差，② 减少模拟时间。为此，基于方差降低的高效抽样方法得到了广泛发展，有代表性的包括拉丁超立方抽样 (Latin Hypercube Sampling, LHS)、描述性抽样 (Descriptive Sampling, DS)、重要性抽样 (Importance Sampling, IS)，以及哈默斯利序列抽样 (Hammersley Sequence Sampling, HSS) 等。

拉丁超立方抽样方法由 McKay 等提出，是一种具有良好空间填充特性和无塌陷的分层抽样方法。因此它弥补了随机抽样可能错过重要但概率很低的样本空间的缺点。其基本思想是：在一次样本数为 N，变量数为 D 的试验设计中，将每个设计变量的变化区间等分为 N 个子区间，所有的子区间充满整个设计变量空间且均匀分布；随机分配每一个样本点在每一维中子区间的位置，同时保证所有样本点在任一维的投影都没有重复值，即所有样本点在每一维的投影分别落在与样本个数相同的子区间中。假设 $N \times k$ 的样本矩阵为 $\boldsymbol{Z} = \left(\boldsymbol{z}^{(1)}, \boldsymbol{z}^{(2)}, \cdots, \boldsymbol{z}^{(k)}\right)$，矩阵中的每一行代表一个样本点 $\boldsymbol{z}^{(j)} = (z_1, z_2, \cdots, z_N)$，$z_i^{(j)}$ 由以下公式获得：

$$z_i^{(j)} = \frac{\pi_i^{(j)} + U_i^{(j)}}{k}, \quad i = 1, \cdots, N, \quad j = 1, \cdots, k \tag{4.8}$$

式中下标 i 表示样本序号；上标 j 表示变量序号；U 为 $[0, 1]$ 区间内的随机数；π 为 $0, 1, \cdots, N-1$ 的独立随机排列；共有 $N!$ 种排列。其中，$\pi_i^{(j)}$ 决定了 $z_i^{(j)}$ 在设计空间中哪个子区域，$U_i^{(j)}$ 则决定了 $z_i^{(j)}$ 在子区域的具体位置。尽管 LHS 是一种空间充满的设计，但是由于 LHS 取样的随机性，无法避免出现分布很差的取样结果，如图 4-4 所示。甚至对于一些高非线性表现函数，LHS 抽样均匀性差于随机抽样。为了改进样本分布均匀性和寻求最优的空间填充设计，许多改进的LHS 方法 [17] 被提出来了，包括最优拉丁超立方 (Optimal LHS, OLHS)、正交列拉丁超立方 (Orthogonal Column LHS, OCLHS)、中心拉丁超立方 (Centered LHS, CLHS) 以及对称拉丁超立方 (Symmetric LHS, SLHS) 等。其中 OLHS 对于大样本和高维不确定变量通常花费很高。

描述性抽样 (DS) 是对简单随机抽样的改进，包括改进了难以精确描述已知分布和极有可能增加模拟方差等缺陷。DS 基于对输入样本进行确定性的和有目的性的选择，但 DS 产生的序列是随机的。在先验估计样本量为 n_s 后，DS 使用不确定变量 $\boldsymbol{Z}$ 的反变换 $y^{-1}(R), R \in (0, 1)$ 定义样本序列为

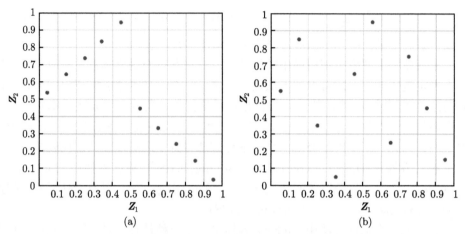

图 4-4   通过 LHS 获得分布性很差的样本 (a) 和均匀性性较好的样本 (b)

$$z_{di} = y^{-1}[(i - 0.5)/n_s], \quad i = 1, 2, \cdots, n_s \tag{4.9}$$

Saliby 等 [18] 的研究表明 DS 能够被看作样本量足够大时 LHS 的一些特殊情况, 并且比 LHS 表现更好, 因为 DS 产生更小的方差。但是 LHS 产生的样本是无偏的, 而 DS 产生的序列是有偏的。蒙特卡罗模拟使用 DS 和 LHS 相对于蒙特卡罗模拟使用随机抽样均有更好的收敛性和准确性估计。

对于低概率稀有事件估计而言, 蒙特卡罗模拟使用随机抽样很容易导致大的估计方差, 而重要性抽样 (Importance Sampling, IS) 是一种有效的方差减低技术。IS 通过定义一个重要性函数 w, 使得每个样本都有一个密度值 $w(\boldsymbol{Z})$。从而, IS 估计统计矩通过

$$\mu_{\mathrm{f}} = \frac{1}{k_1} \sum_{i=1}^{k_1} f(\boldsymbol{Z}^{(i)}) \frac{\xi(\boldsymbol{Z}^{(i)})}{w(\boldsymbol{Z}^{(i)})}, \quad p_{\mathrm{g}} = \frac{1}{k_2} \sum_{i=1}^{k_2} I^{(i)} \frac{\xi(\boldsymbol{Z}^{(i)})}{w(\boldsymbol{Z}^{(i)})} \tag{4.10}$$

式中 k_1 和 k_2 为所需样本数, 而重要性函数 $w(\boldsymbol{Z})$ 的选择决定了估计的有效性和准确性, 非常差的 $w(\boldsymbol{Z})$ 也许会导致统计特性的有偏估计。当 $f(\boldsymbol{Z}) \cdot \xi(\boldsymbol{Z}) \neq 0$ 时, $w(\boldsymbol{Z})$ 为非零函数。通常定义 $w(\boldsymbol{Z})$ 的方式包括序列分布、自适应重要性函数以及核重要密度函数等。为了减少估计方差, 可以对重要性函数进行优化得到最优重要性函数, 即

$$\min \ \mathrm{var}(\mu_{\mathrm{f}}) = \frac{1}{k_1} \left[\int_{R^d} \left(f(\boldsymbol{Z}) \frac{\xi(\boldsymbol{Z})}{w(\boldsymbol{Z})} \right)^2 w(\boldsymbol{Z}) \mathrm{d}\boldsymbol{Z} - \mu_{\mathrm{f}}^2 \right] \tag{4.11}$$

此外，在非定常气动力不确定量化分析问题中，使用序列重要性抽样方法可以方便估计随时间 t_j 变化的动态统计特性 $\mu_{\mathrm{f}}(t_j)$。

与重要性抽样相比，Hammersley 序列抽样 (HSS) 能够产生分布更加均匀的样本。HSS 产生序列大小为 N 的样本

$$\boldsymbol{V}^{(i)} = \left[\frac{i-0.5}{k}, \psi_{q_1}^i, \psi_{q_2}^i, \cdots, \psi_{q_{N-1}}^i\right], \quad i = 1, 2, \cdots, k \qquad (4.12)$$

式中，$\left\{\boldsymbol{V}^{(i)}\right\}_{i=1}^k$ 是一个拟随机、低耗散的序列，并且是单位 N 维立方 $[0,1]^N$ 上的均匀分布。非负整数 i 定义为

$$i = a_0 + a_1 q + a_2 q^2 + \cdots + a_r q^r \qquad (4.13)$$

式中，q 为一个质数，a_j 为比 q 小的非负整数系数。ψ_q^i 通过以下方式产生：

$$\psi_q^i = \frac{a_0}{q} + \frac{a_1}{q^1} + \frac{a_2}{q^3} + \cdots + \frac{a_r}{q^{r+1}} \qquad (4.14)$$

在确定了质数序列 $q_1, q_2, \cdots, q_{N-1}$ 后，序列 $\left\{\boldsymbol{V}^{(i)}\right\}_{i=1}^k$ 可快速估计得到。相对于 Hammersley 序列，使用 Halton 序列 [19,20]，可以更加方便地增加新样本点，即

$$\boldsymbol{V}^{(i)} = \left[\psi_{q_1}^i, \psi_{q_2}^i, \cdots, \psi_{q_{N-1}}^i, \psi_{q_N}^i\right], \quad i = 1, 2, \cdots, k \qquad (4.15)$$

更多的研究 [19] 也表明 HSS 相对于 LHS 和随机抽样有更低的方差、更均匀的分布、更好的空间填充特性以及更快的收敛率。

数学方法已经证实，积分结果的好坏与随机数独立性关系不大，在很大程度上主要取决于随机数的均匀性，即随机数分布越均匀，波动越小，偏差越小，计算准确性越高，收敛速度越快。常规的蒙特卡罗模拟使用随机数，随机数的均匀性是随机均匀性，具有随机统计特性，而拟随机的均匀性是等分布均匀性，拟随机不是随机的，而是确定的，不具有随机统计特性。因此，拟蒙特卡罗使用拟随机序列代替蒙特卡罗模拟中的随机序列，因而获得了更好的收敛性，最好情况可达到 $O\left((\log k)^N k^{-1}\right)$，甚至 $O\left(k^{-1}\right)$，远高于蒙特卡罗模拟的 $O\left(k^{-1/2}\right)$。如图 4-5 所示，蒙特卡罗和拟蒙特卡罗抽样获得样本分布对比，显然后者产生了更好的分布均匀性。

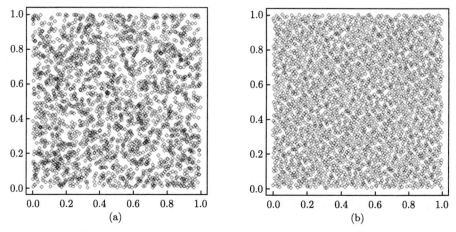

图 4-5   蒙特卡罗抽样产生的样本 (a) 和拟蒙特卡罗抽样产生的样本 (b) 对比

从以上描述可知,通过改进抽样策略可显著提高蒙特卡罗方法的模拟效率,但为了获得可用的模拟精度,仍然要求成千上万次以上的样本,使得其很难应用于飞行器气动稳健设计优化中。为了解决这个问题,通过引入代理模型代替原始昂贵的确定性高可信度 CFD 分析可显著降低计算花费。流行的代理模型包括多项式响应面,Kriging、梯度加强 Kriging、Co-Kriging、径向基函数 (Radial Basis Function,RBF)、支持向量回归 (Support Vector Regression,SVR),以及人工神经网络 (Artificial Neural Network,ANN) 等 [1]。基于代理模型的气动稳健设计优化流程图如图 4-6 所示。在这个过程中,为了最大程度地减少高可信度 CFD 分析花费,需要构建设计变量和随机变量的联合代理模型,然后在代理优化过程中,通过每次迭代添加最合适新样本点来不断更新联合代理模型,直至收敛到最优解。然而,气动特性受不确定变量影响是复杂的,构建的设计变量和随机变量联合空间使用代理近似对代理模型泛化能力要求极高,这导致使用常用的代理模型如 Kriging、分层 Kriging 等预测精度可能非常差。同时,基于代理模型的稳健优化过程中又会引入新的误差,包括成千上万次代理预测累积的误差,以及使用代理模型近似高可信度 CFD 分析时由于样本噪声、数学近似以及有限的样本等产生的模型近似误差累计。这些因素使得气动稳健优化设计过程中误差不断累计,导致气动稳健优化设计很难找到最优解,收敛性变差,甚至优化失败等。因此,尽管引入代理模型可显著提高稳健优化设计效率,但代理模型预测精度对结果影响显著,同时随着气动设计问题越来越复杂导致的设计变量大量增加,代理模型由于需要对设计变量和随机变量联合建模将面临更大的压力,而目前代理模型遭遇维数灾难难题,使得基于代理模型的稳健设计优化方法优势不再突出,需要更加深入的研究。

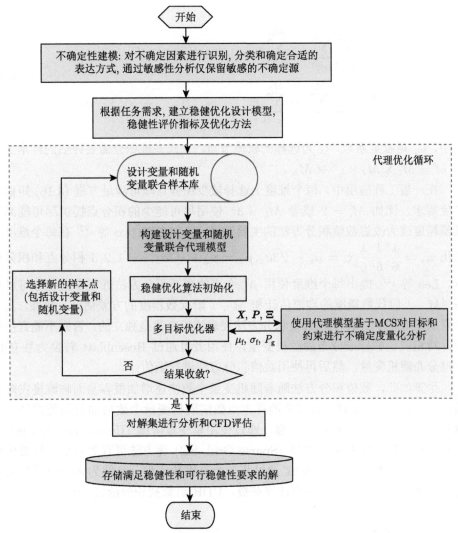

图 4-6 基于代理模型的气动稳健设计优化流程图 [1]

2. 数值积分方法

使用数值积分直接对方程 (4.4) 进行近似是一种非常有效的方式, 比如使用高斯积分规则进行不确定度量化 [21]。多维数值积分误差的阶为 $O\left(n^{-2/s}\right)$, 但误差随维数增大而迅速增大。对于单变量函数 $f(z)$, 数值积分方法通过对若干积分点进行加权求和来近似积分函数, 如 $f\left(z^{(i)}\right), i = 1, 2, \cdots, M$。对于多变量函数 $f(Z), Z = (z_1, z_2, \cdots, z_N)$, 多变量数值积分通过对单变量函数求笛卡儿积, 即 $D = D_1 \times D_2 \times \cdots \times D_N$, 其中 $D \subset \mathbf{R}^N, D_i \subset \mathbf{R}$, 具体积分表达式为

$$\mu_{\mathrm{f}} = \sum_{i_1=1}^{M_1} \sum_{i_2=1}^{M_2} \cdots \sum_{i_N=1}^{M_N} w_{i_1} \cdots w_{i_N} f(\varsigma_{i_1}, \cdots, \varsigma_{i_N})$$

$$\sigma_{\mathrm{f}}^2 = \sum_{i_1=1}^{M_1} \sum_{i_2=1}^{M_2} \cdots \sum_{i_N=1}^{M_N} w_{i_1} \cdots w_{i_N} (f(\varsigma_{i_1}, \cdots, \varsigma_{i_N}) - \mu_{\mathrm{f}})^2$$

$$(4.16)$$

式中，w_i 是权重系数，ς_i 为选择的权重节点。上式多维积分需要评估的样本点数为 $M = M_1 \times M_2 \times \cdots \times M_N$。

在一般工程应用中，每个维度上选择较少积分点即可满足方程 (4.16) 矩估计精度需求，比如 $M_i = 2$ 或者 $M_i = 3$。使用尽可能少的积分点提供尽可能高的预测精度成为改进数值积分方法的主要途径，比如 D'Errico 等 [22] 在每个维度上使用 $w_i = \frac{1}{6}, \frac{4}{6}, \frac{1}{6}, \varsigma_i = \mu_z - \sqrt{3}\sigma_z, \mu_z = \mu_z + \sqrt{3}\sigma_z, i = 1, 2, 3$ 积分点和积分权重。Lee 等 [21] 提出每个维度使用 M 个点的高斯积分方法近似多维积分可以获得 $2M-1$ 阶代数精度的均值估计和 $M-1$ 阶代数精度的方差估计。此外，需要注意的是方程 (4.16) 多维数值积分方法要求随机变量是独立的，否则不能直接使用。对相关、非标准分布的随机变量，使用者可通过 Rosenblatt 转换为独立的、标准分布随机变量，然后再使用数值积分方法进行矩估计。

尽管如此，数值积分方法随着随机变量个数快速增加很容易面临维度灾难问题，即近似方程 (4.16) 所需要的样本点数随随机变量个数增加而指数增加，计算花费难以承担。针对这一问题，通过使用单变量降维 (Univariate Dimension-Reduction, UDR) 和稀疏网格 (Sparse Grid, SG) 等方法可有效减少高维数值积分对积分点的数量要求。UDR 通过将一个高维数值积分分解为多个一维数值积分之和来近似统计矩，以减少计算花费。UDR 近似被积分函数 [23]

$$\hat{f}(\boldsymbol{Z}) \approx \sum_{i=1}^{N} f(\mu_{z_1}, \mu_{z_2}, \cdots, \mu_{z_i}, \cdots, \mu_{z_N}) - (N-1)f(\mu_{z_1}, \mu_{z_2}, \cdots, \mu_{z_N})$$

$$= \sum_{i=1}^{N} f_{z_i}(z_i) - (N-1)f(\boldsymbol{\mu_Z}) \tag{4.17}$$

$$R(\boldsymbol{Z}) = f(\boldsymbol{Z}) - \hat{f}(\boldsymbol{Z}) \tag{4.18}$$

式中，μ_{z_i} 是随机变量 z_i 的均值；$f_{z_i}(z_i)$ 是 z_i 的单变量函数。$R(\boldsymbol{Z})$ 为被积函数展开后的近似误差。方程 (4.17) 表明多变量函数 $f(\boldsymbol{Z})$ 通过在随机变量均值点 $\boldsymbol{\mu_Z} = (\mu_{z_1}, \mu_{z_2}, \cdots, \mu_{z_N})$ 进行泰勒展开，然后每一项 $f_{z_i}(z_i)$ 仅为 z_i 的单变量函

数。对方程 (4.18) 进行积分得到

$$I(R(\boldsymbol{Z})) = \int R(\boldsymbol{Z})\mathrm{d}\boldsymbol{Z} = \int (f(\boldsymbol{Z}) - \hat{f}(\boldsymbol{Z}))\mathrm{d}\boldsymbol{Z} = I(f(\boldsymbol{Z})) - I(\hat{f}(\boldsymbol{Z})) \quad (4.19)$$

式中，I 表示积分算子。Rahman 等 [23] 通过分析表明 $I(R(\boldsymbol{Z}))$ 仅与二维以上高维积分有关，它也远小于一维积分的结果，因此对于一般问题可忽略。通过代入方程 (4.17) 到 (4.4) 中，得到方差估计为

$$\sigma_{\mathrm{f}}^2 \approx E[(\hat{f}(\boldsymbol{Z}) - \mu_{\mathrm{f}})^2] = E\left[\left\{\sum_{i=1}^{N} f_{z_i}(z_i) - (N-1)f(\boldsymbol{\mu_Z}) - \mu_{\mathrm{f}}\right\}^2\right] \quad (4.20)$$

以及均值估计为

$$\mu_{\mathrm{f}} \approx \int \hat{f}(\boldsymbol{Z})\xi(\boldsymbol{Z})\mathrm{d}\boldsymbol{Z} = E\left[\sum_{i=1}^{N} f_{z_i}(z_i) - (N-1)f(\boldsymbol{\mu_Z})\right] \quad (4.21)$$

在得到统计矩估计表达式 (4.20) 和 (4.21) 后，通过一维数值积分 $E[f_{z_i}(z_i)] = \sum_{k=1}^{M_i} w_k f_{z_i}(\zeta_k)$ 可快速得到矩估计结果。对于任意阶的矩估计，UDR 所需要的样本数仅为 $M_1 + M_2 + \cdots + M_N + 1$，其相对于原始数值积分所需要的样本点数大大减少。不可否认的是，类似 UDR 这种线性化近似方法的近似准确性随着被积分函数交叉项占比高变差，并且对于高阶矩的预测精度也会变差。Xu 和 Rahman[24] 在 UDR 基础上提出了广义维数减少 (Generalized Dimension-Reduction, GDR) 方式，可以大幅减小残差。GDR 通过将 N 的被积分函数转换为多个至多为 S 维的函数之和 $(S \ll N)$，然后对每个多维函数在随机变量均值处进行泰勒展开，再通过类似方程 (4.20) 和 (4.21) 的方法获得统计矩估计值。

此外，稀疏网格 (SG) 方法 [25] 通过将选择的若干一维积分张量化获得对多变量全因子积分的近似。SG 方法近似矩估计可以表示为

$$I_l^d(f) = \sum_{l \leqslant |\boldsymbol{k}|_1 \leqslant l+d-1} (-1)^{l+d-|\boldsymbol{k}|_1-1} C_{d-1}^{|\boldsymbol{k}|_1-l} \sum_{\Xi \in N_q^d} (I_{k_1}^1 \otimes I_{k_2}^1 \otimes \cdots \otimes I_{k_d}^1)(f) \quad (4.22)$$

式中 $I_{k_j}^1$ 可通过下式求得：

$$I_{k_j}^1(f) = \sum_{i=1}^{M_i} w_{z_i} f_{z_i}(\varsigma_i) \quad (4.23)$$

其中随机变量 $Z = (z_1, z_2, \cdots, z_d)$, l 代表对 $f(Z)$ 进行 d 维积分的代数精度水平。$I_{k_j}^1$ 代表对一维函数 $f_{z_i}(z_i)$ 进行一维积分，k_j 代表代数精度水平，并满足 $|\boldsymbol{k}|_1 \leqslant l + d - 1$。并且，对 Z 的每一维进行一维积分的所有组合中，方程 (4.22) 仅仅选择一维积分精度水平满足 $|\boldsymbol{k}|_1 \leqslant l + d - 1$ 的一些。$I_{k_1}^1 \otimes I_{k_2}^1 \otimes \cdots \otimes I_{k_d}^1(f)$ 表示 d 个一维积分的张量积。SG 需要的 CFD 评估次数为 n_l^d，它满足

$$n_l^d = \sum_{|\boldsymbol{k}| \leqslant l + d - 1} M_{k_1} \cdots M_{k_d} \tag{4.24}$$

当一维积分 $I_{k_j}^1$ 所需要的样本数为 $O\left(2^l\right)$ 时，n_l^d 为 $O\left(2^l i^{d-1}\right)$。在高维积分中，$n_1^1$ 将被选定。而使用高斯积分获得相同代数精度水平所需要的样本数为 $O\left(2^{l \times d}\right)$。SG 积分的精度水平与被积分函数的光滑性密切相关。而通过在不同问题中自适应地选择每一维积分将会进一步减少计算花费。

除了统计矩外，概率密度函数 (PDF) 估计难以通过数值方法直接获得，通常使用经验分布系统进行估计 [26]，比如 Pearson 分布系统、Johnson 分布系统、Gram-Charlier 系列分布系统等。Pearson 分布系统近似函数 $g(Z)$ 的概率密度函数 $\xi(g)$ 通过

$$\xi(g(\boldsymbol{Z})) = \prod_{j=1}^{N} \xi_{z_i}(g(z_i))$$

$$\frac{1}{\xi_{z_i}(g)} \frac{\mathrm{d}\xi_{z_i}(g)}{\mathrm{d}z_i} = -\frac{a + \bar{z}_i}{c_0 + c_1 \bar{z}_i + c_2 \bar{z}_i^2} \tag{4.25}$$

式中，$\xi(g(\boldsymbol{Z}))$ 表示联合概率密度函数，且 $\bar{z}_i = z_i - \mu_{z_i}$。$a, c_0, c_1$ 和 c_2 是变量 z_i 的前 4 阶中心矩，这四个参数估计的准确性决定了 $\xi(g(\boldsymbol{Z}))$ 的近似准确性。另一方面，经验分布系统都有一定的适用范围，比如 Pearson 系统对于常规峰概率密度函数估计准确性较高。除了使用经验分布系统外，矩配置规则通过使用函数 g 的均值和方差也能快速估计 g 侵犯约束的概率，即

$$P(g(\boldsymbol{Z}) \leqslant 0) \approx \Phi\left(\frac{\mu_{\mathrm{g}}}{\sigma_{\mathrm{g}}}\right) \tag{4.26}$$

式中，$\Phi(\cdot)$ 表示标准累计概率密度分布函数；$g(\boldsymbol{Z})$ 被假设为正态分布，则可行稳健性约束为

$$\mu_{\mathrm{g}} - k\sigma_{\mathrm{g}} \geqslant 0 \tag{4.27}$$

式中，$k = \Phi^{-1}(P_0)$ 表示标准正态累计分布函数 $\Phi(\cdot)$ 的反函数。

3. 随机代理模型方法

随机代理模型通过使用较少的样本构建系统随机输入到输出的准确映射。多项式混沌展开 (Polynomial Chaos Expansion, PCE) 和随机配置 (SC) 是最流行的随机代理模型方法。多项式混沌展开方法作为一种适应性很强的随机代理模型，已经被广泛应用到了 CFD 模拟不确定量化中[27]，如多孔介质流、可压缩、不可压缩流、热流体流动和反应流，以及气动弹性不确定分析，如极限环振荡 (LCO)、颤振等现象。桑迪亚国家实验室的 Najm 教授[28] 对 PCE 的理论和方法进行了系统总结，并综述了 PCE 途径在 CFD 模拟不确定量化中的应用情况以及前景。Dodson 等[29] 将 PCE 集成在气动稳健优化框架中，并取得了良好的优化结果。由于 PCE 具有完备的理论体系和良好的数学特性，能近似任何平方可积的函数，所以它成为最有希望的不确定分析技术之一。PCE 由于优异的数学特性，快速的收敛性以及完备的理论基础，成为目前广泛使用的随机代理模型。多项式混沌代理模型的建立为根据输入变量和输出响应恢复多项式系数的过程。目前流行的方法包括投影法和配点法，但他们都不可避免地遭遇了维度灾难问题。其中投影法遭遇的困境主要是高维数值积分的问题。配点法是目前主流的研究方向，其通过压缩感知途径恢复最重要的多项式项系数从而能有效缓解维度灾难问题和大量减少所需的样本评估数。一些流行的稀疏 PCE 重构方法，比如最小角回归、正交匹配追踪、自适应前向–后向选择等算法[27] 已经获得了广泛应用并在许多复杂问题中获得了非常好的表现。

1) PCE 基本理论

假设定义在概率空间 (Ω, θ, P) 的实随机变量或随机过程为 $f \in L^2(\Omega)$，即 $f : \Omega \to \mathbf{R}$，则 f 可以表达为

$$f(\Xi) = a_0 \Gamma_0 + \sum_{i_1=1}^{\infty} a_{i_1} \Gamma_1(\xi_{i_1}) + \sum_{i_1=1}^{\infty} \sum_{i_2=1}^{i_1} a_{i_1,i_2} \Gamma_2(\xi_{i_1}, \xi_{i_2})$$

$$+ \sum_{i_1=1}^{\infty} \sum_{i_2=1}^{i_1} \sum_{i_3=1}^{i_2} a_{i_1,i_2,i_3} \Gamma_2(\xi_{i_1}, \xi_{i_2}, \xi_{i_3}) + \cdots \qquad (4.28)$$

式中 Γ_k 表示阶数为 $k(k = 0, 1, 2, \cdots)$ 的多项式；系数 $a_{(\cdot)}$ 为实数。$\Xi = (\xi_1, \xi_2, \cdots, \xi_d)$ 代表相互独立的随机变量输入集合。对于非独立的随机变量，可通过 Rosenblatt 转换将其转换为独立随机变量。此外，也可参考最新一些研究通过改变 PCE 重构策略使之能用于非独立随机变量[30]。进一步，上述式子能够被简洁地重写为

$$f(\Xi) = \sum_{j=1}^{\infty} \alpha_j \psi_j(\Xi) \qquad (4.29)$$

式中 α_k 和 ψ_k 与式 (4.28) 中的 $a_{(.)}$ 和 Γ_k 一一对应。多项式 Γ_k 类型的选择应该考虑输入分布的类型，以保证 PCE 近似的收敛性。Cameron 和 Martin [31] 证明了 Wiener-Hermite 类型多项式能保证对任何平方可积的高斯类型输入的函数的收敛性。Xiu 和 Karniadakis [14] 将原来仅针对高斯类型输入 PC 推广到包含更多类型的输入分布，针对每个输入分布类型采用不同类型的多项式，即 Wiener-Askey PCE 或者广义 PCE (Generalized PCE, GPCE)，并证明了 Wiener-Askey PCE 使用相应的多项式类型和输入类型能保证至少二阶收敛性，如表 4-2 所示。需要注意的是，对于 Hermite 多项式以及对应的 Gaussian 分布类型，为提高收敛性和准确性通常要求输入为标准正态分布。因此，对于一般分布而言，我们可以通过变换公式将其转换为标准正态分布，如 Rosenblatt 变换。

表 4-2　Wiener-Askey 多项式和相应的输入类型 ($N \geqslant 0$ 为一个有限整数)

函数类型	多项式类型	输入类型	范围
连续函数 (Continuous)	Hermite-chaos	Gaussian	$(-\infty, \infty)$
	Laguerre-chaos	Gamma	$[0, \infty)$
	Jacobi-chaos	Beta	$[a, b]$
	Legendre-chaos	Uniform	$[a, b]$
离散函数 (Discrete)	Charlier-chaos	Poisson	$\{0, 1, 2, \cdots\}$
	Krawtchouk-chaos	Binomial	$\{0, 1, \cdots, N\}$
	Meixner-chaos	Negative binomial	$\{0, 1, 2, \cdots\}$
	Hahn-chaos	Hypergeometric	$\{0, 1, \cdots, N\}$

每个多维多项式基函数可以通过单变量基函数张量化得到，即

$$\psi_{\boldsymbol{K}}(\boldsymbol{\Xi}) = \prod_{i=1}^{d} \psi_{k_i}(\xi_i) \tag{4.30}$$

式中 k_i 为多项式阶数 ($k_i = 0, 1, \cdots, \infty$)。对于阶数为 $p(p = 0, 1, \cdots, \infty)$ 的多变量基函数满足

$$|\boldsymbol{k}| = \sum_{i=1}^{d+n} k_i \leqslant p, \quad k_i = 0, 1, \cdots, p \tag{4.31}$$

式中 $\boldsymbol{k} = (k_1, k_2, \cdots, k_d)$ 被定义为 ψ_k 在各个维度的阶数。当式 (4.31) 在阶数 p 处被截断，f 被表达为

$$f(\boldsymbol{\Xi}) = \sum_{|\boldsymbol{k}| \leqslant p} \alpha_{\boldsymbol{K}} \psi_{\boldsymbol{K}}(\boldsymbol{\Xi}) = \sum_{i=1}^{M_p} \alpha_i \psi_i(\boldsymbol{\Xi}) + \varepsilon(\boldsymbol{\Xi}) \tag{4.32}$$

式中 M_p 代表了截断后剩余的多项式项数；$\varepsilon(\boldsymbol{\Xi})$ 为截断误差。截断策略也是影响

截断误差的关键因素，文献 [32] 提出了 HS (Hyperbolic Scheme) 截断策略，即

$$A_q^{M_p} = \left\{ \boldsymbol{k} \in \mathbb{N}^d : \|\boldsymbol{k}\|_q \leqslant p \right\} \tag{4.33}$$

式中 $\|\boldsymbol{k}\|_q \equiv \left(\sum\limits_{i=1}^{d} k_i^q \right)^{1/q}$。对于 q 取不同的值，采用 HS 截断策略，保留的多项式项如图 4-7 所示。显然，对于相同的 p，q 越小，保留的项数越少。对于不同的问题，截断策略的选择可能会对重构精度有影响。过小的 q 将会导致交叉项被丢弃，不利于近似交互效应显著的响应；过大的 q 使得多项式项数增多，计算花费增加。

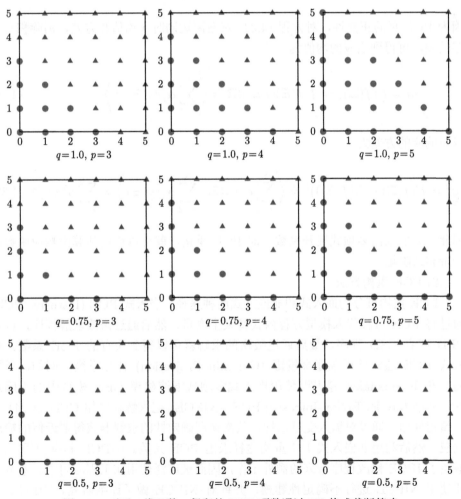

图 4-7 对于二维函数，保留的 PCE 项数通过 HS 格式截断策略

本节使用 PCE 方法时，主要使用 $q = 1$ 时的截断策略，即 $M_p = (p + d)!/p!d!$ 。

PCE 在 $L^2(\Omega, \theta, P)$ 空间组成了完整的正交基，即满足

$$\langle \psi_i(\boldsymbol{\Xi}), \psi_j(\boldsymbol{\Xi}) \rangle = \int \psi_i(\boldsymbol{\Xi}) \psi_j(\boldsymbol{\Xi}) \xi(\boldsymbol{\Xi}) \mathrm{d}\boldsymbol{\Xi} = \langle \psi_i^2 \rangle \delta_{ij} \tag{4.34}$$

式中，$\langle \cdot \rangle$ 为希尔伯特空间的内积；$\omega(\boldsymbol{\Xi}) = \rho_1(\xi_1) \times \rho_2(\xi_2) \times \cdots \times \rho_d(\xi_d)$ 为联合概率密度函数；δ_{ij} 为 Kronecker delta 函数，即

$$\delta_{ij} = \begin{cases} 1, & i = j \\ 0, & i \neq j \end{cases} \tag{4.35}$$

因为 PCE 项的正交性，对方程 (4.34) 左右两边同时求均值和方差，消除积分为零的项，可得到响应的均值为

$$\mu_{\mathrm{f}} = E(f(\boldsymbol{\Xi})) = \int f(\boldsymbol{\Xi}) \omega(\boldsymbol{\Xi}) \mathrm{d}\boldsymbol{\Xi} = \left\langle \sum_{j=1}^{\infty} \alpha_j \psi_j(\boldsymbol{\Xi}), 1 \right\rangle = \alpha_1 \tag{4.36}$$

以及响应的方差为

$$\sigma_{\mathrm{f}}^2 = E(f(\boldsymbol{\Xi}) - E(f(\boldsymbol{\Xi})))^2 = \left\langle \sum_{j=2}^{\infty} \alpha_j \psi_j(\boldsymbol{\Xi}), \sum_{j=2}^{\infty} \alpha_j \psi_j(\boldsymbol{\Xi}) \right\rangle = \sum_{i=2}^{M_p} \alpha_i^2 \langle \psi_i^2 \rangle \tag{4.37}$$

因此，只要求出多项式展开系数，即 PCE 重构，就可以快速估算出响应函数的一阶和二阶矩。

2) PCE 重构方法

PCE 重构可分为嵌入式和非嵌入式两种途径。嵌入式 PCE (Intrusive PCE) 通过将 PCE 方程代入模型方程内代替某个变量，然后通过修改求解程序，例如 CFD 或者 CSD 程序，最后通过数次的求解就可以得到所有的 PCE 系数。嵌入式 PCE 通常使用伽辽金投影 (Galerkin Projection) 计算系数。例如，早期 Xiu 和 Karniadakis 等 [14] 使用嵌入式多项式混沌建模 CFD 模拟中的不确定性。非嵌入式 PCE(Non-Intrusive PCE，NIPCE) 把求解程序如 CFD、CSD 等做黑箱处理，通过对输入变量抽样，数次调用确定性的求解器获得要近似的输出响应，然后利用非嵌入式 PC 重构途径求出 PCE 系数。NIPCE 具有使用方便，避免了 IPCE 修改程序带来的额外工作，因而被广泛使用在工程应用中。本节主要使用 NIPCE 进行不确定性建模，并针对 NIPCE 做了详细研究。NIPCE 通过两种途径获得 PCE 系数，即伽辽金投影 (Galerkin Projection，也叫谱投影，

Spectral Projection，GPNIPCE) 和配点法 (Point Collocation，也叫最小二乘法，PCNIPCE)。

GPNIPCE 将输出响应在每个基向量方向投影，由于正交关系，仅仅方向和基向量相同的投影才不为零，即

$$\langle f(\Xi), \psi_i \rangle = \left\langle \sum_{j=1}^{\infty} \alpha_j \psi_j(\Xi), \psi_i(\Xi) \right\rangle = \alpha_i \langle \psi_i^2 \rangle \tag{4.38}$$

因而可以将计算每个基函数系数的问题转化为如下形式:

$$\alpha_i = \frac{\langle f(\Xi), \psi_i(\Xi) \rangle}{\langle \psi_i^2 \rangle} = \frac{\int f(\Xi)\psi_i(\Xi)\omega(\Xi)\mathrm{d}\Xi}{\langle \psi_i^2 \rangle}, \quad i = 1, 2, \cdots, M_p \tag{4.39}$$

为了获得 PCE 系数，投影积分 $\langle f(\Xi), \psi_i(\Xi) \rangle$ 是唯一的未知量，因而投影积分的准确计算是计算每个 PCE 系数的关键。这个投影积分就是定义在希尔伯特空间的内积，因而目前最流行的就是通过蒙特卡罗模拟或者数值积分 (如高斯积分) 的途径。蒙特卡罗模拟计算投影积分通过抽样大量的样本，然后通过统计途径

$$\langle f(\Xi), \psi_i \rangle = \frac{1}{N} \sum_{j=1}^{N} f(\Xi^{(j)}) \times \psi_i(\Xi^{(j)}) \tag{4.40}$$

式中，N 是样本点数量。蒙特卡罗模拟方法一般要求成千上万的计算样本，但蒙特卡罗模拟方法花费与维度无直接关系，仅与问题的复杂程度有关。此外，通过数值积分途径，我们也可以方便地得到投影积分

$$\langle f(\Xi), \psi_i \rangle = \sum_{i_1=1}^{N_1} \cdots \sum_{i_d=1}^{N_d} A_{i_1} \cdots A_{i_d} f(\zeta_{i_1}, \zeta_{i_2}, \cdots, \zeta_{i_d}) \psi_i(\zeta_{i_1}, \zeta_{i_2}, \cdots, \zeta_{i_d}) \tag{4.41}$$

式中，A_{i_k} 和 ζ_{i_k} 分别代表在第 i_k 方向的积分权重和积分点；N_i 表示第 i 方向的积分点个数。显然所需要的总积分点个数为 $N = N_1 \times N_2 \times \cdots \times N_d$，随着维数 d 的增加，积分点数目将呈指数增加，即维度灾难问题。这也是目前困扰 GPNIPCE 方法继续发展的一个难题。GPNIPCE 早期被 Xiu 和 Karniadakis 等 [14] 引入对 CFD 模拟流动以及流体结构交互影响中的不确定性进行建模，并在此后引入大量研究者的研究和推广。此外可以通过对高维数值积分进行降维，然后转化为若干个低维数值积分之和，以避免计算花费随维数指数增加的难题。典型的途径有前文总结的 Smoljak 提出的稀疏网格方法 [25]，以及 Rahman 等 [23, 24] 提出的单变量/广义降维积分方法等。使用稀疏网格计算投影积分，这个花费能够近

似为

$$N \sim \frac{2^p}{p!} d^p, \quad d \to \infty \tag{4.42}$$

在达到相同精度水平时，稀疏网格积分所需要的计算次数远远少于高斯积分的计算花费 $(N \sim m^d)$。但要注意的是，稀疏网格近似准确率与函数光滑性有关。非常不光滑的函数，达到相同的精度计算花费可能要大大增加。

对于 PCNIPCE 方法，首先需要通过有效的抽样方法获取一定量的样本 $\boldsymbol{S} = \{\boldsymbol{\Xi}^{(1)}, \boldsymbol{\Xi}^{(2)}, \cdots, \boldsymbol{\Xi}^{(N)}\}$，并分析它们的响应 $= (y(\boldsymbol{\Xi}^{(1)}), y(\boldsymbol{\Xi}^{(2)}), \cdots, y(\boldsymbol{\Xi}^{(N)}))^{\mathrm{T}}$。然后利用这些样本在 $L^2(\Omega, \theta, P)$ 空间解决如下最小化问题

$$\boldsymbol{\alpha} = \min_{\boldsymbol{\alpha}} \|\boldsymbol{\Psi}\boldsymbol{\alpha} - \boldsymbol{Y}\|_2 \tag{4.43}$$

上式的问题可以转化为如下最小二乘问题:

$$\boldsymbol{\alpha} = (\boldsymbol{\Psi}^{\mathrm{T}}\boldsymbol{\Psi})^{-1} \boldsymbol{\Psi}^{\mathrm{T}}\boldsymbol{Y} \tag{4.44}$$

式中 $\boldsymbol{\alpha} = (\alpha_1, \alpha_2, \cdots, \alpha_{M_p})^{\mathrm{T}}$ 代表系数估计向量，$N \geqslant M$ 应该被满足以至于获得唯一的最小二乘解。测量矩阵 $\boldsymbol{\Psi}$ 被定义为

$$\boldsymbol{\Psi} = \begin{bmatrix} \psi_1(\boldsymbol{\Xi}^{(1)}) & \psi_2(\boldsymbol{\Xi}^{(1)}) & \cdots & \psi_M(\boldsymbol{\Xi}^{(1)}) \\ \psi_1(\boldsymbol{\Xi}^{(2)}) & \psi_2(\boldsymbol{\Xi}^{(2)}) & \cdots & \psi_M(\boldsymbol{\Xi}^{(2)}) \\ \vdots & \vdots & & \vdots \\ \psi_1(\boldsymbol{\Xi}^{(N)}) & \psi_2(\boldsymbol{\Xi}^{(N)}) & \cdots & \psi_M(\boldsymbol{\Xi}^{(N)}) \end{bmatrix} \tag{4.45}$$

为了提高 PCNIPCE 方法的精度，对于中低维度 PCE 重构，Choi 等 [33] 使用拉丁超立方试验设计以改进 PCNIPCE 重构精度。Hosder 等 [34] 比较了随机抽样 (Random Sampling)、拉丁超立方抽样、汉莫斯序列抽样等对 PCE 近似精度的影响，发现汉莫斯序列抽样的表现轻微好于另外两种抽样方法。然而，对于给定的问题，并不是 PCE 阶数越高越好。如图 4-8 所示，过高的 PCE 阶数将会导致龙格现象出现 (局部出现了过拟合，增加了预测误差)。因此，Shimoyama 等 [35] 提出了 PCNIPCE 调整策略并应用到音爆不确定分析中。该策略通过先调整合适的多项式阶数，再调整所需的最小样本数，从而有效避免了 PCE 阶数过高或者样本过多而导致的龙格现象 (过拟合)，如图 4-9 所示。PCNIPCE 方法使得 PCE 在抽样点具有良好的近似精度，但无法保证非抽样点的近似准确性。因此，PCNIPCE 一般需要结合交叉验证来选择最优的 PCE 恢复系数。

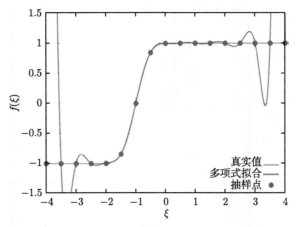

图 4-8　PCE 阶数过高导致的龙格现象

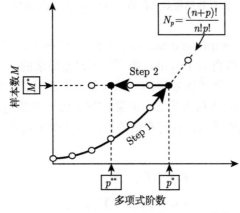

图 4-9　PCNIPCE 的两步调整策略 [35]

如图 4-10 所示，通过使用 $q = 1$ 截断格式给出的 PCE 截断项数随空间维数和展开阶数增加而呈几何级数地增加，从而导致了采用全部截断多项式项所需的样本数急剧增多，近似精度也难以得到保证，即维度灾难问题。对于气动问题，考虑到高可信度计算样本通常需要大的计算花费，并通常面临复杂三维外形与压缩性影响的高维高阶响应。维度灾难问题将成为限制 PCNIPCE 方法应用到高维复杂问题的巨大障碍。然而，对于多项式混沌的巨大数量展开项，并不是所有项对输出响应产生巨大贡献，许多项的贡献很小甚至为零。因此如果能有效地识别这些巨大贡献项，并仅仅恢复这些重大贡献项的系数，则计算花费将大大减少。因此，结合这一有效的想法，通过近些年来在信息数据恢复领域广泛使用的压缩感知理论及方法，一些研究者提出了许多有效的解决途径，这些途径我们统称为稀疏 PCE 重构方法。

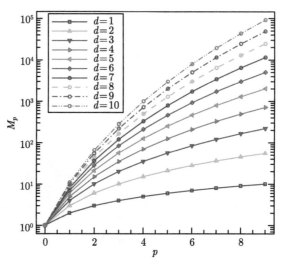

图 4-10　PCE 项数随维数和阶数的变化 (采用 HS 截断格式，$q = 1$)

　　压缩感知理论 (Compressed Sensing，CS，也被称为压缩传感) 最早是在图像处理及信号恢复等领域内被 Donoho 等 [36] 正式提出来的，用于利用有限的采样数据精确地重构原始图像或信号等。Candes 等 [37] 证明了只要信号在某一个正交空间具有稀疏性，则能够利用非常少的采样频率极大可能地重构该信号。CS 理论用于稀疏多项式混沌重构，通过有效的算法寻找最小的系数不为零的多项式项数，即

$$\min_{\boldsymbol{\beta}} \|\boldsymbol{\beta}\|_0$$
$$\text{s.t.} \quad \|\boldsymbol{\Psi}\boldsymbol{\beta} - \boldsymbol{Y}\|_2 \leqslant \varepsilon \tag{4.46}$$

上式即为 ℓ_0-最小化问题。其中 $\boldsymbol{C} = \{\beta_i \mid \beta_i \neq 0\} = \|\boldsymbol{\beta}\|_0$ 代表了非零多项式项数量，ε 代表了近似误差。显然，ℓ_0-最小化问题是一个 NP-hard 问题，即直接求解式 (4.46) 将会造成巨大计算花费。因此一些研究指出，通过将 ℓ_0- 最小化问题松弛为 ℓ_1-优化问题，即

$$\min_{\boldsymbol{\beta}} \|\boldsymbol{\beta}\|_1,$$
$$\text{s.t.} \quad \|\boldsymbol{\Psi}\boldsymbol{\beta} - \boldsymbol{Y}\|_2 \leqslant \varepsilon \tag{4.47}$$

将有助于减少计算花费。式 (4.47) 表示的 ℓ_1-优化问题也称为基追踪降噪 (Basis Pursuit Denoising，BPDN) 问题，其中 $\|\boldsymbol{\beta}\|_1 = |\beta_1| + |\beta_2| + |\beta_3| + \cdots$。然而 ℓ_0-优化问题 (式 (4.46)) 和 ℓ_1-优化问题 (式 (4.47)) 并不是完全等价的，除非满足特定的条件，即有限等距 (Restricted Isometry Property，RIP) 性质。Candes[38] 建

立了 RIP 理论–压缩感知奠基性理论，即当测量矩阵 $\boldsymbol{\Psi}$ 满足 RIP 特性时，ℓ_0-优化和 ℓ_1-优化是等价的。对于稀疏向量个数为 $s(s = 1, 2, 3, \cdots)$ 的多项式混沌，存在度量常量 δ_s 满足

$$(1 - \delta_s) \|\boldsymbol{\beta}\|_2^2 \leqslant \|\boldsymbol{\Psi}\boldsymbol{\beta}\|_2^2 \leqslant (1 + \delta_s) \|\boldsymbol{\beta}\|_2^2 \tag{4.48}$$

则测量矩阵 $\boldsymbol{\Psi}$ 满足 s 阶 RIP 性质。对于多项式混沌展开而言，针对不同的输入类型，所形成的测量矩阵是不同的。Rauhut 证明了以有界正交系统 (Bounded Orthonormal System) 为基底的测量矩阵依概率满足 RIP 性质 [39]。例如以 Legendre 正交多项式混沌构成的随机测量矩阵具有 RIP 性质，因此对于均匀输入的多项式混沌，稀疏重构理论上是成立的。基于这些基础理论框架，大量的稀疏性优化算法已经被研究了，包括有效集算法和谱投影梯度算法等，而前者又包括基追踪算法、贪婪匹配追踪算法、正交匹配追踪算法以及最小角回归等。

通过这些稀疏性优化算法对多项式混沌进行重构后，我们得到了稀疏性系数集合 $\boldsymbol{\beta}_s = (\beta_{s_1}, \beta_{s_2}, \cdots, \beta_{s_M})$ 以及稀疏性指标集合 $\boldsymbol{A}_s = \{\boldsymbol{k} \in \mathbb{N}^d : \boldsymbol{\beta_K} \in \boldsymbol{\beta}_s\}$。稀疏性指标 IS (Index of Sparsity) 被定义为

$$\text{IS}(A) = \frac{\text{card}(A_s)}{\text{card}(A_q^{M_p})} \tag{4.49}$$

对于工程中的大多数问题，重构系数 $\boldsymbol{\beta}_s$ 通常是非常稀疏的，因此 $\text{IS}(A)$ 远远小于 1。进而利用非常少的样本点仅仅恢复 $\boldsymbol{\beta}_s$ 将大大减少计算花费以及有效缓解维度灾难问题。

3) 基于 ℓ_1-最小化的稀疏多项式混沌重构方法

如上所述，基于 ℓ_1-最小化的稀疏多项式混沌重构方法已经被广泛地发展和使用，并对于高维和高阶 PCE 问题展示出了极大的优势。基于基追踪降噪 (Basis Pursuit Denoising，BPDN) 的 ℓ_1-最小化公式为

$$\min_x \|x\|_1, \quad \text{s.t.} \quad \|Ax - y\|_2 < \varepsilon, \quad A \in \mathbb{R}^{N \times M_p}, \quad x \in \mathbb{R}^{M_p}, \quad y \in \mathbb{R}^N \tag{4.50}$$

更多 ℓ_1-最小化方法变种能够在文献 [40] 中找到，这些不同的优化形式代表了不同的思路和算法去解决 ℓ_1-最小化问题。比如，正交匹配追踪 (Orthogonal Matching Pursuit，OMP) 解决如方程 (4.50) 所示问题，是一种广泛使用的贪吃算法。OMP 是典型的前向选择算法，从空活跃集开始，OMP 每一步选择与当前残差向量 (初始残差向量为输出向量) 相关性最大的基向量并增加到活跃集，然后更新预测系数和残差，直到满足停止条件。表 4-3 为 OMP 算法的详细过程。

表 4-3　正交匹配追踪算法用于 PCE 重构

算法 1: 正交匹配追踪 (OMP)

输入: $\boldsymbol{Y} = \left\{ f\left(\boldsymbol{\Xi}^{(j)}\right) \right\}_{j=1}^{N}$, $\left\{ \boldsymbol{\Xi}^{(j)} = \left(\xi_1^{(j)}, \xi_2^{(j)}, \cdots, \xi_n^{(j)}\right) \right\}_{j=1}^{N}$, $\epsilon > 0$

输出: $A, \boldsymbol{\beta}^{(k)}$

初始化: $k=0$, $A^{(0)} = \phi$, $\boldsymbol{\gamma}^{(0)} = \boldsymbol{Y}$, $\Sigma = \{\psi_1(\boldsymbol{\Xi}), \psi_2(\boldsymbol{\Xi}), \cdots, \psi_M(\boldsymbol{\Xi})\}$, $\boldsymbol{\Psi} = \{\boldsymbol{\Psi}_1, \boldsymbol{\Psi}_2, \cdots,$

$\boldsymbol{\Psi}_M\} = \left\{ \psi_i(\boldsymbol{\Xi}^{(j)}) \right\}_{N \times M}$ ($\boldsymbol{\Psi}_i$ 代表矩阵 $\boldsymbol{\Psi}$ 第 i 列)

While $k < M \& \left\| \boldsymbol{\gamma}^{(k)} \right\|_2 \geqslant \varepsilon$ **do**

$\quad i_+^{(k)} = \arg\min_i \left| \boldsymbol{\Psi}_i^{\mathrm{T}} \boldsymbol{\gamma}^{(k)} \right| / \|\boldsymbol{\Psi}_i\|_2$ $(i \in \Sigma \backslash A^{(k)})$

$\quad A^{(k+1)} = A^{(k)} \cup \left\{ \psi_{i_+^{(k)}}(\boldsymbol{\Xi}) \right\}$

$\quad \boldsymbol{\beta}^{(k+1)} = \arg\min_{\boldsymbol{\beta}} \|\boldsymbol{Y} - \boldsymbol{\Psi}_{A^{(k+1)}} \boldsymbol{\beta}\|_2$

$\quad \boldsymbol{\gamma}^{(k+1)} = \boldsymbol{Y} - \boldsymbol{\Psi}_{A^{(k+1)}} \boldsymbol{\beta}^{(k+1)}$

$\quad k \leftarrow k+1$

end while

值得注意的是, OMP 是相对更快的一种稀疏性重构算法, 但由于大的贪婪性, 其稀疏性通常小于 ℓ_1-最小化解集。一些理论研究 [41] 已经表明, 对于 $N < M$, 当存在的解集 $\boldsymbol{\beta}_0$ 满足

$$\|\boldsymbol{\beta}_0\|_0 < \frac{1}{2} \left(1 + \frac{1}{\mu(\boldsymbol{\Psi})} \right) \tag{4.51}$$

时, OMP 算法能精确恢复 $\boldsymbol{\beta}_0$。其中 $\|\boldsymbol{\beta}_0\|_0$ 代表 $\boldsymbol{\beta}_0$ 中非零元素的个数, $\mu(\boldsymbol{\Psi})$ 表示测量矩阵 $\boldsymbol{\Psi}$ 的互相干系数

$$\mu(\boldsymbol{\Psi}) := \max_{1 \leqslant i < j \leqslant M_p} \frac{\left| \boldsymbol{\psi}_i^{\mathrm{T}} \boldsymbol{\psi}_j \right|}{\|\boldsymbol{\psi}_i\| \|\boldsymbol{\psi}_j\|} \tag{4.52}$$

互相干系数衡量了测量矩阵的正交性。一些优化的抽样途径通过最大化 $\mu(\boldsymbol{\Psi})$ 来获取最优的试验设计以提高 PCNIPCE 途径的准确性, 如 D-optimal 设计 [42]。

相较于 OMP, 最小角回归 (Least Angle Regression, LAR) 有更少的贪婪性, 是一种经典的 LASSO 算法。由于这些优秀的特性, Blatman 和 Sudret[32] 使用最小角回归用于重构稀疏 PCE, 并得到了广泛使用。最小角回归用于稀疏 PCE 重构过程如下:

(1) 根据输入随机变量分布, 通过有效的抽样方式获取一定数量的样本 $\left\{ \boldsymbol{\Xi}^{(i)} \right\}_{i=1}^{N} = \left\{ \left(\xi_1^{(i)}, \xi_2^{(i)}, \cdots, \xi_n^{(i)} \right) \right\}_{i=1}^{N}$, 并分析这些样本响应 $\boldsymbol{Y} = (f(\boldsymbol{\Xi}^{(1)}),$

$f(\mathbf{\Xi}^{(2)}), \cdots, f(\mathbf{\Xi}^{(N)}))^{\mathrm{T}}$。通过使用经典的截断格式截断多项式混沌获取候选多项式基集合 $\Sigma = \{\psi_1(\mathbf{\Xi}), \psi_2(\mathbf{\Xi}), \cdots, \psi_M(\mathbf{\Xi})\}$，并计算相应的基向量集合 $\Sigma' = \{\boldsymbol{\psi}_1, \boldsymbol{\psi}_2, \cdots, \boldsymbol{\psi}_M\}$。

(2) 初始化所有候选多项式系数为 0，即 $\beta_1 = \beta_2 \cdots = \beta_{M_p} = 0$，并设置初始残差向量 $\boldsymbol{\gamma} = \boldsymbol{Y}$。初始活跃集集合为空集。

(3) 从候选基向量集合中找出与当前残差向量最相关的基向量 $\boldsymbol{\psi}_i$，并添加 $\boldsymbol{\psi}_i$ 到活跃集。

(4) 根据当前残差和活跃集元素使用最小二乘方法估算当前恢复系数 α_{s_i}，移动 α_i 从 0 到 α_{s_i} 直到存在其他的基向量 $\boldsymbol{\psi}_j (j \neq i, \boldsymbol{\psi}_j \in \Sigma')$ 和当前残差有更多相关性超过 $\boldsymbol{\psi}_i$。更新 α_i 并增加 $\boldsymbol{\psi}_j$ 到当前活跃集。

(5) 根据当前残差和活跃集元素使用最小二乘方法估算当前恢复系数 α_{s_i} 和 α_{s_j}，同时移动 $\{\alpha_i, \alpha_j\}$ 在 $\{\alpha_{s_i}, \alpha_{s_j}\}$ 定义的方向 (即等角方向) 直到存在其他的基向量 $\boldsymbol{\psi}_k (k \neq i, j, \boldsymbol{\psi}_k \in \Sigma')$ 和当前残差有更多相关性超过 $\{\boldsymbol{\psi}_i, \boldsymbol{\psi}_j\}$。

(6) 重复这个过程，直到当前残差满足停止标准或者 $m = \min(M, N-1)$ 个基向量已经被选择。

OMP 和 LAR 都是逐步地前向选择算法，通过这个过程，它们不断地选择相关的基函数进入活跃基集合。OMP 每步更新系数是通过一般的最小二乘途径，而 LAR 选择了更少贪婪性的系数更新策略，直到最小角回归最后一步更新系数通过一般最小二乘途径 $(N \geqslant M_p)$。然而，这两种方法选择的重要多项式基函数以及恢复的多项式系数仅仅依靠观测样本，以至于修建的代理模型是否是全局最优需要进一步检测。为了解决这个问题，可以结合 LOOCV 验证过程以修建最优的 PCE 代理模型：

(1) 利用 $(N-1)$ 个样本 $\left\{\mathbf{\Xi}^{(i)}, f\left(\mathbf{\Xi}^{(i)}\right)\right\}_{i=1}^{N} \setminus \left\{\mathbf{\Xi}^{(j)}, f\left(\mathbf{\Xi}^{(j)}\right)\right\}$，执行 OMP 或 LAR 算法选择 $t(t = 1, 2, \cdots, \min(M, N-1))$ 个重要的多项式基函数以及恢复它们的多项式系数。修建包含 t 个基函数的多项式混沌代理模型 $\hat{f}_t^{(-i)}(\mathbf{\Xi})$，并预测测试点的函数值 $\hat{f}_t^{(-i)}\left(\mathbf{\Xi}^{(j)}\right)$。这个过程执行 N 次，计算出 $\mathrm{Err}_{LOO,t}$ 或 $\varepsilon_{LOO,t}$。

(2) 找到最优的多项式混沌基函数集合 $t^* = \mathrm{Err}_{LOO,t}$，即 $\{\psi_{i_1}(\mathbf{\Xi}), \psi_{i_2}(\mathbf{\Xi}), \cdots, \psi_{i_{t^*}}(\mathbf{\Xi})\}$。

(3) 使用 N 个观测样本 $\left\{\mathbf{\Xi}^{(i)}, f\left(\mathbf{\Xi}^{(i)}\right)\right\}_{i=1}^{N}$，运行 OMP 或 LAR 算法选择 t^* 个基函数并估计其系数。

这个 LOOCV 过程要求多次多项式混沌代理模型训练，然而训练一次 PCE 代理模型的时间通常是非常小的，并远小于一次高可信度 CFD 分析时间，因而不会造成过高的计算花费。上述的前向选择算法虽然比经典的全 PC 方法取得了非常好的近似效果和更高的效率，但面对维数或阶数更高的 PCE 时，他们为了达到满意的计算精度依然要求较高的计算花费，这对一些复杂的工程问题仍然是难以接受的。同时，在对一些经典的前向选择算法进行总结时，本节发现它们存在一些缺陷，从而导致了计算花费高。因此针对这些问题，文献 [27] 提出了一种全新的自适应前向-后向选择 (Adaptive Forward-Backward Selection, AFBS) 算法，用于高效的稀疏多项式混沌重构。

4) 基于自适应 AFBS 算法的稀疏 PCE 重构技术

在 AFBS 算法执行前，需要准备训练数据和初始化变量。表 4-4 给出了输入及变量初始化定义列表。初始基函数和基向量的活跃集定义为空集，即 $A^{(0)} = \phi$ 和 $A'^{(0)} = \phi$。初始预测系数集合 $\widehat{\boldsymbol{\beta}}^{(0)} = 0$ 以及预测向量 $\boldsymbol{\mu}^{(0)} = \mathbf{0}$。$\delta^+$ 表示由于增加一个新的基向量到活跃集后最小平方损失的减少。相应的，δ^- 表示由于从活跃集剔除一个基向量后最小平方损失的增加。其中，最小平方损失被定义为 $Q(k) = \left\| \boldsymbol{Y} - \boldsymbol{\mu}^{(k)} \right\|_2^2 / N$。$d^+$ 代表了前向选择步中 δ^+ 的累积变化，d^- 代表了后向选择步中 δ^- 的累积变化，而 d 代表了在自适应前向-后向选择步中平方损失的累积改变量，它们的初始值均为 0。在 AFBS 算法过程中，我们引入了两个需要使用者定义的阈值参数，即 $v_1, v_2 \in (0, 1)$。这两个参数是需要在 AFBS 算法开始前定义的。我们也可以先给定初值，然后通过一个自适应交叉验证过程或者优化算法来寻找最优的阈值参数。整个 AFBS 算法流程如表 4-4 所示。

表 4-4　　AFBS 算法初始化

AFBS 算法: 初始化
$\boldsymbol{Y} = \left\{ f\left(\boldsymbol{\Xi}^{(j)}\right) \right\}_{j=1}^{N}$, $\left\{ \boldsymbol{\Xi}^{(j)} = \left(\xi_1^{(j)}, \xi_2^{(j)}, \cdots, \xi_n^{(j)}\right) \right\}_{j=1}^{N}$, $\{\boldsymbol{\psi}_1, \boldsymbol{\psi}_2, \cdots, \boldsymbol{\psi}_M\} = \left\{ \psi_i\left(\boldsymbol{\Xi}^{(j)}\right) \right\}_{N \times M}$, $\Sigma = \{\psi_1(\boldsymbol{\Xi}), \psi_2(\boldsymbol{\Xi}), \cdots, \psi_M(\boldsymbol{\Xi})\}$, $\Sigma' = \{\boldsymbol{\psi}_1, \boldsymbol{\psi}_2, \cdots, \boldsymbol{\psi}_M\}$, $\epsilon > 0$, $A^{(0)} = \phi$, $A'^{(0)} = \phi$, $\widehat{\boldsymbol{\beta}}^{(0)} = 0$, $\boldsymbol{\mu}^{(0)} = \mathbf{0}$, $k = 0, d = d^- = d^+ = 0$, $v_1, v_2 \in (0, 1)$

在初始化之后，AFBS 算法首先通过 OMP 算法执行一个前向选择步 ($k = k+1$)，从候选集合中选择出最相关的基向量 $\boldsymbol{\psi}_i$，并将 $\boldsymbol{\psi}_i$ 增加到当前活跃基集合 $A'^{(k)}$。然后更新预测向量 $\boldsymbol{\mu}^{(k)}$

$$\boldsymbol{\mu}^{(k)} = \boldsymbol{\psi}_{i\circ} \left((\boldsymbol{\psi}_{i\circ})^{\mathrm{T}} \boldsymbol{\psi}_{i\circ} \right)^{-1} (\boldsymbol{\psi}_{i\circ})^{\mathrm{T}} \boldsymbol{Y} \tag{4.53}$$

在保证活跃集非空之后，开始执行自适应前向-后向选择过程 ($k = k+1$)。这个过程把前向选择算法与后向选择算法进行一个自适应的结合。它首先通过 OMP 算法执行前向选择步，以选取一个重要的基向量。OMP 算法的详细过程可参考表 4-3。假设 $\boldsymbol{\psi}_{i\circ}$ 被选择后，当前活跃集 $A'^{(k)}$，平方损失的累积增加量 d^+ 以及平方损失的累积变化量 d 均需要更新，即 $A'^{(k)} = A'^{(k-1)} \cup \{\psi_{i*}\}$，$d^+ = d^+ + \delta^+$ 和 $d = d + \delta^+$。其中 δ^+ 在每个迭代 k 被更新

$$\delta^+ = \frac{1}{N} \left(\left\| \boldsymbol{Y} - \boldsymbol{\mu}^{(k-1)} \right\|_2^2 - \left\| \boldsymbol{Y} - \boldsymbol{\mu}^{(k)} \right\|_2^2 \right) \tag{4.54}$$

并且预测向量 $\boldsymbol{\mu}^{(k)}$ 也被更新通过

$$\boldsymbol{\mu}^{(k)} = \boldsymbol{\Psi}_{A'^{(k)}} \hat{\boldsymbol{\beta}}^{(k)} \tag{4.55}$$

在方程 (4.55) 中，$\boldsymbol{\Psi}_{A'^{(k)}}$ 代表顺序选择当前活跃基向量集合矩阵。系数向量 $\hat{\boldsymbol{\beta}}^{(k)}$ 被计算通过

$$\hat{\boldsymbol{\beta}}^{(k)} = \arg \min_{\hat{\boldsymbol{\beta}}} \left\| \boldsymbol{Y} - \boldsymbol{\Psi}_{A'^{(k)}} \hat{\boldsymbol{\beta}} \right\|_2 = ((\boldsymbol{\Psi}_{A'^{(k)}})^{\mathrm{T}} \boldsymbol{\Psi}_{A'^{(k)}})^{-1} (\boldsymbol{\Psi}_{A'^{(k)}})^{\mathrm{T}} \boldsymbol{Y} \tag{4.56}$$

在前向选择步选择了至少两个重要的基向量到当前活跃基后，后向选择步自动被执行。后向选择步将检查当前活跃集中所有入选的基向量，找出冗余的或不重要的一个并剔除。后向选择步首先遍历活跃集中所有基向量，找出使最小平方损失轻微增加或使 δ^- 接近零的基向量。这个过程通过如下步骤进行选择：

$$i^\# = \arg \min_i \frac{\left| \boldsymbol{\psi}_i^{\mathrm{T}} (\boldsymbol{Y} - \boldsymbol{\Psi}_{A'^{(k)} - \{\psi_i\}} \hat{\boldsymbol{\beta}}_{i-}^{(k)}) \right|}{\|\boldsymbol{\psi}_i\|_2} \tag{4.57}$$

式中，$\hat{\boldsymbol{\beta}}_{i-}^{(k)}$ 代表使用活跃基向量 $\left\{ A'^{(k)} - \{\psi_i\} \right\}$ 拟合得到的多项式系数集合，即

$$\begin{aligned} \hat{\boldsymbol{\beta}}_{i-}^{(k)} &= \arg \min_{\hat{\boldsymbol{\beta}}} \left\| \boldsymbol{Y} - \boldsymbol{\Psi}_{A'^{(k)} - \{\psi_i\}} \hat{\boldsymbol{\beta}} \right\|_2 \\ &= ((\boldsymbol{\Psi}_{A'^{(k)} - \{\psi_i\}})^{\mathrm{T}} \boldsymbol{\Psi}_{A'^{(k)} - \{\psi_i\}})^{-1} (\boldsymbol{\Psi}_{A'^{(k)} - \{\psi_i\}})^{\mathrm{T}} \boldsymbol{Y} \end{aligned} \tag{4.58}$$

实际上，表 4-5 也给出了一个流行的后向选择标准：

$$i^\# = \arg \min_i \left\| \boldsymbol{Y} - \boldsymbol{\Psi}_{A'^{(k)} - \{\psi_i\}} \hat{\boldsymbol{\beta}}_{-i}^{(k)} \right\|_2 \tag{4.59}$$

式中，$\hat{\boldsymbol{\beta}}_{-i}^{(k)}$ 表示移除在方程 (4.56) 与 $\psi_i \in A'^{(k)}$ 相应估计系数。

表 4-5　　经典后向选择算法用于 PCE 重构

算法 2: 后向选择算法

输入: $\boldsymbol{Y} = \left\{ f\left(\boldsymbol{\Xi}^{(j)}\right) \right\}_{j=1}^{N}, \left\{\boldsymbol{\Xi}^{(j)} = \left(\xi_1^{(j)}, \xi_2^{(j)}, \cdots, \xi_n^{(j)}\right)\right\}_{j=1}^{N}, \epsilon > 0.$

输出: $A^{(k)}, \boldsymbol{\beta}^{(k)}.$

初始化: $k=0, \quad A^{(0)} = \Sigma, \quad \boldsymbol{\gamma}^{(0)} = \boldsymbol{Y}, \quad \Sigma = \{\psi_1(\boldsymbol{\Xi}), \psi_2(\boldsymbol{\Xi}), \cdots, \psi_M(\boldsymbol{\Xi})\},$

$\boldsymbol{\Psi} = \{\boldsymbol{\psi}_1, \boldsymbol{\psi}_2, \cdots, \boldsymbol{\psi}_M\} = \left\{\psi_i\left(\boldsymbol{\Xi}^{(j)}\right)\right\}_{N \times M}.$

$\boldsymbol{\beta}^{(k)} = \arg\min_{\boldsymbol{\beta}} \left\|\boldsymbol{Y} - \boldsymbol{\Psi}_{A(k)}\boldsymbol{\beta}\right\|_2, \boldsymbol{\mu}^{(k+1)} = \boldsymbol{Y} - \boldsymbol{\Psi}_{A(k)}\boldsymbol{\beta}^{(k)}, k \leftarrow k+1.$ ($\boldsymbol{\Psi}_{A(k)}$ 代表当前活跃基向量集合)

While $k < M$ & $\left\|\boldsymbol{\gamma}^{(k)}\right\|_2 \geqslant \epsilon$ **do**

$i^{(k+1)} = \arg\min_i \left\|\boldsymbol{Y} - \boldsymbol{\Psi}_{A^{(k)} - \{\psi_i(\boldsymbol{\Xi})\}}\boldsymbol{\beta}_{-i}^{(k)}\right\|_2$ where $\psi_i(\boldsymbol{\Xi}) \in A^{(k)}$ ($\boldsymbol{\Psi}_{A^{(k)} - \{\psi_j(\boldsymbol{\Xi})\}}$ 表示移除基向量 ψ_i 之后的活跃基向量集合, $\boldsymbol{\beta}_{-i}^{(k)}$ 表示从上一步估计的系数集合 $\boldsymbol{\beta}^{(k)}$ 中去掉与 ψ_i 相应的系数后剩余的多项式系数集合)

$A^{(k+1)} = A^{(k)} - \{\psi_{i(k+1)}(\boldsymbol{\Xi})\}$

$\boldsymbol{\beta}^{(k+1)} = \arg\min_{\beta} \|\boldsymbol{Y} - \boldsymbol{\Psi}_{A(k+1)}\boldsymbol{\beta}\|_2$

$\boldsymbol{\gamma}^{(k+1)} = \boldsymbol{Y} - \boldsymbol{\Psi}_{A(k+1)}\boldsymbol{\beta}^{(k+1)}$

$k \leftarrow k+1$

end while

在后向选择步选择了可能冗余的基向量 $\boldsymbol{\psi}_{i\#}$ 之后, 接下来要检验 $\boldsymbol{\psi}_{i\#}$ 是否能被移除。最小平方损失的增加量 δ^- 首先被计算

$$\delta^- = \frac{1}{N}\left(\|\boldsymbol{Y} - \bar{\boldsymbol{\mu}}\|_2^2 - \left\|\boldsymbol{Y} - \boldsymbol{\mu}^{(k)}\right\|_2^2\right) \tag{4.60}$$

式中, $\bar{\boldsymbol{\mu}}$ 表示剔除 $\boldsymbol{\psi}_{i\#}$ 贡献后的预测向量

$$\bar{\boldsymbol{\mu}} = \boldsymbol{\Psi}_{A'^{(k)} - \{\boldsymbol{\psi}_{i\#}\}}\hat{\boldsymbol{\beta}}_{i\#-}^{(k)} \tag{4.61}$$

$\hat{\boldsymbol{\beta}}_{i\#-}^{(k)}$ 被计算通过

$$\hat{\boldsymbol{\beta}}_{i\#-}^{(k)} = \arg\min_{\hat{\boldsymbol{\beta}}} \left\|\boldsymbol{Y} - \boldsymbol{\Psi}_{A'^{(k)} - \{\boldsymbol{\psi}_{i\#}\}}\hat{\boldsymbol{\beta}}\right\|_2$$

$$= ((\boldsymbol{\Psi}_{A'^{(k)} - \{\boldsymbol{\psi}_{i\#}\}})^{\mathrm{T}}\boldsymbol{\Psi}_{A'^{(k)} - \{\boldsymbol{\psi}_{i\#}\}})^{-1}(\boldsymbol{\Psi}_{A'^{(k)} - \{\boldsymbol{\psi}_{i\#}\}})^{\mathrm{T}}\boldsymbol{Y} \tag{4.62}$$

然后, 在这个过程中, 我们定义了一个阈值参数 v_1 以判断候选冗余基向量 $\boldsymbol{\psi}_{i\#}$ 是否能够被移除。当 $d^- < v_1 d^+$ 成立时, 算法就自动从活跃集中移除 $\boldsymbol{\psi}_{i\#}$。移除

$\psi_{i\#}$ 后预测向量通过下式被更新：

$$\boldsymbol{\mu}^{(k)} = \bar{\boldsymbol{\mu}} \tag{4.63}$$

以及 $d = d + \delta^-$ 也被更新。在后向选择–剔除步里，算法执行了一个迭代循环，即每次选择一个冗余的基向量，然后判断能否剔除，直至满足停止条件。这个停止条件被设定为：剔除这些变量的累积平方损失已经不可忽略，即 $d^- > v_1 d^+$。此外，当在前一个后向选择步里选择了一个基向量，但是它并不满足剔除标准，后向选择–剔除过程应该停止。但 d^+ 和 d^- 应该被纠正，以防止它们增加不匹配或者无理由地增加。同时，在一个自适应前向–后向选择迭代完成之后，AFBS 算法将会检测 $\psi_{i\#}$ 是否反复被选择和删除，以至于算法进入无限循环。因此，AFBS 算法探测出这样的 $\psi_{i\#}$，将它从全集 Σ' 中永久删除。这个详细的过程可结合图 4-11 给出的算法流程图理解。

在 Σ' 被遍历或满足 $\left\| \boldsymbol{Y} - \boldsymbol{\mu}^{(k)} \right\|_2 \leqslant \epsilon$ 后，自适应前向–后向选择迭代过程会停止，进入后向检查步。这个后向检查步同前一个后向选择–剔除步基本算法规则一样，其目的是再一次筛选所有进入活跃集中的基向量，找出冗余的或不重要的并删除它们。在这个过程里，我们引入了另外一个阈值参数 v_2 以判断是否满足剔除条件。在 AFBS 算法中，仅仅有两个阈值参数是需要人为设定的，并且它们的取值将会影响最终多项式混沌代理模型的结果。在接下来的章节中，我们将会结合具体算例去探讨这两个参数的取值对分析结果的影响。为了彻底解决这个问题，我们可以设计一个基于交叉验证或通过优化搜索途径去锁定最优的阈值参数，即全自适应前向–后向选择 (Fully Adaptive Forward-Backward Selection, FAFBS) 算法。在这个过程中，FAFBS 算法通过一个自适应寻优的过程去找到最适合于近似问题的阈值参数，然后执行最优的 AFBS 算法。因为 AFBS 算法是非常高效的，这个过程并不会消耗过多时间。

多项式混沌代理模型的建立仅依靠有限的观测样本，其截断误差 ϵ 以及全局泛化能力需要进一步检测。在如式 (4.50) 定义的 ℓ_1-最小化问题中，截断误差 ϵ 的选择对最终代理模型的影响也非常大。如果截断误差太大，则多项式混沌恢复系数或多项式混沌将会产生大的近似误差；而如果截断误差太小，则可能导致修建的多项式混沌产生过拟合现象。因此，本节结合交叉验证过程去选择最优的截断误差，以保证 AFBS 算法输出最优的多项式混沌代理模型。具体过程如下。

(1) 通过有效的 DOE 方式产生 N_{a} 个样本 $\left\{ \boldsymbol{\Xi}^{(i)} \right\}_{i=1}^{N_{\mathrm{a}}}$，并通过高可信度模型分析它们的表现 $\boldsymbol{Y} = \left(f\left(\boldsymbol{\Xi}^{(1)} \right), f\left(\boldsymbol{\Xi}^{(2)} \right), \cdots, f\left(\boldsymbol{\Xi}^{(N_{\mathrm{a}})} \right) \right)^{\mathrm{T}}$。如前所述，一个合适的抽样策略应该考虑输入变量分布或者多项式类型、样本数要求以及近似函数本身等。

(2) 分割样本 $\left\{\boldsymbol{\Xi}^{(i)}, f\left(\boldsymbol{\Xi}^{(i)}\right)\right\}_{i=1}^{N_a}$ 为 N 个训练样本 $\left\{\boldsymbol{\Xi}^{(i)}, f\left(\boldsymbol{\Xi}^{(i)}\right)\right\}_{i=1}^{N}$ 以及 N_v 个验证样本 $\left\{\boldsymbol{\Xi}^{(i)}, f\left(\boldsymbol{\Xi}^{(i)}\right)\right\}_{i=N+1}^{N_a}$。在本节中，训练样本为 $N = 4N_a/5$ 以及验证样本为 $N_v = N_a/5$。通过代入 N 个训练样本到候选基函数计算测量矩阵 $\boldsymbol{\Psi}$。

(3) 执行 AFBS 算法通过使用 N 个训练样本 $\left\{\boldsymbol{\Xi}^{(i)}, f\left(\boldsymbol{\Xi}^{(i)}\right)\right\}_{i=1}^{N}$ 得到最重要的基函数集合 $A' = \{\psi_j\}$ 以及相应的基向量集合 $A = \{\psi_j(\boldsymbol{\Xi})\}$。从 A' 中选择前 $i\,(i = 1, 2, \cdots, \mathrm{card}\,(A'))$ 个基向量组成 $\boldsymbol{\Psi}_{r_i}$，并计算 $\boldsymbol{\beta}_{r_i} = \arg\min_{\boldsymbol{\beta}} \|\boldsymbol{\Psi}_{r_i}\boldsymbol{\beta} - \boldsymbol{Y}_r\|_2$ 以及相应的截断误差 $\varepsilon_{r_i} = \|\boldsymbol{\Psi}_{r_i}\boldsymbol{\beta}_{r_i} - \boldsymbol{Y}_r\|_2\,(i = 1, 2, \cdots, \mathrm{card}\,(A'))$。

(4) 通过代入 N_v 个验证样本到上一步选择的前 $i\,(i = 1, 2, \cdots, \mathrm{card}\,(A'))$ 个基函数，得到验证矩阵 $\boldsymbol{\Psi}_{v_i}$。找到 $i^* = \arg\min_i \|\boldsymbol{\Psi}_{v_i}\boldsymbol{\beta}_{r_i} - \boldsymbol{Y}_v\|_2\,(i = 1, 2, \cdots, \kappa)$，并标记相应的截断误差为 $\varepsilon_r^* = \varepsilon_{r_{i^*}}$ 以及对应的基函数集合为 A^*。

(5) 使用最优的基函数集合 A^* 以及全部 N_a 个样本估计最优的恢复系数 $\boldsymbol{\beta}^*$。同时计算此时的截断误差为 $\varepsilon = \sqrt{N_a/N}\varepsilon_r^*$。输出多项式混沌代理模型以及截断误差。

文献 [27] 以经典的高速自然层流翼型 LRN1015 流场等为例全面测试了 AFBS 算法的表现。AFBS 算法流程如图 4-11 所示。自然层流流场对存在的一些不确定因素非常敏感，如来流状态不确定和加工误差不确定等，造成了流场特性的剧烈变化。该算例假设工作马赫数和升力系数在设计点附近产生变化并服从正态分布，即 $Ma \sim N(0.59, 0.01^2)$，$C_l \sim N(0.90, 0.05^2)$。而几何外形由于加工误差影响在名义值附近产生不确定变化。我们通过卡-洛 (Karhunen-Loève，K-L) 展开对翼型外形控制点随机变化进行降阶处理，取前 12 阶特征值和特征函数构成截断的 K-L 展开，进而可以使用 12 个随机变量控制外形的随机分布影响。故当考虑飞行状态与几何外形不确定性问题时，共包含 14 个不确定变量 [27]，图 4-12 和图 4-13 分别给出了 AFBS 算法使用 20 个样本和 40 个样本近似压力系数分布和摩擦阻力系数分布均值 (μ_{C_p}, μ_{C_f}) 和标准差 $(\sigma_{C_p}, \sigma_{C_f})$ 的近似结果。可以看出，当使用 40 个样本时，提出的 AFBS 算法能产生和蒙特卡罗模拟方法接近一致的分布和准确率，而计算花费减少了三个数量级，显著改进了高速自然层流翼型流场多变量不确定分析的效率。值得注意的是，AFBS 算法的重构效率与实验设计方法等也密切相关 [31]。在给定样本数下，使用者应该选择空间填充性较好的实验设计，如最优拉丁超立方设计，或者通过改善测量矩阵正交性的优化抽样方法等，如 D-optimal 等 [22]。

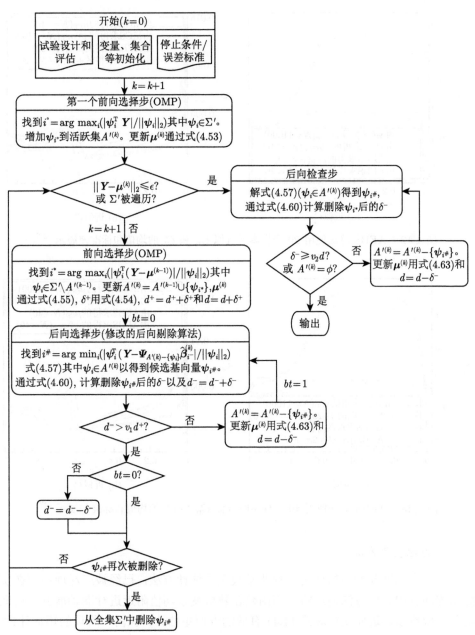

图 4-11 AFBS 算法流程图 [27]

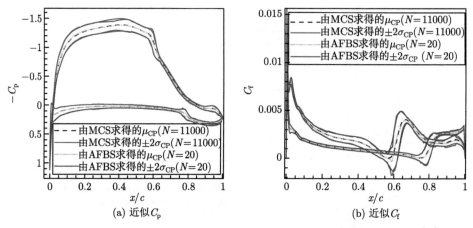

(a) 近似 C_p　　　　　　　　　(b) 近似 C_f

图 4-12　AFBS 算法使用 20 个样本时近似 C_p 和 C_f 的均值和标准差展示 [27]

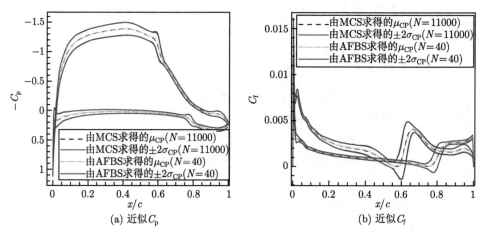

(a) 近似 C_p　　　　　　　　　(b) 近似 C_f

图 4-13　AFBS 算法使用 40 个样本时近似 C_p 和 C_f 的均值和标准差展示 [27]

4. 当地展开方法

基于泰勒展开的矩估计是一种非常快速的估计方法,已经被广泛地应用在实际工程问题中。此方法通过将被积函数在随机变量均值附近进行泰勒展开,仅取前若干低价项,进而获得对式 (4.4) 有效的近似矩估计。保留一阶项的矩估计为

$$\mu_\mathrm{f} = f(\boldsymbol{\mu}_\Xi) \quad \text{和} \quad \sigma_\mathrm{f}^2 = \sum_{i=1}^{N} \left(\frac{\partial f}{\partial \xi_i} \bigg|_{\boldsymbol{\mu}_\Xi} \right)^2 \sigma_{\xi_i}^2 \tag{4.64}$$

以及保留二阶项的矩估计为

$$\mu_{\mathrm{f}} = f(\boldsymbol{\mu_{\Xi}}) + \frac{1}{2!} \sum_{i=1}^{N} \left(\frac{\partial^2 f}{\partial^2 \xi_i} \bigg|_{\boldsymbol{\mu_{\Xi}}} \right) \sigma_{\xi_i}^2$$

$$\sigma_{\mathrm{f}}^2 = \sum_{i=1}^{N} \left(\frac{\partial f}{\partial \xi_i} \bigg|_{\boldsymbol{\mu_{\Xi}}} \right)^2 \sigma_{\xi_i}^2 + \frac{1}{2!} \sum_{i=1}^{N} \sum_{j=1}^{N} \left(\frac{\partial^2 f}{\partial \xi_i \partial \xi_j} \bigg|_{\boldsymbol{\mu_{\Xi}}} \sigma_{\xi_i} \sigma_{\xi_j} \right)^2 \tag{4.65}$$

其花费分别为 $O(d)$ 和 $O(d^2)$。基于泰勒展开的方法要求被积函数至少是一阶或者二阶可微的。一阶泰勒展开仅能保证对线性或者弱非线性函数有好的精度。若在某些特殊位置展开，例如驻点，一阶泰勒级数展开将产生显著的方差误差。二阶泰勒级数展开可以提高一阶泰勒级数展开的精度，但计算量显著增加。对于高阶高非线性函数，通常需要截断泰勒到非常高的阶数，进而也带来了巨大的计算花费。与基于抽样的方法相比，采用前向或后向有限差分公式，一阶和二阶泰勒级数展开的计算次数分别为 $O(N)$ 和 $O(N^2)$，这是一个主要优点。对于高度非线性的性能函数和广泛分布的不确定性变量，很有必要展开高阶泰勒级数或采用上述技术。目前一些研究中，Papadimitriou 等 [43] 提出的结合伴随方法的高阶敏感性差分方法能够缓解保留三阶项矩估计的计算花费。

为了估算失败概率密度函数，基于泰勒展开的一阶可靠性方法 (First-Order Reliability Method，FORM) 和二阶可靠性 (Second-Order Reliability Method，SORM) 方法是非常有效的。一阶和二阶可靠性方法首先需要使用优化方法确定最可能点位置 (Most Probable Point，MPP)，即

$$\min_{\boldsymbol{Z}} \|\boldsymbol{Z}\|$$
$$\text{s.t. } g(\boldsymbol{Z}) = 0 \tag{4.66}$$

其中 MPP 定义了从面 $g(Z) = 0$ 到 Z 空间原点的最短距离，这个最短距离即为可靠性指标。当 $g(Z)$ 在 MPP 点进行泰勒展开时为

$$g(\boldsymbol{Z}) = g(\boldsymbol{Z}^*) + \sum_{i=1}^{N} \left(\frac{\partial f}{\partial z_i} \bigg|_{\boldsymbol{Z}^*} \right) \mathrm{d}z_i + \frac{1}{2} \sum_{i=1}^{N} \sum_{j=1}^{N} \left(\frac{\partial^2 f}{\partial z_i \partial z_j} \bigg|_{\boldsymbol{Z}^*} \right) \mathrm{d}z_i \mathrm{d}z_j + \cdots \tag{4.67}$$

式中，$\boldsymbol{Z}^*$ 代表 MPP 点。FORM 和 SORM 分别使用一阶和二阶泰勒展开系列代入到上式中近似 $g(\boldsymbol{Z})$，则 $g(\boldsymbol{Z})$ 失败概率为

$$P_{\mathrm{g}} = \Phi\left(\|\boldsymbol{Z}^*\| \right) \tag{4.68}$$

式中，$\boldsymbol{Z}$ 为正态分布；$\Phi(\cdot)$ 为标准正态累计分布函数。当 $\boldsymbol{Z}$ 为一般分布时，可使用 Rosenblatt 转换将 $\boldsymbol{Z}$ 先转为标准正态分布，然后再使用上式进行失败概率估计。

4.2　稳健性评价理论与方法

气动稳健优化 (RADO) 相比于确定性优化，通过考虑各种敏感的不确定因素对气动表现的影响，寻找满足目标稳健性和约束可靠性的解，其中约束可靠性即指可行稳健性。由于不确定因素的最合适代表形式包括概率类型和非概率类型，因此稳健性和稳健可行性的度量方式也就产生了差异，合适的度量方式才会产生有效的优化解 [1]。如非概率间歇不确定性，其稳健性度量指标包括间歇宽度和中值 [12]。本节主要考虑连续的概率类型不确定变量。

为了获得稳健的设计结果，应该明确定义考虑不确定性影响的稳健性和稳健可行性指标，并将其引入设计系统。稳健性和稳健可行性评估是气动稳健设计过程中不可缺少的组成部分，准确的评价标准对于获得真正的稳健可靠的解集非常重要 [1]。在只有概率不确定性输入的情况下，目标的稳健性可以通过其统计特征进行量化。在概率理论中，常见的统计特征包括均值、方差等。在早期的气动稳健设计中，稳健性评价指标包括一定范围内的表现期望或一阶矩、最差表现等。然而，这些评价方式如表现期望值或最坏情况下的表现，很难满足高非线性气动设计的稳健性要求。因此，稳健性最好的评价方式由性能的方差来衡量，它代表了在所有可能的不确定性对系统表现的敏感性，即概率稳健性评价。结合概率论中概率密度函数的定义，方差可以通过多维积分来计算

$$\sigma_{\mathrm{f}}^2 = \int \left(f(\boldsymbol{X}, \boldsymbol{P}, \boldsymbol{Z}) - \mu_{\mathrm{f}} \right)^2 \xi(\boldsymbol{Z}) \mathrm{d}\boldsymbol{Z} \tag{4.69}$$

式中，均值 $\mu_{\mathrm{f}} = \int f(\boldsymbol{X}, \boldsymbol{P}, \boldsymbol{Z}) \xi(\boldsymbol{Z}) \mathrm{d}\boldsymbol{Z}$ 用于评价不确定性对系统表现的平均整体影响，通常也当成稳健设计目标来考虑。ξ 代表 $\boldsymbol{Z} = (z_1, z_2, \cdots, z_N)$ 的 N 维联合概率密度函数，当 $\boldsymbol{Z}$ 是相互独立的不确定变量时，ξ 为每一维度单独概率密度函数 $\xi_i(z_i)$ 的乘积，即 $\xi(\boldsymbol{z}) = \xi_1(z_1) \times \xi_2(z_2) \times \cdots \times \xi_N(z_N)$。在许多工程应用中，关于不确定性源的信息往往是非常有限的，不能用概率分布准确表示。此时，必须利用非概率理论对不确定性进行描述，如区间描述法。当不确定源仅为区间不确定性时，可用系统表现的区间不确定度进行表征，即系统表现的区间中点和范围就可以作为性能和稳健性的衡量标准，即区间稳健性评价，如图 4-14 所示。在一些复杂情况下，不确定因素可能包含由概率描述的偶然性不确定性 (如随机变量或随机过程) 和由区间表达的认知不确定性的混合类型，如图 4-15 所示，混合不确定类型的系统表现不确定度为多个概率分布，其平均值和方差为间歇不确定性。基于此，Du 等 [44] 提出同时使用平均标准差 $\bar{\sigma}_{\mathrm{f}}$，即 $\bar{\sigma}_{\mathrm{f}} = \left(\sigma_{\mathrm{f}}^{\max} + \sigma_{\mathrm{f}}^{\min} \right) / 2$，和标准差偏差 $\delta\sigma_{\mathrm{f}}$，即 $\delta\sigma_{\mathrm{f}} = \sigma_{\mathrm{f}}^{\max} - \sigma_{\mathrm{f}}^{\min}$，作为这种混合不确定度类型的稳健性

评价方式。其前者主要衡量概率不确定性的影响，而后者则考虑区间不确定性的影响，也被称为一般基于不确定度的稳健性评价准则。

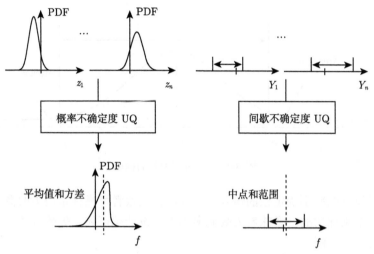

图 4-14　间歇和概率不确定度量化图示 [12]

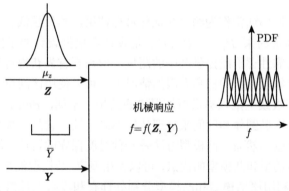

图 4-15　间歇和概率混合类型不确定度量化图示 [44]

此外，也可使用百分比偏差来评价稳健性 [45]，其中百分比偏差的定义为

$$\Delta f_{a_1}^{a_2} = f^{a_2} - f^{a_1} \tag{4.70}$$

其中 $P\left(f \leqslant f^{a_i}\right) = a_i (i = 1, 2)$ 以及 f^{a_1} 和 f^{a_2} 分别代表系统输出较小和较大时的概率。百分比与尾部概率有关，可以提供系统表现更加详细的分布信息。然而如图 4-16 所示，方程 (4.70) 使用百分比偏差不能测量多峰 PDF 的稳健性，因此百分比偏差方法只适用于单峰 PDF。

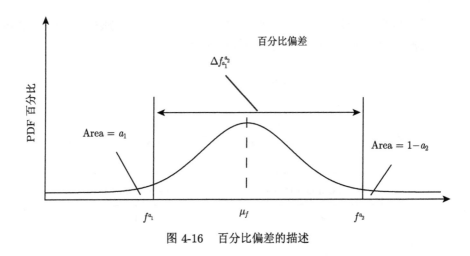

图 4-16　百分比偏差的描述

对于只有概率不确定性的输入，稳健可行性或者可靠性是由失败概率或侵犯约束的概率来评估的，意味着失败概率越小，设计越可靠。失败概率估算要求多维积分的计算，即

$$P_{g_j} = \int_{g_j(\boldsymbol{Z}) \leqslant 0} \xi(\boldsymbol{Z}) \mathrm{d}\boldsymbol{Z}, \quad j = 1, 2, \cdots, m \tag{4.71}$$

上式表示的失败概率通常作为约束和优化目标使用，其值越低表示侵犯约束的可能性越低，如满足约束 $P_{g_j} \leqslant P_{0j}$，P_{0j} 是设计者根据设计要求定义的常数。基于概率理论的可靠性评价能提供准确的测量，但需要首先获得对约束等充足的信息。相反，在可靠性分析的信息有限的情况下，可以使用区间可靠性评价，如通常考虑区间的下限或上限以提供更加保守的结果。早期，Ben-Haim 等 [46] 基于非概率凸模型使用椭圆体和区间来处理认知不确定性，它是一种基于最坏案例来评估可靠性的手段。然而，凸模型方法是一种过度保守的设计，缺乏精确性。为了同时拥有概率模型和凸模型的优点，可以使用概率–凸模型混合可靠性方法。其中，Du 等 [44] 利用概率模型和凸模型分别处理有和没有充足信息的不确定性变量。具体而言，为了处理区间不确定性对可靠性的影响，可以使用在区间不确定性范围内的最坏表现作为可靠性评价准则。其他的途径如 Elishakoff 等 [47] 提出的方法，他们通过概率模型来定义不确定性的分布，由于缺乏相关知识，可使用凸模型来定义其概率分布参数的区间变化。如图 4-17 所示，由于不确定变量的概率密度函数的分布参数不是一个确定的值，而是在一个区间内，由 $g_j(\boldsymbol{X}, \boldsymbol{Z}) = 0$ 定义的极限状态将不是 $\boldsymbol{Z}$ 空间中的一个单一的超表面，而是由两个边界超表面 $\max_{\boldsymbol{Y}} g_j(\boldsymbol{X}, \boldsymbol{Z}, \boldsymbol{Y}) = 0$ 和 $\min_{\boldsymbol{Y}} g_j(\boldsymbol{X}, \boldsymbol{Z}, \boldsymbol{Y}) = 0$ 包围的一个超空间。实际上，上界和下界超曲面都是由多个超曲面组成的，这些超曲面来自不同的 $\boldsymbol{Y}$ 。这里

Y 代表区间向量 $Y = (Y_1, Y_2, \cdots, Y_{d_Y})$，通常认为每个不确定变量 z_i 都存在一定的不精确 PDF，且具有单一区间分布参数 Y_i。然后，约束的可靠性度量由下限 $P_{g_j}^{\mathrm{L}}$ 和上限 $P_{g_j}^{\mathrm{U}}$ 给出

$$P_{g_j}^{\mathrm{L}} = \Pr\left\{ G_{\max} = \max_{Y} g_j(\boldsymbol{X}, \boldsymbol{Z}, \boldsymbol{Y}) < 0 | \boldsymbol{Y} \in \Delta_{\boldsymbol{Y}} \right\}$$
$$P_{g_j}^{\mathrm{U}} = \Pr\left\{ G_{\min} = \min_{Y} g_j(\boldsymbol{X}, \boldsymbol{Z}, \boldsymbol{Y}) < 0 | \boldsymbol{Y} \in \Delta_{\boldsymbol{Y}} \right\}$$

(4.72)

其中 $\Delta_{\boldsymbol{Y}}$ 表示区间 $\boldsymbol{Y}$ 的子集。因此，失败概率的上界 $P_{g_j}^{\mathrm{U}}$ 被一个可接受的值所限制，以保证设计的可靠性。而可靠性指标的计算包含 $G_{\min}$ 和 $G_{\max}$ 的全局搜索，以及 $P_{g_j}^{\mathrm{L}}$ 和 $P_{g_j}^{\mathrm{U}}$ 的概率分析，这使得这类可靠性分析问题成为一个典型的双循环过程，其相对于单概率类型的可靠性分析问题计算花费将显著增加。同时，虽然使用区间不确定性表征需要更少的假设，单稳健性和可靠性评价可能不直观，并且稳健性和可靠性评价指标的估计过程将变得更加复杂。毫无疑问，与只考虑概率不确定性的气动稳健设计过程相比，引入区间和概率混合不确定性的气动稳健设计过程计算更加昂贵，甚至难以承担。

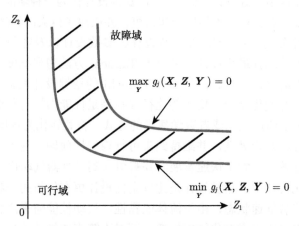

图 4-17 区间不确定变量输入引起的输出极限状态带图示 [48]

如图 4-18 所示，设计 D 虽然在设计点 x_D 处函数值 $f(x_D, \boldsymbol{\Xi})$ 更小，但当不确定因素 $\boldsymbol{\Xi}$ 影响时，其函数值 $f(x_D, \boldsymbol{\Xi})$ 急剧变化甚至超出可行域，约束函数 $g(x_D, \boldsymbol{\Xi})$ 也非常容易超出边界值。设计 E 在设计点 x_E 处虽然 $f(x_E, \boldsymbol{\Xi})$ 函数值比 $f(x_D, \boldsymbol{\Xi})$ 稍大，但受不确定因素 $\boldsymbol{\Xi}$ 影响时，其函数值变化很小，该设计点处的约束函数 $g(x_E, \boldsymbol{\Xi})$ 也能更大概率地保持对约束边界的可靠性。因此，综合来看，设计 E（x_E 处）是能满足稳健性要求的最优解。

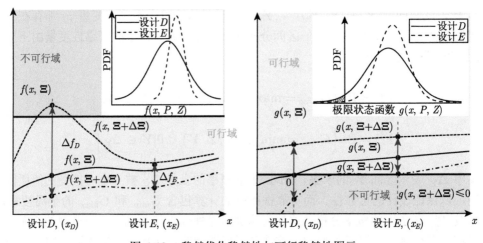

图 4-18　　稳健优化稳健性与可行稳健性图示

4.3　基于不确定性的设计优化

　　自 Taguchi 提出稳健设计的概念之后,稳健设计作为一种新的设计理念和设计方法已经广泛被工业界和学术界接受和认可,并取得了巨大的经济效益。Taguchi 提出的稳健设计分为三步 [49],即系统设计、参数设计以及容差设计。其主要通过试验设计的方式选择最优设计,以至于 Taguchi 方法遭遇维度灾难的难题并且难以处理有约束的设计问题。但是基于 Taguchi 的稳健设计理念,稳健优化相关理论得以发展。稳健优化通过优化的途径寻找满足性能指标与稳健性要求的产品设计,其优势在于通过优化或者数学建模的方式,将其转化为规则化定义的问题,即优化目标的性能及稳健性,并维持约束可行稳健性问题。基于这些理论,稳健优化方法在各行各业得到了快速发展,并被引入到飞行器气动优化设计中。

　　在气动优化设计中,稳健设计是比确定性设计更有价值的一种设计方法。比如,在亚声速或者低速状态,由于流体的黏性,气动性能随来流状态参数、几何外形、网格等不确定因素变化敏感性低。而对于跨声速气动外形或者高速自然层流设计时,激波强度和位置,层流区开始和维持,分离泡大小和分布,分离区起点和变化等都对来流状态、几何外形等的微小变化非常敏感,以至于确定性的设计手段很难或者要求很大花费才能满足工程要求的设计。稳健设计自早期被引入气动问题后,许多研究者只关注目标稳健性,如阻力、升阻比等在一定范围内保持稳健,而忽略了对可行稳健性的设计。气动外形优化通常是典型的多目标、多约束优化问题。因而,设计结果不仅要保持设计目标具有良好的性能和稳健性,同时应使设计约束满足可行稳健性要求。约束可行稳健性要求不确定因素引起的所有约束可能值超出边界的概率尽可能小，这一概率也被称为约束失败概率。因此，约束可行稳健性即为可靠性的概念。如图 4-19 所示，稳健性寻求对不确定因素不敏感的设计，而可靠性则要求设计在极端情况时失效概率尽可能小。进一步，用概率密度函数 (PDF) 解释两者的区别，如图 4-20 所描述，稳健性关注 PDF 的整体分布，如方差，而可靠性则关注 PDF 的尾部区域，即超过约束的概率区域。因此，稳健优化是一个更广义的不确定优化理念，即同时追求目标性能，目标稳健性与约束可靠性。

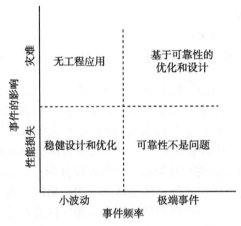

图 4-19　优化问题考虑不确定性 [1]

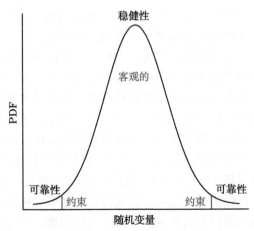

图 4-20　可靠性与稳健性图示 [1]

4.3.1　稳健性设计优化方法

气动稳健优化 (RADO) 相比于确定性优化，通过考虑各种敏感的不确定因素对气动性能的影响，寻找满足目标稳健性和约束可靠性的解，其中约束可靠性即指可行稳健性。由于不确定因素的最合适代表形式包括概率类型和非概率类型，因此鲁棒性和可靠性的度量方式也就产生了差异，合适的度量方式才会产生有效的优化解 [1]。如非概率间歇不确定性，其稳健性度量指标包括间歇宽度和中值 [12]。本节主要考虑连续的概率类型不确定变量。因而针对一般的气动优化问题，其稳健优化模型为

$$\text{Find}\quad \boldsymbol{X} \in \mathbb{R}^n$$
$$\min\quad (\mu_f(\boldsymbol{X}), \sigma_f(\boldsymbol{X})) \tag{4.73}$$
$$\text{s.t.}\quad P_{g_i}(g_i(\boldsymbol{X}, \boldsymbol{\Xi}) \leqslant 0) \leqslant P_{0i}, \quad i = 1, 2, \cdots, m, \quad \boldsymbol{\Xi} \in \mathbb{R}^d$$

式中，$\boldsymbol{X} = (x_1, x_2, \cdots, x_n)^T$ 代表设计变量；$\boldsymbol{\Xi} = (\xi_1, \xi_2, \cdots, \xi_d)^T$ 表示不确定因素或者随机变量。$\mu_f(\boldsymbol{X})$ 和 $\sigma_f(\boldsymbol{X})$ 指目标函数 $f = f(\boldsymbol{X}, \boldsymbol{\Xi})$ 在设计变量 $\boldsymbol{X}$ 处的均值和方差。P_{g_i} 表示第 i 个约束 g_i 侵犯边界的概率，其值应该不大于可靠性要求的概率值 P_{0i}。稳健优化是一个典型的多目标折中权衡问题。为了解决如方程 (4.73) 所示的气动稳健优化问题，一般可以分为三个步骤。第一步为不确定性建模，其包括识别可能对飞行器气动性能造成影响的不确定源，根据不确定源的特点进行分类，以及针对不同类型的不确定源选择最合适的描述方式。在对不确定源分析之后，第二步将建立有效的不确定分析与量化途径。这一步是稳健优化中最关键也是最耗时的一步，其核心是量化不确定输入对输出的影响。传统使用的不确定分析手段要么遭遇了巨大的计算花费问题，如蒙特卡罗模拟，要么分析精度低难以保证获得可供使用的最优解，如利用 Kriging 等代理模型构建不确定变量和设计变量的联合响应面模型。在稳健优化的过程中，每个候选设计均要进行不确定量化以计算其适应值。因而，不确定量化的时间直接影响了整个寻优过程的花费。由于多项式混沌代理模型的良好数学特性，本章基于多项式混沌代理模型发展了一些非常有效的不确定性量化方法，以满足非常高效的稳健优化需求。有了前两步的基础之后，第三步则针对考虑不确定影响的系统或气动外形建立有效的多目标优化与约束处理方法，寻找满足目标稳健性与约束可靠性的最优解。如图 4-21 所示，稳健优化寻求性能最优、目标方差最小 (稳健性) 以及约束侵犯边界的概率尽可能低 (可行稳健性) 的气动外形。然而，通常性能表现越好，其稳健性越差，或者目标稳健性越高，约束侵犯边界概率越大。也就是说，这个复杂的多目标多约束问题经常面临复杂的折中选择问题。通过整理这些步骤，图 4-22 给出了完整的稳健设计优化流程图。在图示中，不确定量化途径直接调用确定性的 CFD 求解器。文献 [50] 用代理模型代替 CFD 求解器以节省计算开销。然

而确定性的代理模型本身是近似数学模型, 其又会引入模型等不确定性, 使稳健设计结果可信度变差。

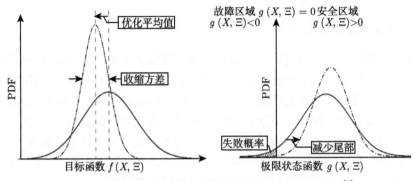

图 4-21　稳健优化寻求目标稳健性与约束可靠性图示[1]

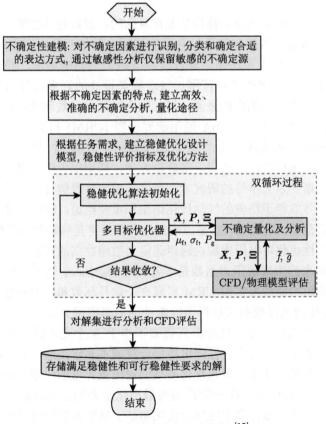

图 4-22　气动稳健优化流程图[15]

　　由上述可见，不确定分析是稳健设计优化中计算花费最大的部分，也是稳健设计区别于确定性设计的核心所在。稳健优化技术的发展近些年来的努力主要集中在提高不确定分析的准确率和效率。

4.3.2　稳健性设计优化应用

　　确定性优化方法虽然可以得到设计点处高性能的外形，但难以满足工程应用中复杂的使用需求。随着设计要求的不断提高和计算越来越便宜，使用气动稳健设计优化方法设计出具有高稳健、可靠气动特性和低成本的外形成为现实。早期，稳健设计主要集中在理论和方法研究中，随后被引入到气动稳健设计中，用于解决复杂的空气动力学设计问题，这些问题通常难以通过确定性设计优化方法获得满足工程使用要求的气动外形。从应用范围来看，主要包括跨声速气动外形设计、自然层流设计，以及直升机旋翼设计和发动机叶片设计等。

1. 跨声速气动稳健设计

　　跨声速条件下的空气动力特性是非常复杂的，通常包括激波、受强逆压力梯度影响的分离流动、激波和间歇性分离剪切层之间相互作用产生的激波抖动等。确定性的设计优化由于无法抑制非设计点上阻力的急剧增加，导致飞行边界范围狭窄，限制了航空器的飞行范围。气动稳健设计的许多部分研究工作集中在削弱或消除飞行条件范围内的激波，增加阻力发散马赫数和改善抖振边界[51,52]。图 4-23 和图 4-24 给出了 NASA 通用研究模型 (CRM) 机翼的外形和 AIAA 优化小组优化的升阻极曲线对比[53,54]。结果显示单点确定性优化会产生病态的优化结果。因此，来自如波音公司、密歇根大学、斯坦福大学、麦吉尔大学、多伦多大学和布里斯托尔大学等的研究者利用多点确定性稳健设计方法对这个问题进行深入研究，并取得了稳健的气动优化结果和重要结论，即跨声速气动外形设计需要考虑一定范围内的稳健性，单点确定性设计经常是病态的，很难被工程使用。尽管多点确定性优化可以用来解决跨声速阻力敏感性高的问题，但选择适当的位置和点的权重来约束局部阻力系数是非常困难的。Liem 等[55]通过最小化数值积分方法得到阻力期望来实现 CRM 机翼在一定马赫数和升力系数范围内的稳健性。Liem 等使用飞行数据来获得飞行条件的概率密度分布，从而为每个积分点提供一个可用的权值。多点优化公式需要不少于 9 个点才能在较小范围内获得稳健性，这与基于方差的稳健性评价指标计算成本非常接近，并且随着需要考虑的不确定系数数量的增加，多点优化必须面对维数灾难的问题。Huyse 等[56]和 Croicu 等[51]早期研究了在一定范围内最小化阻力期望的方法，并通过一些典型的机翼设计证明了多点确定性气动优化和基于概率方法稳健设计之间的明显区

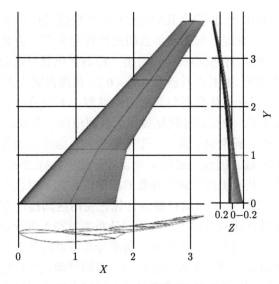

图 4-23 CRM 机翼初始几何外形

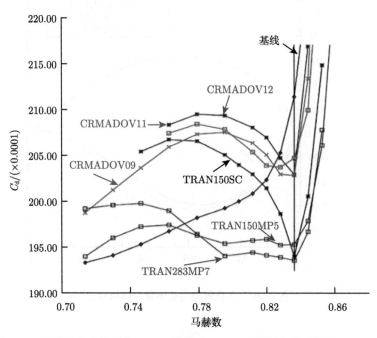

图 4-24 AIAA 气动优化小组优化 CRM 机翼 $(C_1 = 0.5)$ 得到的外形使用 TRANAIR 分析结果 [53]

别。图 4-25 和图 4-26 给出了对 RAE2822 进行稳健设计和单点确定性优化的结果对比 [57,58]。可以发现，相比于单点确定性优化翼型，稳健设计优化翼型最大厚度位置后移，前缘半径变小。可以看出，稳健优化翼型阻力发散马赫数超过 0.75，高于其他两个翼型，并且在马赫数 0.7 ∼ 0.75 范围内阻力系数变化更加稳健。图 4-27 给出了稳健设计优化翼型与其他两个翼型在不同马赫数下的压力分布对比。在 0.734 马赫数下，稳健设计优化翼型上表面出现一个双弱激波，在 0.75 马赫数下，稳健优化设计翼型也出现了一个双弱激波，强度均明显弱于单点确定性优化设计翼型的强激波。因此，通过稳健设计优化，RAE2822 翼型上表面出现了稳定的双弱激波，从而提高了对马赫数的稳健性。为了对比不确定性因素分布类型的影响，Cook 等 [12] 对气动稳健设计优化使用区间描述方法进行分析。图 4-28 给出了 Cook 等在相同条件下对比不同分布类型输入进行稳健设计优化的结果，包括马赫数服从均匀分布、β 分布、高斯分布以及区间分布等四种。结果显示，稳健优化设计得到的四个外形是接近的，但均与确定性优化的结果有较大的差异。此外，关于不确定性的数学描述在多大程度上影响稳健优化的结果并没有普遍的答案，这与不同工程问题的特点密切相关。

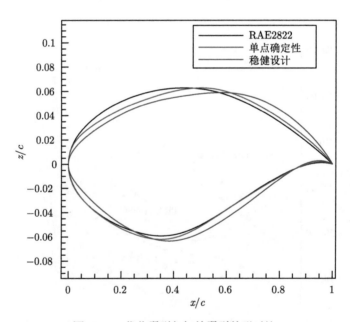

图 4-25　优化翼型与初始翼型外形对比

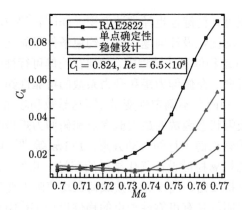

图 4-26 优化翼型阻力发散特性对比

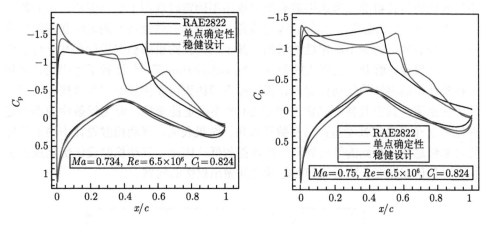

图 4-27 优化翼型与 RAE2822 翼型在不同状态下的压力分布对比 [15]

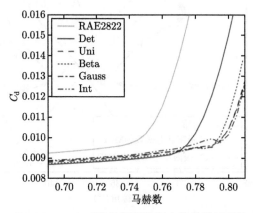

图 4-28 $C_l = 0.4$ 时优化翼型的阻力发散特性对比 [12]

　　另一方面，约束可行稳健性也经常被忽视。Du 等 [59] 和 Ahn 等 [60] 的一些研究强调了在稳健气动优化设计问题中保持约束条件可靠性或可行稳健性的重要性。图 4-29 显示了气动稳健设计过程中，如何在稳健可行性区域内收敛到最优解的过程。这个算例研究了在俯仰力矩和升力系数的可靠性约束下，两个设计变量 (即后掠角和梢根比) 和两个不确定性变量 (即马赫数和攻角) 的空气动力学优化问题。在升力系数极限状态函数的最大概率点和俯仰力矩极限状态函数的最大概率点的约束范围内搜索稳健可行的气动外形。Paiva 等 [61] 讨论了分别受可靠性约束和确定性约束的机翼稳健设计优化结果的差异。此外，Paiva 等比较了不确定性参数的变化，包括攻角、高度和有效载荷在均值附近变化时对气动稳健设计结果的影响。结果表明，具有可靠性约束的稳健设计 (R²BDO) 比具有确定性约束的稳健设计获得了更好的可靠性，但平均气动特性变差。图 4-30 显示，具有较小展弦比的设计机翼在考虑巡航高度和攻角不确定时取得了更稳健和更可靠的气动性能 (用升阻比衡量)。而同时考虑攻角、高度和有效载荷不确定时获得的机翼设计结果表明，随着不确定性的增加，基于确定性约束的稳健设计和基于可靠性约束的稳健设计解开始出现大的差异。Papadimitriou 等 [62] 比较了考虑到几何和飞行条件不确定性的气动稳健设计优化在不同约束可靠性或不同失败概率约束下的优化结果。其中几何不确定性包括 23 个不确定性变量，而飞行条件的不确定性包括 2 个不确定性变量：马赫数和攻角。结果表明，气动稳健设计中约束条件的可靠性越强，得到的气动外形气动性能越低。因此，气动稳健设计优化过程必须面对如何在性能、稳健性和可靠性之间做出权衡的问题。

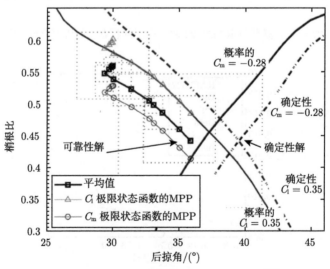

图 4-29　升力系数约束可靠性分析过程 [60]

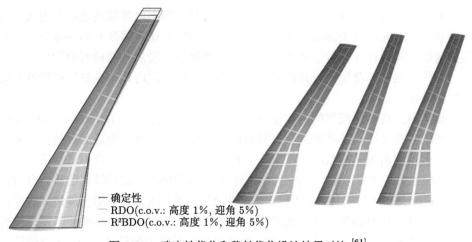

图 4-30 确定性优化和稳健优化设计结果对比 [61]

2. 自然层流气动稳健设计

自然层流 (Natural-Laminar-Fluid, NLF) 设计和混合层流控制 (Hybrid Laminar Flow Control, HLFC) 设计是减少巡航阻力，实现绿色航空最有希望的技术之一。然而由于层流区的敏感性，自然层流设计还没有在更多的商业飞行器中得到广泛应用。因此，自然层流设计最迫切的设计目标是在设计的气动外形的表面上设计出一个大范围的层流区，该区域对微小的加工制造误差和复杂的飞行条件等引起的不确定性都能保持良好的稳健性和可靠性 [63-66]。为了实现这个目标，气动稳健设计方法已经被广泛应用，特别是在高速高升力自然层流机翼设计中 [1,65,67-69]。新一代高空长航时无人机使用的高速高升力自然层流翼型巡航马赫数 $(Ma = 0.50 \sim 0.70)$ 接近跨声速，厚度一般大于 15%，雷诺数 $(Re = 0.5 \times 10^6 \sim 3.0 \times 10^6)$ 很低，造成了这类翼型表面极易出现分离泡和激波，尤其当马赫数、飞行攻角、雷诺数、湍流度等来流条件波动时，气动特性非常敏感。这类翼型在高空飞行时气流密度小，为了保证足够的升力需要具有高的 $(C_l = 0.8 \sim 1.0)$ 巡航升力系数。高速高升力巡航设计使得其相对于通常的亚声速高升力以及跨声速低载荷翼型设计 [43] 更加复杂，其难点主要包括以下几个方面：首先，这类翼型上表面有一定范围的超声速流动，使其表面极易出现强激波，强激波的出现很可能使其抵消了层流减阻的收益，即超临界设计与层流设计在压力分布上的矛盾。其次，这类翼型通常较厚，高升力设计要求其具有大的前缘吸力峰和尽量高且靠后的压力恢复点，而过于靠后的压力恢复点容易导致强激波甚至分离流出现，即高升力设计与超临界设计难以协调。同时，为了适应高速设计要求，通常在较靠前位置压力开始缓慢恢复，然而为了维持较长的层流区，要求其具备长的顺压梯度，进而需要合适的压力分布形态以兼顾高速高升力设计与层流设计。因此，这类翼型设计相对于此前典型的低亚声速高升力层流翼型以及层流超临界翼型设计具备了更大的设计难点和挑战，要求其能同时兼顾高升力设计、超临界设计以及层流设计的特点，获得在一定范围内具有良好气动特性和稳健性的外形。

该类高速自然层流翼型的典型设计点为 $C_1 = 1.0, Ma = 0.6, Re = 1.0 \times 10^6$，设计要求其在设计点及其附近获得稳健的气动特性。此类翼型最经典的代表为全球鹰无人机使用的 LRN1015 翼型。该翼型具有经典亚声速高升力翼型压力分布形态的特点，即"屋顶型"压力分布和"凹面"压力分布。该类经典的压力分布形态由 Liebeck 等[70] 于 1978 年提出，其中"屋顶型"压力分布形态能最大程度地增加翼型升力同时维持层流区的发展，而"凹面"压力分布在亚声速时能提供避免后缘流动分离的"最短"压力分布。为了研究该类翼型的设计特点，本节使用三种优化设计模型进行对比说明，分别如下[16]。

(1) 带有压力分布约束的单点确定性优化模型

$$\begin{aligned}
&计算状态：\quad Re = 1.0 \times 10^6, \quad Ma_\infty = 0.6, \quad C_1 = 1.0 \\
&解的范围：\quad \boldsymbol{X} \in \mathbb{R}^n, \quad \boldsymbol{X} \in [\boldsymbol{X}_L, \boldsymbol{X}_U] \\
&最小值：\quad C_d \\
&约束条件：\quad C_m \geqslant C_{m0}, \quad 厚度 \geqslant T_0(15\%), \quad x_{C_{p,min}} \geqslant x_0
\end{aligned}$$ (4.74)

(2) 仅考虑马赫数不确定性的稳健优化模型

$$\begin{aligned}
&计算状态：\quad Re = 1.0 \times 10^6, \quad Tu = 0.5\%, \quad C_1 = 1.0 \\
&\qquad\qquad\quad Ma_\infty \in N(0.6, 0.02^2) \\
&解的范围：\quad \boldsymbol{X} \in \mathbb{R}^n, \quad \boldsymbol{X} \in [\boldsymbol{X}_L, \boldsymbol{X}_U] \\
&最小值：\quad \begin{cases} u_{C_d}(Ma) \\ \sigma_{C_d}(Ma) \end{cases} \\
&约束条件：\quad \Pr(C_m \leqslant C_{m0}) \leqslant P_0, \quad 厚度 \geqslant T_0(15\%)
\end{aligned}$$ (4.75)

(3) 同时考虑马赫数和升力系数不确定性的稳健优化模型

$$计算状态：\quad Re = 1.0 \times 10^6, \quad Tu = 0.5\%$$ (4.76)

$$Ma_\infty \in N(0.6, 0.02^2), \quad C_1 \in N(1.0, 0.1^2)$$ (4.77)

$$解的范围：\quad \boldsymbol{X} \in \mathbb{R}^n, \quad \boldsymbol{X} \in [\boldsymbol{X}_L, \boldsymbol{X}_U]$$ (4.78)

$$\text{最小值：} \begin{cases} u_{C_{\mathrm{d}}}(Ma, C_1) \\ \sigma_{C_{\mathrm{d}}}(Ma, C_1) \end{cases} \qquad (4.79)$$

$$\text{约束条件：} \quad \Pr(C_{\mathrm{m}} \leqslant C_{\mathrm{m0}}) \leqslant P_0, \quad \text{厚度} \geqslant T_0(15\%) \qquad (4.80)$$

对方程 (4.74) 使用加强学习粒子群算法 (CLPSO) 优化搜索至收敛，所得翼型记为 OPT15-2。对方程 (4.75) 和 (4.76) 均使用多目标粒子群算法 (MOPSO) 优化搜索得到收敛的两个 Pareto 解集，折中选择得到的翼型分别记为 OPT15-1 和 OPT15-3。结果显示，单点确定性设计的翼型 OPT15-2 在设计点阻力系数相对于 LRN1015 翼型降低了 6.5count，升阻比提高了 5.85，力矩特性改善明显。如图 4-31 所示，OPT15-2 翼型相对于 LRN1015 翼型最大弯度略有下降，最大厚度位置后移。如图 4-32 所示，OPT15-2 翼型保持了和 LRN1015 翼型相同的 "屋顶型" 压力分布形态。图 4-33 显示了阻力、升力和力矩特性曲线对比。结果表明，OPT15-2 翼型相对于 LRN1015 翼型力矩特性有明显改善；然而其仅在设计点附近很小范围内阻力系数降低，升阻特性提升；阻力发散马赫数较 LRN1015 翼型的 $Ma = 0.61$ 小幅提升到 $Ma = 0.62$，没有显著提升。因此，OPT15-2 翼型虽然相对于 LRN1015 翼型有所提升，但低阻范围非常小，其后缘压力恢复点较高，尤其随着马赫数增加，很快出现强激波，即这种经典压力分布形态非常难以适用于高速流动情况。

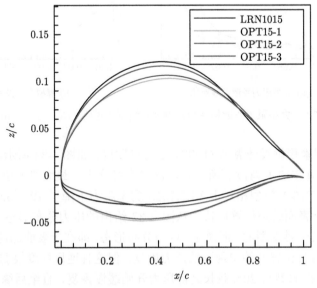

图 4-31　优化翼型与 LRN1015 翼型外形对比 [16]

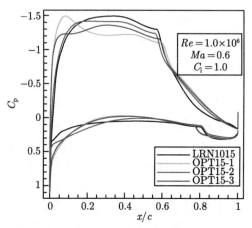

图 4-32　翼型设计点压力分布曲线对比 $(Re = 1.0 \times 10^6)$ [16]

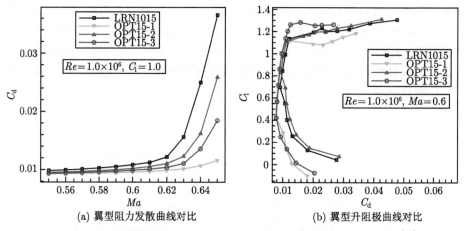

(a) 翼型阻力发散曲线对比　　　　　　　　(b) 翼型升阻极曲线对比

图 4-33　翼型阻力发散特性和升阻极曲线变化对比 $(Re = 1.0 \times 10^6)$ [16]

观察单因素稳健设计翼型 OPT15-1 可以发现,如图 4-33 所示,相对于 LRN 1015 翼型,OPT15-1 弯度有所下降,前缘半径增大,最大厚度位置后移。同时设计翼型 OPT15-1 翼型相对于 LRN1015 翼型阻力下降了 12.8count,升阻比提高了 12.3,上表面转捩位置后移。从图 4-32 给出的压力分布形态对比可以发现,OPT15-1 拥有一种新型的 "弱逆压" 压力分布形态,即在上表面加速后,允许翼型在接近 20％ 弦长位置开始出现弱的压力恢复,但这种逆压梯度很弱,不足以导致转捩发生,使得翼型从 20％ 弦长之前压力开始缓慢恢复,直至后缘降低了后缘压力恢复点,避免了后缘恢复过快而出现激波、分离等现象,从而最大程度地控制了激波随马赫数增加时的发展。设计结果从图 4-33 得到了验证,设计翼型 OPT15-1

拥有更低的阻力系数，以及更高的阻力发散马赫数 (0.64)，相对于 LRN1015 翼型阻力发散马赫数提升了 0.03，并且一直维持更低阻力状态。力矩特性曲线也显示 OPT15-1 翼型力矩特性相对于 LRN1015 翼型力矩约束边界更加可靠，力矩特性更好。因此，OPT15-1 翼型在宽马赫数范围内显示了非常好的稳健性。然而，当考察 OPT15-1 翼型升力特性时如图 4-34(b) 所示，OPT15-1 翼型在升力系数稍微增加后，如 $C_1 = 1.1$，翼型升力系数出现了"平台"，即阻力系数剧烈增加的同时，升力系数缓慢增加，阻力凹坑变小，气动特性急剧下降。OPT15-1 翼型在 $C_1 = 1.119$ 时的压力云图如图 4-34(a) 所示，在翼型上表面 25% 位置处出现了分离泡诱导转捩，阻力系数急剧增加。这是由于 OPT15-1 翼型为了保持良好的阻力发散特性，弯度下降，在升力系数增大后 (攻角在 4° 左右) 上表面流动加速不足，从而导致了分离泡的出现。因此，OPT15-1 翼型虽然拥有高的阻力发散马赫数，但缺乏对升力系数的稳健性，即考虑单一不确定性的稳健设计仍然是一种"敏感的"设计。

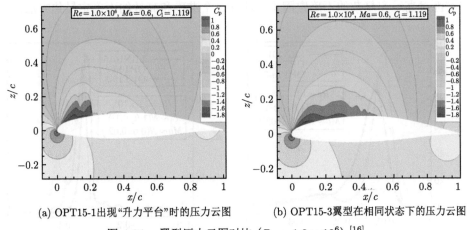

(a) OPT15-1出现"升力平台"时的压力云图　　　(b) OPT15-3翼型在相同状态下的压力云图

图 4-34　翼型压力云图对比 $\left(Re = 1.0 \times 10^6\right)$ [16]

考虑多因素不确定的稳健设计翼型 OPT15-3 较 OPT15-1 弯度提升，前缘半径略有增加。压力分布也显示，OPT15-3 翼型前缘加速较快，保证了升力系数，但吸力峰值较 OPT15-1 翼型明显降低，然后呈现一个较低的"屋顶型"压力分布形态，使翼型后缘有较低的压力恢复点，压力恢复点较 LRN1015 和 OPT15-2 均低，稍高于 OPT15-1。因此 OPT15-3 翼型压力分布形态在提升升力的同时维持层流区的发展，并能有效控制翼型后缘强激波的出现。从图 4-33 可以看出，OPT15-3 翼型阻力发散特性较 OPT15-1 略有变差，阻力发散马赫数为 $Ma = 0.63$，但较 OPT15-2 与 LRN1015 明显变好。升阻极曲线显示，OPT15-3 翼型获得了

$C_1 = 0.4 \sim 1.2$ 范围内的低阻，相对于其他三个翼型拥有最大的低阻抗，升力特性也较 OPT15-1 翼型提升显著，力矩特性也更好。图 4-34 给出的压力云图也显示，设计的 OPT15-3 翼型在此状态下上表面避免了分离泡提前产生，转捩位置更靠后。因此，OPT15-3 翼型是一种更加稳健的翼型，其有效权衡了超临界设计、层流设计以及高升力设计在压力分布形态上的矛盾，获得了一致更好的设计结果。图 4-35 给出了设计翼型和 LRN1015 翼型同时考虑马赫数和升力系数不确定时气动力系数概率密度函数曲线对比。可以看出，设计翼型 OPT15-1 由于对升力系数缺乏稳健性，阻力系数方差较大；而稳健设计翼型 OPT15-3 的阻力系数均值和方差均小于 LRN1015 翼型，阻力系数更低且更加稳健；设计翼型 OPT15-1 和 OPT15-3 的力矩系数侵犯约束的概率均显著低于 LRN1015 翼型，力矩系数也更加可靠。广泛的研究也证明了气动稳健设计优化应该同时考虑尽可能多的不确定源，例如，马赫数、升力系数、雷诺数、转捩位置、几何形状等。然而，随着不确定性维数的增加，这些建议的不确定量化方法将不得不面临不确定性量化和分析的计算成本过高的问题。因此，气动稳健设计优化目前的主要研究应集中在如何在面对高维和复杂的不确定因素时建立一个准确和高效的不确定量化方法。

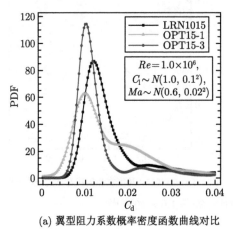

(a) 翼型阻力系数概率密度函数曲线对比

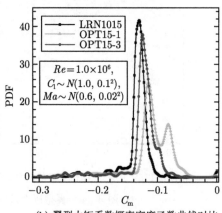

(b) 翼型力矩系数概率密度函数曲线对比

图 4-35   翼型气动力系数概率密度函数曲线对比 [71]

3. 直升机旋翼翼型和发动机转子气动稳健设计

由于运行环境的复杂性和空气动力性能受不确定性影响的脆弱性，如何通过稳健设计方法对涡轮转子叶片和直升机旋翼翼型进行设计这个问题已经得到了国内外持续的关注和努力 [72,73]。对于涡轮机转子叶片和直升机旋翼翼型或机翼的设计，典型的不确定性来源，例如由异物损伤、侵蚀损伤、制造误差和装配误差等引起的外形不确定性，以及操作不确定性等，非常容易导致气动性能发生剧烈变化。因此，对这类气动外形进行稳健设计是非常必要和实用的。Wang 等 [72] 对涡轮叶片进行了考虑出口静压不确定性的稳健设计，并使用非嵌入式 PCE 方法进行不确定量化。部分结果如图 4-36 所示，结果表明，稳健设计外形流场与初始外形流场对比，在 90% 站位处的总损失标准差有明显的减少，即稳健设计的气动性能和稳健性得到了明显的改善。Keane[73] 使用基于 Co-Kriging 辅助的稳健设计方法对考虑几何不确定性的涡轮机叶片进行稳健设计。Keane 使用基于 Co-Kriging 的蒙特卡罗模拟进行不确定性量化，以提高不确定量化效率和精度。图 4-37 给出了初始外形和稳健设计外形的截面轮廓和它们流场速度分布对比，结果表明，Keane 基于稳健设计方法得到了一些很好的权衡方案，总体上改善了气动性能，减少了气动表现敏感性，比如损失的标准差减少了 33% 之多。

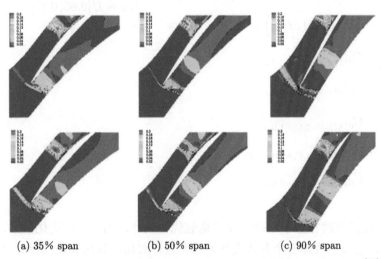

(a) 35% span   (b) 50% span   (c) 90% span

图 4-36 初始外形 (上) 和稳健设计外形 (下) 马赫数标准差云图对比 [72]

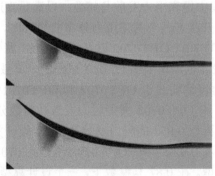

图 4-37 初始外形 (上) 和稳健设计外形 (下) 截面和速度场对比 [73]

　　高速共轴双旋翼直升机旋翼翼型在前飞时，桨尖马赫数可达 $0.85 \sim 0.90$，旋翼上下表面有强激波出现，并且激波位置和强度与流场相互干扰，造成升阻特性剧烈变化。据此建立了考虑高速马赫数不确定性的 7% 厚度桨尖翼型多目标稳健优化模型如下 [15]：

$$\text{Find } \boldsymbol{X} \in [\boldsymbol{X}^U, \boldsymbol{X}^L], \ \boldsymbol{X} \in \mathbb{R}^d, Re/Ma = 7.2 \times 10^6$$

$$\min \quad (f_1, f_2, f_3, f_4, f_5, f_6, f_7)$$

$$\text{s.t.} \quad t - t_0 \geqslant 0$$

$$\begin{cases} f_1 = \omega_1 \mu\left(\tilde{C}_{\rm d}(Ma)\right) + \omega_2 \sigma\left(\tilde{C}_{\rm d}(Ma)\right), \\ f_2 = \max\left\{|\tilde{C}_{\rm m}(Ma)|\right\}, \end{cases} \quad Ma \sim U[0.85, 0.87], \quad C_1 = 0,$$

$$\begin{cases} f_3 = C_{\rm d}|_{Ma=0.5, C_1=0.6, \alpha \leqslant 5^\circ} \\ f_4 = C_{\rm d}|_{Ma=0.6, C_1=0.6, \alpha \leqslant 4^\circ} \end{cases}$$

$$\begin{cases} f_5 = C_{\rm d}|_{Ma=0.3, C_1=1.0, \alpha \leqslant 9^\circ} \\ f_6 = C_{\rm d}|_{Ma=0.4, C_1=0.9, \alpha \leqslant 8^\circ} \\ f_7 = C_{\rm d}|_{Ma=0.5, C_1=0.8, \alpha \leqslant 6^\circ} \end{cases}$$

$$(4.81)$$

　　对上述模型进行基于不确定度的稳健优化设计，为了比较优化效果，从收敛的 Pareto 前缘中选择三个有代表性的翼型进行对比，如图 4-38 所示，分别记为 OPT0701、OPT0702 和 OPT0703 翼型。其中 OPT0701 翼型是一种高速与低速特性比较均衡的外形。而 OPT0702 和 OPT0703 翼型更侧重于高速特性，降低高速下的激波阻力并集中提高阻力发散马赫数，以满足高速旋翼翼型特殊设计需求。图 4-38 给出了零升状态四个翼型压力分布曲线对比。OA407 上下表面均出现一道强激波，而 OPT0701、OPT0702 以及 OPT0703 翼型上表面均由双弱激波代替，并且它们的下表面也出现了比 OA407 更弱的一道激波。尤其 OPT0703 翼型在上下表面的激波强度均要弱于 OPT0702 和 OPT0701 翼型。如图 4-39 所示，OPT0701、OPT0702 和 OPT0703 翼型阻力发散马赫数分别为 0.861、0.869 和 0.875，相对于 OA407 翼型 0.854 的阻力发散马赫数，设计翼型阻力发散马赫数分别提高了 0.007、0.015 和 0.021。并且 OPT0702 和 OPT0703 翼型的零升阻力系数也显著低于 OA407 翼型。在 0.87 马赫数下，三个设计翼型相对于 OA407 翼型阻力系数均降低 20count 以上。力矩特性曲线显示设计翼型 OPT0702 和 OPT0703

力矩系数绝对值在马赫数 0.8 ~ 0.87 范围内均小于 0.02, 并明显好于 OA407 翼型的力矩特性, 而 OA407 翼型力矩特性在阻力发散后急剧变差。

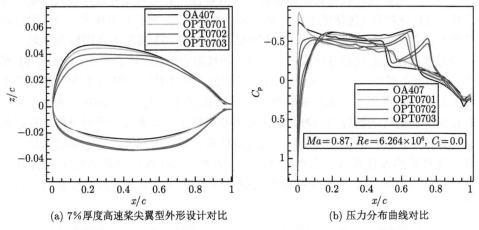

(a) 7%厚度高速桨尖翼型外形设计对比　　　(b) 压力分布曲线对比

图 4-38　7%厚度高速桨尖翼型外形和压力分布曲线对比 [15]

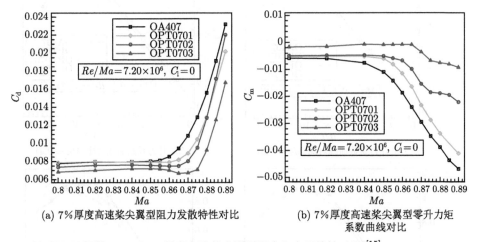

(a) 7%厚度高速桨尖翼型阻力发散特性对比　　(b) 7%厚度高速桨尖翼型零升力矩
系数曲线对比

图 4-39　7%厚度高速桨尖翼型阻力和力矩特性对比 [15]

　　7%厚度翼型位于桨叶尖部,(共轴双旋翼直升机) 高速前转时马赫数超过 0.87, 上下表面均非常容易出现强激波, 因此提高其阻力发散马赫数以及降低基础阻力对减少飞行阻力具有重要价值。同时在机动以及悬停时, 巡航马赫数降低, 为了配合桨叶其他部分产生收益, 希望其能提供较大的最大升力系数以及一定的升阻比。当然, 由于其位于桨尖部分较小的一段, 因此其所能提供的载荷也非常有限。图 4-40 分别给出了设计翼型与 OA407 翼型在马赫数为 0.3、0.4、0.5 以及 0.6

下升力系数曲线对比。可以看出，设计的 OPT0701 翼型马赫数在 0.3 ~ 0.6 范围内相比于 OA407 翼型最大升力系数均有不同程度的提高。因为要协调旋翼翼型的多个气动特性，提高翼型高速阻力发散特性，翼型弯度降低，最大厚度位置后移，其低速特性 (包括最大升力系数和最大升阻比) 将会有所损失。为了维持稳健的高速阻力发散特性，使得 OPT0702 和 OPT0703 翼型上表面较为平坦，大攻角时非常容易出现强激波或者分离流，导致阻力增加。综合来看，OPT0701 翼型较 OA407 翼型气动特性全面提升，包括高、低速特性，但高速特性提升有限；而 OPT0703 翼型更强调高速特性，低速特性损失较大；OPT0702 翼型在保持高速良好稳健气动特性的同时，低速特性损失较小。可见设计翼型要维持良好的低速特性 (不差于 OA407 翼型)，高速特性将难以显著提高，进而难以满足高速直升机特殊的设计需求。这些案例进一步表明，与传统的确定性优化方法相比，稳健设计方法在满足未来飞行器的先进设计和任务要求方面具有显著的优势和潜力[15]。

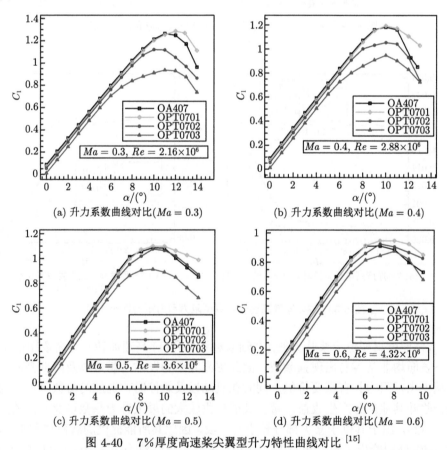

图 4-40　7%厚度高速桨尖翼型升力特性曲线对比[15]

参 考 文 献

[1] Zhao H, Gao Z, Xu F, et al. Review of robust aerodynamic design optimization for air vehicles[J]. Archives of Computational Methods in Engineering, 2019, 26(3): 685-732.

[2] Yao W, Chen X, Luo W, et al. Review of uncertainty-based multidisciplinary design optimization methods for aerospace vehicles[J]. Progress in Aerospace Sciences, 2011,47(6): 450-479.

[3] Guo J, Du X. Sensitivity analysis with mixture of epistemic and aleatory uncertainties[J]. AIAA Journal, 2012, 45(9): 2337-2349.

[4] Oberkampf W L, Ferson S. Model Validation Under Both Aleatory and Epistemic Uncertainty[M]. SAND2007-7163C. Sandia National Laboratories (SNL-NM), Albuquerque, NM (United States), 2007.

[5] Borgonovo E, Peccati L. On the quantification and decomposition of uncertainty[M]// Uncertainty and Risk. Berlin Heidelberg: Springer, 2007: 41-59.

[6] Agarwal H, Renaud J E, Preston E L, et al. Uncertainty quantification using evidence theory in multidisciplinary design optimization[J]. Reliability Engineering & System Safety , 2004, 85(1-3): 281-294.

[7] Zang T A, Hemsch M J, Hilburger M W, et al. Needs and opportunities for uncertainty-based multidisciplinary design methods for aerospace vehicles[R]. NASA/TM-2002-211462. NASA Langley Research Center, 2002.

[8] Beyer H G, Sendhoff B. Robust optimization—a comprehensive survey[J]. Computer Methods in Applied Mechanics & Engineering, 2007, 196(33-34): 3190-3218.

[9] Oberkampf W L, DeLand S M, Rutherford B M, et al. Estimation of total uncertainty in modeling and simulation[R]. Sandia Report SAND2000-0824, Albuquerque, NM, 2000.

[10] Dempster A P. A generalization of Bayesian inference[J]. Journal of the Royal Statistical Society, 1968, 30(2): 205-247.

[11] Pan Y, Huan J, Li F, et al. Aerodynamic robust optimization of flying wing aircraft based on interval method[J]. Aircraft Engineering & Aerospace Technology, 2017, 89(3): 491-497.

[12] Cook L W, Jarrett J P. Robust Airfoil optimization and the importance of appropriately representing uncertainty[J]. AIAA Journal, 2017, 55(11): 3925-3939.

[13] Helton J C, Johnson J D, Oberkampf W, et al. Sensitivity analysis in conjunction with evidence theory representations of epistemic uncertainty[J]. Reliability Engineering & System Safety, 2006,91(10): 1414-1434.

[14] Xiu D, Karniadakis G E. Modeling uncertainty in flow simulations *via* generalized polynomial chaos[J]. Journal of Computational Physics, 2003, 187(1): 137-167.

[15] 赵欢. 基于代理模型的高效气动优化与气动稳健设计方法研究 [D]. 西安: 西北工业大学, 2020.

[16] Zhao H, Gao Z, Gao Y, et al. Effective robust design of high lift NLF airfoil under multi-parameter uncertainty[J]. Aerospace Science & Technology, 2017, 68: 530-542.

[17] Janssen H. Monte-Carlo based uncertainty analysis: sampling efficiency and sampling convergence[J]. Reliability Engineering & System Safety, 2013, 109: 123-132.

[18] Saliby E. Descriptive Sampling: an improvement over latin hypercube sampling[C]// Simulation Conference, 1997: 230-233.

[19] Reichert P, Schervish M, Small M J. An efficient sampling technique for bayesian inference with computationally demanding models[J]. Technometrics, 2002, 44(4): 318-327.

[20] Halton J H. On the efficiency of certain quasi-random sequences of points in evaluating multi-dimensional integrals[J]. Numerische Mathematik, 1960,2(1): 84-90.

[21] Lee S H, Chen W, Kwak B M. Robust design with arbitrary distributions using Gauss-type quadrature formula[J]. Structural & Multidisciplinary Optimization, 2009, 30(39): 227-243.

[22] D'Errico J R, Zaino N A. Statistical tolerancing using a modification of Taguchi's method[J]. Technometrics, 1988,30(4): 397-405.

[23] Rahman S, Xu H. A univariate dimension-reduction method for multi-dimensional integration in stochastic mechanics[J]. Probabilistic Engineering Mechanics, 2004, 19(4): 393-408.

[24] Xu H, Rahman S. A generalized dimension-reduction method for multidimensional integration in stochastic mechanics[J]. International Journal for Numerical Methods in Engineering, 2004, 61(12): 1992-2019.

[25] Smoljak S A. Quadrature and interpolation formulae on tensor products of certain function classes[J]. Doklady Akademii Nauk Sssr, 1963, 4(5): 240-243.

[26] Balakrishnan N. Continuous Multivariate Distributions[M]. Hoboken, New Jersey, USA: Wiley Online Library, 2006.

[27] Zhao H, Gao Z, Xu F, et al. An efficient adaptive forward-backward selection method for sparse polynomial chaos expansion[J]. Computer Methods in Applied Mechanics and Engineering, 2019, 355: 456-491.

[28] Najm H N. Uncertainty quantification and polynomial chaos techniques in computational fluid dynamics[J]. Annual Review of Fluid Mechanics, 2009,41(41): 35-52.

[29] Dodson M, Parks G T. Robust aerodynamic design optimization using polynomial chaos[J]. Journal of Aircraft, 2009, 46(2): 635.

[30] Jakeman J D, Franzelin F, Narayan A, et al. Polynomial chaos expansions for dependent random variables[J]. Computer Methods in Applied Mechanics and Engineering, 2019, 351: 643-666.

[31] Cameron R H, Martin W T. The orthogonal development of non-linear functionals in series of Fourier-Hermite functionals[J]. Annals of Mathematics, 1947, 48(2): 385-392.

[32] Blatman G, Sudret B. Adaptive sparse polynomial chaos expansion based on least angle regression[J]. Journal of Computational Physics, 2011, 230(6): 2345-2367.

[33] Choi S-K, Grandhi R V, Canfield R A, et al. Polynomial chaos expansion with latin hypercube sampling for estimating response variability[J]. AIAA Journal, 2004, 42(6): 1191-1198.

[34] Hosder S, Walters R, Balch M. Efficient sampling for non-intrusive polynomial chaos applications with multiple uncertain input variables[C]// 48th AIAA/ASME/ASCE/AHS /ASC Structures, Structural Dynamics, and Materials Conference, 2007: 1939.

[35] Shimoyama K, Inoue A. Uncertainty quantification by the nonintrusive polynomial chaos expansion with an adjustment strategy. AIAA Journal, 2016, 54(10): 3107-3116.

[36] Donoho D L. Compressed sensing[J]. IEEE Transactions on Information Theory, 2006, 52(4): 1289-1306.

[37] Candes E J, Romberg J K, Tao T. Stable signal recovery from incomplete and inaccurate measurements[J]. Communications on Pure and Applied Mathematics V, 2006,59(8): 1207-1223.

[38] Candes E J. The restricted isometry property and its implications for compressed sensing[J]. Comptes Rendus Mathematique, 2008, 346(9-10): 589-592.

[39] Rauhut H, Ward R. Sparse Legendre expansions *via* ℓ_1-minimization[J]. Journal of Approximation Theory, 2012,164(5): 517-533.

[40] Jakeman J, Narayan A, Zhou T. A generalized sampling and preconditioning scheme for sparse approximation of polynomial chaos expansions[J]. SIAM Journal on Scientific Computing, 2017, 39(3): A1114-A1144.

[41] Bruckstein A M, Donoho D L, Elad M. From sparse solutions of systems of equations to sparse modeling of signals and images[J]. SIAM Review, 2009, 51(1): 34-81.

[42] Diaz P, Doostan A, Hampton J. Sparse polynomial chaos expansions *via* compressed sensing and D-optimal design[J]. Computer Methods in Applied Mechanics and Engineering, 2018, 336: 640-666.

[43] Papadimitriou D I, Giannakoglou K C. Third-order sensitivity analysis for robust aerodynamic design using continuous adjoint[J]. International Journal for Numerical Methods in Fluids, 2013, 71(5): 652-670.

[44] Du X, Venigella P K, Liu D. Robust mechanism synthesis with random and interval variables[J]. Mechanism and Machine Theory, 2009, 44(7): 1321-1337.

[45] Du X, Sudjianto A, Chen W. An integrated framework for optimization under uncertainty using inverse reliability strategy[J]. Journal of Mechanical Design, 2004, 126(4): 562-570.

[46] Ben-Haim Y, Elishakoff I. Convex Models of Uncertainties in Applied Mechanics[M]. Amsterdam: Elsevier Science Publisher, 1990.

[47] Elishakoff I, Colombi P. Combination of probabilistic and convex models of uncertainty when scarce knowledge is present on acoustic excitation parameters[J]. Computer Methods in Applied Mechanics and Engineering, 1993, 104(2): 187-209.

[48] Huang Z L, Jiang C, Zhou Y S, et al. Reliability-based design optimization for problems with interval distribution parameters[J]. Structural and Multidisciplinary Optimization, 2017, 55(2): 513-528.

[49] Taguchi G, Chowdhury S, Taguchi S. Robust Engineering[M]. New York: McGraw-Hill Professional, 2000.

[50] Chatterjee T, Chakraborty S, Chowdhury R. A critical review of surrogate assisted robust design optimization[J]. Archives of Computational Methods in Engineering, 2019, 26(1): 245-274.

[51] Croicu A-M, Hussaini M Y, Jameson A. Robust airfoil optimization using maximum expected value and expected maximum value approaches[J]. AIAA Journal, 2012, 50(9): 1905-1919.

[52] Shah H, Hosder S, Koziel S, et al. Multi-fidelity robust aerodynamic design optimization under mixed uncertainty[J]. Aerospace Science & Technology, 2015, 45: 17-29.

[53] Ledoux S T, Vassberg J C, Young D P, et al. Study based on the AIAA aerodynamic design optimization discussion group test cases[J]. AIAA Journal, 2015, 53(7): 1-26.

[54] Iuliano E. Global optimization of benchmark aerodynamic cases using physics-based surrogate models[J]. Aerospace Science & Technology, 2017, 67: 273-286.

[55] Liem R P, Martins J R R A, Kenway G K W. Expected drag minimization for aerodynamic design optimization based on aircraft operational data[J]. Aerospace Science & Technology, 2017, 63: 344-362.

[56] Huyse L, Padula S L, Lewis R M, et al. Probabilistic approach to free-form airfoil shape optimization under uncertainty[J]. AIAA Journal, 2002, 40(9): 1764-1772.

[57] Zhao H, Gao Z, Xu F, et al. Adaptive multi-fidelity sparse polynomial chaos-Kriging metamodeling for global approximation of aerodynamic data[J]. Structural and Multidisciplinary Optimization, 2021, 64(2): 829-858.

[58] Zhao H, Gao Z. Robust design optimization of benchmark aerodynamic case based on polynomial chaos expansion[C]// 31st Congress of the International Council of the Aeronautical Sciences, ICAS, 2018.

[59] Du X, Chen W. Towards a better understanding of modeling feasibility robustness in engineering design[J]. Journal of Mechanical Design, 2000, 122(4): 385-394.

[60] Ahn J, Kim S, Kwon J H. Reliability-based wing design optimization using trust region-sequential quadratic programming framework[J]. Journal of Aircraft, 2005, 42(5): 1331-1336.

[61] Paiva R M, Crawford C, Suleman A. Robust and reliability-based design optimization framework for wing design[J]. AIAA Journal, 2014, 52(4): 711-724.

[62] Papadimitriou D I, Papadimitriou C. Aerodynamic shape optimization for minimum robust drag and lift reliability constraint[J]. Aerospace Science & Technology, 2016, 55: 24-33.

[63] Zhao K, Gao Z, Huang J. Robust design of natural laminar flow supercritical airfoil by multi-objective evolution method[J]. Applied Mathematics and Mechanics, 2014, 35(2): 191-202.

[64] Li J, Gao Z, Huang J, et al. Robust design of NLF airfoils[J]. Chinese Journal of Aeronautics, 2013, 26(2): 309-318.

[65] Zhao H, Gao Z, GaoY. Design optimization of natural-laminar-flow airfoil for complicated flight conditions[C]// 35th AIAA Applied Aerodynamics Conference. American

Institute of Aeronautics and Astronautics, 2017: 3060.

[66] Rashad R, Zingg D W. Aerodynamic shape optimization for natural laminar flow using a discrete-adjoint approach[J]. AIAA Journal, 2016,54(11): 3321-3337.

[67] Zhao H, Gao Z. Uncertainty-based design optimization of NLF airfoil for high altitude long endurance unmanned air vehicles[J]. Engineering Computations, 2019, 36(3): 971-996.

[68] Zhao H, Gao Z, Wang C, et al. Robust design of high speed natural-laminar-flow airfoil for high lift[C]// 55th AIAA Aerospace Sciences Meeting, 2017: 1414.

[69] 赵欢, 高正红, 王超, 等. 适用于高速层流翼型的计算网格研究 [J]. 应用力学学报, 2018, 35(2): 351-357.

[70] Liebeck R H. Design of subsonic airfoils for high lift[J]. Journal of Aircraft, 1978, 15(9): 547-561.

[71] 赵欢, 高正红, 夏露. 高速自然层流翼型高效气动稳健优化设计方法研究 [J]. 航空学报, 2021, 42(12): 121849-1-121849-18.

[72] Wang X, Hirsch C, Liu Z, et al. Uncertainty-based robust aerodynamic optimization of rotor blades[J]. International Journal for Numerical Methods in Engineering, 2013,94(2): 111-127.

[73] Keane A J. Cokriging for robust design optimization[J]. AIAA Journal, 2012, 50(11): 2351-2364.

第 5 章　基于伴随方程体系的气动综合优化

前四个章节主要论述了基于进化算法的飞行器气动综合优化，本章节重点论述基于伴随方程思想的梯度优化方法。

基于伴随方法的梯度类是近年来较为热门的研究方向，基于伴随方程的梯度优化以其独有的优势，在气动设计等领域发挥了重要作用，也是国内外空气动力学研究机构一个重要的研究方向，而基于交叉学科变分思想的多学科伴随优化方法也开始在工程领域发挥重要作用。例如，考虑气动弹性变形的柔性机翼设计，若采用基于差分的梯度优化以及进化算法开展多学科多目标优化，其计算量非常庞大，甚至难以忍受，设计效率极为低下。此时基于多学科耦合伴随灵敏度分析的优化方法在综合设计上具有更加突出的优势。不仅如此，在结构、电磁、声学、红外、能量管理等方面与飞行器设计息息相关的学科方法，多学科耦合伴随方法也具有较大的发展潜力。由于多学科耦合伴随方法具有优化代价小，梯度计算量与各个学科设计变量个数基本无关等优点，且通过耦合伴随方程的求解能够快速计算出各个学科关心的各个目标函数对各学科设计变量的导数，倍受研究人员与工程师的关注与喜爱，必将在未来多学科优化领域发挥重要作用。

本章节对多学科耦合伴随优化方法研究进展、应用现状进行详细系统总结、归纳，对飞行器气动外形综合设计涉及的典型学科变分/耦合变分/关键环节的变分推导、耦合伴随方程进行求解，以及应用存在的难点进行深入分析，并进一步提出耦合伴随方程的几项值得关注的技术方向，展望了未来的发展趋势。希望能够为多学科耦合伴随方法的研究人员提供有价值的参考，促进国内航空航天飞行器多学科协同数值优化设计技术的发展。

5.1　离散伴随方程求解梯度基本原理

对于任意学科，这里的学科可以是流体、结构、噪声、电磁、热力学分析等问题，其对应的设计目标函数的最小化优化问题 [1,2] 为

$$\min_{\text{w.r.t. } \boldsymbol{X}} I(\boldsymbol{W}, \boldsymbol{X}) \tag{5.1}$$

式中，$\boldsymbol{W}, \boldsymbol{X}$ 分别为学科场变量以及设计变量，针对各个学科分析，在学科残差 $\boldsymbol{R}(\boldsymbol{W}, \boldsymbol{X}) = 0$ 约束条件下，引入拉格朗日算子可以构造以下目标函数：

$$L = I + \boldsymbol{\Lambda}^{\mathrm{T}} \boldsymbol{R} \tag{5.2}$$

对式 (5.2) 进行求导可得

$$\frac{\mathrm{d}I}{\mathrm{d}\boldsymbol{X}} = \frac{\mathrm{d}}{\mathrm{d}\boldsymbol{X}} \left(I(\boldsymbol{W}, \boldsymbol{X}) + \boldsymbol{\Lambda}^{\mathrm{T}} \boldsymbol{R}(\boldsymbol{W}, \boldsymbol{X}) \right)$$

$$= \left\{ \frac{\partial I}{\partial \boldsymbol{W}} \cdot \frac{\mathrm{d}\boldsymbol{W}}{\mathrm{d}\boldsymbol{X}} + \frac{\partial I}{\partial \boldsymbol{X}} \right\} + \boldsymbol{\Lambda}^{\mathrm{T}} \left\{ \frac{\partial \boldsymbol{R}}{\partial \boldsymbol{W}} \cdot \frac{\mathrm{d}\boldsymbol{W}}{\mathrm{d}\boldsymbol{X}} + \frac{\partial \boldsymbol{R}}{\partial \boldsymbol{X}} \right\}$$

$$= \left\{ \frac{\partial I}{\partial \boldsymbol{W}} + \boldsymbol{\Lambda}^{\mathrm{T}} \frac{\partial \boldsymbol{R}}{\partial \boldsymbol{W}} \right\} \frac{\mathrm{d}\boldsymbol{W}}{\mathrm{d}\boldsymbol{X}} + \left\{ \frac{\partial I}{\partial \boldsymbol{X}} + \boldsymbol{\Lambda}^{\mathrm{T}} \frac{\partial \boldsymbol{R}}{\partial \boldsymbol{X}} \right\} \tag{5.3}$$

从式 (5.3) 可以看出，若找到合适的 $\boldsymbol{\Lambda}$ 使得右端第一项为 0，可完全消除 $\dfrac{\mathrm{d}\boldsymbol{W}}{\mathrm{d}\boldsymbol{X}}$ 的计算量，即

$$\frac{\partial I}{\partial \boldsymbol{W}} + \boldsymbol{\Lambda}^{\mathrm{T}} \frac{\partial \boldsymbol{R}}{\partial \boldsymbol{W}} = 0 \tag{5.4}$$

式 (5.4) 就是各个学科对应的伴随方程，通过求解 $\boldsymbol{\Lambda}$ 之后，则可进行各个学科对设计变量的梯度信息快速求解，即

$$\frac{\mathrm{d}I}{\mathrm{d}\boldsymbol{X}} = \left\{ \frac{\partial I}{\partial \boldsymbol{X}} + \boldsymbol{\Lambda}^{\mathrm{T}} \frac{\partial \boldsymbol{R}}{\partial \boldsymbol{X}} \right\} \tag{5.5}$$

$$\begin{cases} \dfrac{\partial I}{\partial \boldsymbol{X}} \approx \dfrac{I(\boldsymbol{W}, \boldsymbol{X} + \Delta \boldsymbol{X}) - I(\boldsymbol{W}, \boldsymbol{X})}{\Delta \boldsymbol{X}} \\[3mm] \dfrac{\partial \boldsymbol{R}}{\partial \boldsymbol{X}} \approx \dfrac{\boldsymbol{R}(\boldsymbol{W}, \boldsymbol{X} + \Delta \boldsymbol{X}) - \boldsymbol{R}(\boldsymbol{W}, \boldsymbol{X})}{\Delta \boldsymbol{X}} \end{cases} \tag{5.6}$$

可以看出，伴随方程实质是对学科分析及其对应的物理场进行变分，通过链式求导进行灵敏度求解，其根本目的是避免学科分析大规模迭代、直接求解问题带来的灵敏度分析计算量，消除灵敏度分析计算量与设计变量个数的关系，其计算量最终仅仅与目标函数个数相关。其核心环节、难点是伴随方程雅可比构造以及右端项目标函数对物理场的变分。

5.2 流场伴随方程的构建及灵敏度求解

伴随方程首先在设计空气动力学领域得到了最为成功的应用。基于流动变分思想的分析手段以其独有的优势，在气动设计、网格误差修正领域等扮演着重

要角色，针对不同形式的主控方程，CFD 学者们发展出了连续伴随、离散伴随方程。

对于飞行器空气动力学外形优化设计问题，我们不妨令 I 为气动性能参数，包含飞行器的升力、阻力、力矩、热流、进气道总压恢复、喷管推力损失等一切与流动相关的参数，目标函数 I 是关于流场 $\boldsymbol{W}$ 和设计变量 $\boldsymbol{X}$ 的函数：

$$\min_{\mathrm{w.r.t.}\ D} I\left(\boldsymbol{W}, \boldsymbol{X}\right) \tag{5.7}$$

考虑流场残差约束 $\boldsymbol{R}(\boldsymbol{W}, \boldsymbol{X}) = 0$，同时回顾 5.1 节的推导，直接可以构造出流场伴随方程：

$$\frac{\partial I}{\partial \boldsymbol{W}} + \boldsymbol{\Lambda}^{\mathrm{T}} \frac{\partial \boldsymbol{R}}{\partial \boldsymbol{W}} = 0 \tag{5.8}$$

式 (5.8) 就是流场伴随方程，通过迭代方法求解 $\boldsymbol{\Lambda}$ 之后，可以通过式 (5.6) 进行梯度信息快速求解。对于式 (5.8) 中的 $\boldsymbol{\Lambda}^{\mathrm{T}} \dfrac{\partial \boldsymbol{R}}{\partial \boldsymbol{W}}$ 项，可以分解为以下几个部分：

$$\boldsymbol{\Lambda}^{\mathrm{T}} \frac{\partial \boldsymbol{R}}{\partial \boldsymbol{W}} = \boldsymbol{\Lambda}^{\mathrm{T}} \frac{\partial \boldsymbol{R}_{\mathrm{c}}}{\partial \boldsymbol{W}} - \boldsymbol{\Lambda}^{\mathrm{T}} \frac{\partial \boldsymbol{R}_{\mathrm{D}}}{\partial \boldsymbol{W}} - \boldsymbol{\Lambda}^{\mathrm{T}} \frac{\partial \boldsymbol{R}_{\mathrm{v}}}{\partial \boldsymbol{W}} \tag{5.9}$$

式 (5.9) 右端分别代表无黏项、人工黏性项和物理黏性项。

显然，离散伴随方程构造核心是对维纳–斯托克斯 (Navier-Stokes) 方程右端残差项进行变分推导，依赖于空间离散格式、边界条件、湍流模型等各个环节的选取。以中心格式为例，涉及对流项、人工黏性项、黏性项部分，以及边界条件的处理。对各项的变分可以进行手工推导，也可以借助自动微分工具 (如 Tapenade、ADIFOR 等) 的后向模式来完成，前者的优点是程序运行效率较高、不依赖于第三方库支持，缺点是工作烦琐，容易出错；后者的优点是简捷方便，缺点是依赖于第三方库支持、计算效率略低以及内存需求偏大等问题。

国外该方面工作较为深入，在手工推导，以及自动微分方面均开展了研究，最为典型的代表是密歇根大学 Martins 等基于自动微分方式建立了适用于结构、非结构网格的伴随方程求解器 ADFlow、DAFoam，自动微分工具采用 Tapenade，并基于耦合 krylov 方法进行方程高效求解。图 5-1 和图 5-2 分别给出了 AD-Flow、DAFoam 前向微分与后向微分模式示意图 [3,4]。图 5-3 和图 5-4 分别给出了 ADFlow、DAFoam 伴随优化框架的架构 [3,4]。

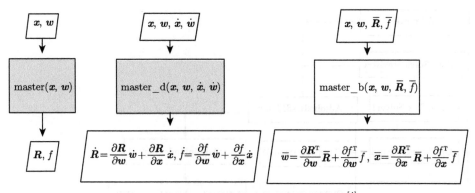

图 5-1　ADFlow 前向微分与后向微分模式 [4]

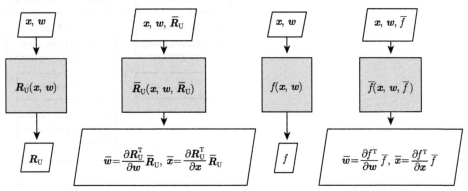

图 5-2　DAFoam 前向微分与后向微分模式 [4]

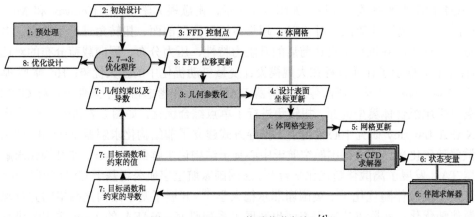

图 5-3　ADFlow 伴随优化框架 [4]

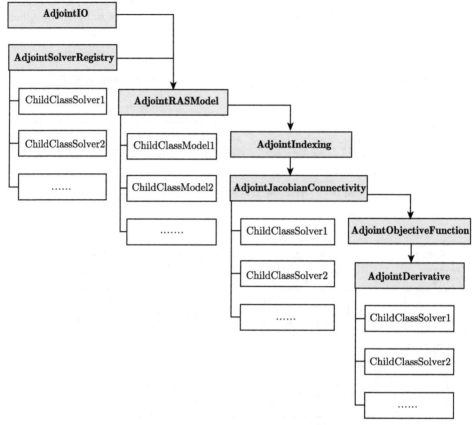

图 5-4   DAFoam 伴随优化框架 [3]

在飞行器外流问题气动外形优化应用方面，文献 [4] 基于 ADFlow 进行了
CRM 构型表面灵敏度分析，如图 5-5 所示，密歇根大学 Lyu、Kenway 和 Mar-
tins[5] 基于离散伴随优化对 CRM 超临界机翼翼型剖面、扭转角进行了单点、多
点综合优化，并进行了设计前后的升阻力特性、压力分布、展向载荷分布的对比
(图 5-6)，展示了伴随方程在大规模设计变量气动优化中的强大优势；He 等 [3] 基
于 OpenFoam 开发了离散伴随求解器 DAFoam，在考虑自配平条件下，对 CRM
翼身平尾组合体翼型剖面、扭转角进行了单点综合优化，如图 5-7 和图 5-8 所示。
NASA Langley 研究中心采用手工推导方式建立了非结构化求解器 FUN3D 的离
散伴随优化平台 [6]；德国航空航天中心基于结构化求解器 Flower、非结构化求解
器 TAU 发展了离散伴随优化平台 [7]，法国国家航空宇航公司基于 CFD 代码 elsA
开发了离散伴随优化 [8]，英国谢菲尔德大学 [9] 开展了基于结构化网格的并行离
散伴随优化。实际推广应用方面也开展了系列研究，NASA 的 Liou 等 [10] 进行

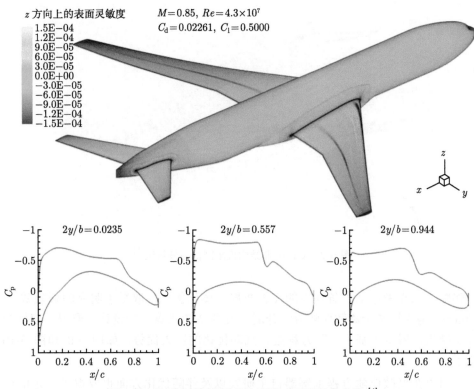

图 5-5 基于重叠网格伴随方程的表面灵敏度分析 [4]

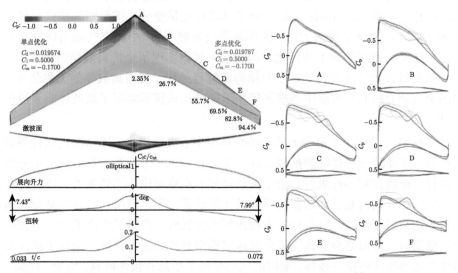

图 5-6 CRM 标准模型单点、多点优化设计对比 [5]

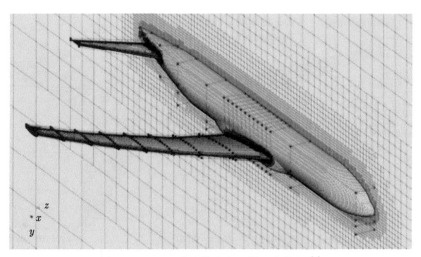

图 5-7　CRM 非结构直角网格与参数化 [3]

了伴随方法在考虑动力条件下的飞翼布局一体化优化，取得了明显的减阻效果；Vincent 等 [11] 基于离散伴随方法开展了波音 747 机翼气动设计，取得了较好的优化结果，展示了基于伴随方程进行气动优化的巨大优势，如图 5-9 和图 5-10 所示。

　　国内在离散伴随方程求解器自主研发以及伴随优化方面也取得了一定的进展。例如，西北工业大学左英桃、高正红等基于结构化网格求解器开展了 M6 机翼离散伴随优化 [12]；熊俊涛等 [13] 基于显式时间推进实现了离散伴随方程的求解，屈崑等利用 Tapenade 自动微分工具进行通量变分，按照矩阵模式组装到全局稀疏矩阵，实现了稳态 CFD 的伴随系统求解 [14]；中国空气动力研究与发展中心黄江涛、周铸等基于并行化结构网格求解器实现了全机离散伴随优化 [15,16]，南京航空航天大学高宜胜等基于非结构求解器进行了翼型离散伴随无黏优化 [17]；中国空气动力研究与发展中心李彬等基于非结构求解器实现了离散伴随系统的开发 [18]。

　　文献 [15] 采用手工推导方式，结合典型中心离散格式、冻结湍流黏性系数等条件给出了伴随方程详细的推导过程，基于 LU-SGS 方法及其最大特征值分裂方法进行了伴随方程并行求解。由于离散伴随方程雅可比矩阵转置的原因，方程式中对应的矩阵均需要进行转置处理，且无矩阵算法不再适用，右端项必须严格按照矩阵相乘进行运算，这是伴随方程求解单步耗时、内存需求高于 NS 方程的一个主要原因。并以某型宽体飞机全机巡航构型外部绕流为算例，进行了冻结湍流黏性系数等条件伴随梯度校核，采用的气动外形主要部件包含机翼、机身、挂架、短舱内外涵道、平尾以及立尾，网格分布如图 5-11 所示。图 5-12 给出了黏性离散伴随方程的收敛历程，图 5-13 和图 5-14 分别为物面第一伴随变量云图与参数化示意图。图 5-15 给出了任意选取的几个控制顶点的导数值对比，梯度幅值以及梯度方向一致，平均误差为 6%，验证了在外部黏性扰流问题中冻结黏性系数能够满足工程气动设计的要求。

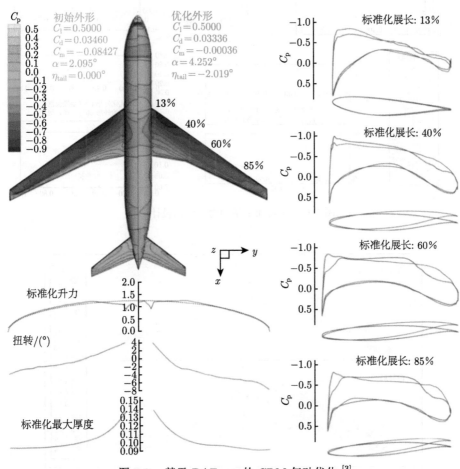

图 5-8 基于 DAFoam 的 CRM 气动优化 [3]

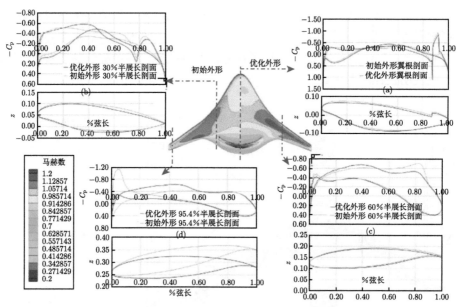

图 5-9　飞翼布局带动力一体化设计 [10]

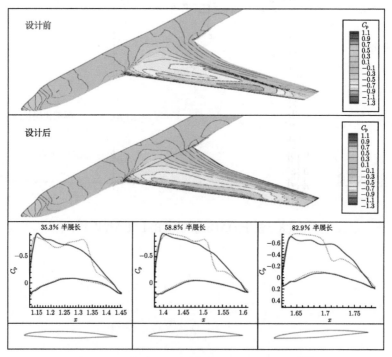

图 5-10　波音 747 机翼优化设计前后对比 [11]

图 5-11 表面网格分布 [15]

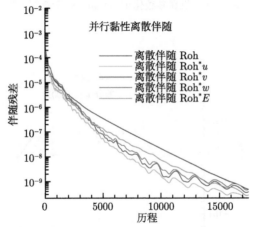

图 5-12 黏性离散伴随方程收敛历程 [15]

图 5-13 物面第一伴随变量云图 [15]

图 5-14　机翼参数化 FFD lattice 示意图 [15]

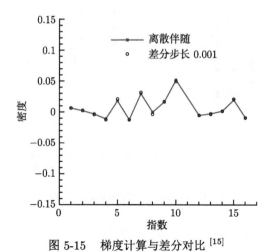

图 5-15　梯度计算与差分对比 [15]

同时文献 [15] 基于矩阵形式进行了伴随方程雅可比推导。根据边界性质的不同，将 $\left(\dfrac{\partial F_{\mathrm{c}}(\bar{\boldsymbol{W}})}{\partial \boldsymbol{W}_{j,k,l}}\right)^{\mathrm{T}}_{j-1/2,k,l}$ 特殊处理，$\boldsymbol{W}_2$ 是边界单元守恒变量，$\boldsymbol{W}_1$ 是边界单元对应虚网格守恒变量。

$$\frac{\partial F_{\mathrm{c}}(\bar{\boldsymbol{W}})}{\partial \boldsymbol{W}_2} = \frac{\partial \boldsymbol{F}_{\mathrm{c}}(\bar{\boldsymbol{W}})}{\partial \bar{\boldsymbol{Q}}} \frac{\partial \bar{\boldsymbol{Q}}}{\partial \boldsymbol{Q}_2} \frac{\partial \boldsymbol{Q}_2}{\partial \boldsymbol{W}_2} = \bar{\boldsymbol{A}} \frac{\partial \bar{\boldsymbol{Q}}}{\partial \boldsymbol{Q}_2} \boldsymbol{M}_2 \tag{5.10}$$

式中，$\bar{\boldsymbol{A}}$，$\boldsymbol{M}_2$ 分别对应雅可比矩阵及原始变量对守恒变量的转换矩阵。从式 (5.10)

可以看出，边界条件处理的核心就是求出边界条件矩阵 $\dfrac{\partial \bar{\boldsymbol{Q}}}{\partial \boldsymbol{Q}_2}$：

$$\frac{\partial \bar{\boldsymbol{Q}}}{\partial \boldsymbol{Q}_2} = \frac{1}{2} \frac{\partial (\boldsymbol{Q}_1 + \boldsymbol{Q}_2)}{\partial \boldsymbol{Q}_2} = \frac{1}{2}(\boldsymbol{M}_{\mathrm{BC}} + \boldsymbol{E}) \tag{5.11}$$

从式 (5.11) 的推导不难看出，对流项、人工黏性项、物理黏性项的边界条件均需要考虑对虚网格的变分关系，实质上仍然是推导边界条件矩阵 $\boldsymbol{M}_{\mathrm{BC}}$。下面给出几类典型的边界条件矩阵。

广义对称边界与无黏物面条件伴随方程边界条件矩阵：

$$\boldsymbol{M}_{\mathrm{BC}} = \begin{bmatrix} 1 & 0 & 0 & 0 & 0 \\ 0 & 1-2n_x^2 & -2n_y n_x & -2n_z n_x & 0 \\ 0 & -2n_x n_y & 1-2n_y^2 & -2n_z n_y & 0 \\ 0 & -2n_x n_z & -2n_y n_z & 1-2n_z^2 & 0 \\ 0 & 0 & 0 & 0 & 1 \end{bmatrix} \tag{5.12}$$

黏性物面条件矩阵：

$$\boldsymbol{M}_{\mathrm{BC}} = \begin{bmatrix} 1 & 0 & 0 & 0 & 0 \\ 0 & -1 & 0 & 0 & 0 \\ 0 & 0 & -1 & 0 & 0 \\ 0 & 0 & 0 & -1 & 0 \\ 0 & 0 & 0 & 0 & 1 \end{bmatrix} \tag{5.13}$$

超声速入流边界条件矩阵：

$$\boldsymbol{M}_{\mathrm{BC}} = \begin{bmatrix} 1 & 0 & 0 & 0 & 0 \\ 0 & 1 & 0 & 0 & 0 \\ 0 & 0 & 1 & 0 & 0 \\ 0 & 0 & 0 & 1 & 0 \\ 0 & 0 & 0 & 0 & 1 \end{bmatrix} \tag{5.14}$$

超声速出流边界条件矩阵：

$$\boldsymbol{M}_{\mathrm{BC}} = \begin{bmatrix} 0 & 0 & 0 & 0 & 0 \\ 0 & 0 & 0 & 0 & 0 \\ 0 & 0 & 0 & 0 & 0 \\ 0 & 0 & 0 & 0 & 0 \\ 0 & 0 & 0 & 0 & 0 \end{bmatrix} \tag{5.15}$$

特征出口边界条件矩阵：

$$\boldsymbol{M}_{\mathrm{BC}} = \begin{bmatrix} 1 & 0 & 0 & 0 & 1/c^2 \\ 0 & 1 & 0 & 0 & n_x/c^2 \\ 0 & 0 & 1 & 0 & n_y/c^2 \\ 0 & 0 & 0 & 1 & n_z/c^2 \\ 0 & 0 & 0 & 0 & 1 \end{bmatrix} \tag{5.16}$$

在典型的边界条件中，模拟进排气边界的伴随方程雅可比推导较为复杂，对于 CFD 数值模拟来讲，发动机入口即为流场出口边界，依据边界条件特征可以直接推导出风扇入口边界条件的变分矩阵：

$$\boldsymbol{M}_{\mathrm{BC}}^{'} = \left(\frac{\partial \boldsymbol{Q}_j}{\partial \boldsymbol{Q}_i}\right)_{\mathrm{BC\_outflow}} = \begin{bmatrix} 0 & & & & \\ & 0 & & & \\ & & 0 & & \\ & & & 0 & \\ & & & & 1 \end{bmatrix} \tag{5.17}$$

同理，对于 CFD 数值模拟来讲，发动机出口即为流场入口边界，依据特征线理论进一步推导出喷流边界雅可比。

伴随变量求解完毕后，需要进一步梯度求解，再回顾一下公式 (5.5)、(5.6)：

$$\frac{\mathrm{d}I}{\mathrm{d}\boldsymbol{X}} = \left\{ \frac{\partial I}{\partial \boldsymbol{X}} + \boldsymbol{\Lambda}^{\mathrm{T}} \frac{\partial \boldsymbol{R}}{\partial \boldsymbol{X}} \right\}$$

$$\begin{cases} \dfrac{\partial I}{\partial \boldsymbol{X}} \approx \dfrac{I(\boldsymbol{W}, \boldsymbol{X} + \Delta \boldsymbol{X}) - I(\boldsymbol{W}, \boldsymbol{X})}{\Delta X} \\[3mm] \dfrac{\partial \boldsymbol{R}}{\partial \boldsymbol{X}} \approx \dfrac{\boldsymbol{R}(\boldsymbol{W}, \boldsymbol{X} + \Delta \boldsymbol{X}) - \boldsymbol{R}(\boldsymbol{W}, \boldsymbol{X})}{\Delta \boldsymbol{X}} \end{cases}$$

可以看出，求解完毕伴随方程后，可以直接运用伴随变量求解梯度，最简单的方法是直接单侧或中心差分，由于流场变量不再迭代计算，因此，采用差分的计算量主要集中于网格变形技术。

尽管基于伴随方程求解，结合结构网格变形与差分方法进行梯度求解具备极高效率，但对于两种情况下其代价不可忽视：第一种情况，超大规模设计变量问题，对于维度大于 1000 的设计问题，笔者做过测试，在千万量级网格条件下，并行化网格变形时间 1 ~ 2s，1000 设计变量梯度计算耗时约 2000s，尽管相对于传统梯度方法大幅度提高，但对于优化过程仍然不可忽略。第二种情况，非结构网格条件下，网格变形时间将大幅度增加，按公式 (5.6) 进行梯度计算的代价将明显增加。为此，文献 [19] 提出基于网格伴随方程消除梯度计算对动网格的依赖。

其核心思想是在构造拉格朗日函数时，引入网格变形主控方程残差，以弹性体变形网格为例 [19]：

$$L = f + \boldsymbol{\Lambda}_f^T \boldsymbol{R} + \boldsymbol{\Lambda}_g^T (\boldsymbol{K}\boldsymbol{X} - \boldsymbol{X}_{\text{surface}}) \tag{5.18}$$

在式 (5.18) 中，目标函数 $f(\boldsymbol{D}, \boldsymbol{W}, \boldsymbol{X})$、流场残差 $\boldsymbol{R}(\boldsymbol{D}, \boldsymbol{W}, \boldsymbol{X})$ 是关于设计变量 $\boldsymbol{D}$、流场守恒变量 $\boldsymbol{W}$、网格坐标 $\boldsymbol{X}$ 的导数，$\boldsymbol{K}\boldsymbol{X} - \boldsymbol{X}_{\text{surface}}$ 是变形网格主控方程残差，理想条件为零，需要迭代求解。

对式 (5.19) 进行求导可得

$$\begin{aligned}
\frac{\mathrm{d}L}{\mathrm{d}\boldsymbol{D}} &= \frac{\mathrm{d}}{\mathrm{d}\boldsymbol{D}} \left(f + \boldsymbol{\Lambda}_f^T \boldsymbol{R} + \boldsymbol{\Lambda}_g^T (\boldsymbol{K}\boldsymbol{X} - \boldsymbol{X}_{\text{surface}}) \right) \\
&= \frac{\partial f}{\partial \boldsymbol{D}} + \left(\frac{\partial \boldsymbol{R}}{\partial \boldsymbol{D}} \right)^T \boldsymbol{\Lambda}_f + \left(\frac{\partial \boldsymbol{W}}{\partial \boldsymbol{D}} \right)^T \left[\frac{\partial f}{\partial \boldsymbol{W}} + \left(\frac{\partial \boldsymbol{R}}{\partial \boldsymbol{W}} \right)^T \boldsymbol{\Lambda}_f \right] \\
&\quad + \left(\frac{\partial \boldsymbol{X}}{\partial \boldsymbol{D}} \right)^T \left[\frac{\partial f}{\partial \boldsymbol{X}} + \left(\frac{\partial \boldsymbol{R}}{\partial \boldsymbol{X}} \right)^T \boldsymbol{\Lambda}_f + \boldsymbol{\Lambda}_g^T \boldsymbol{K} \right] - \boldsymbol{\Lambda}_g^T \left(\frac{\partial \boldsymbol{X}}{\partial \boldsymbol{D}} \right)_{\text{surface}}
\end{aligned} \tag{5.19}$$

从式 (5.19) 可以看出，传统有限差分的计算量主要由 $\dfrac{\partial \boldsymbol{X}}{\partial \boldsymbol{D}}$、$\dfrac{\partial \boldsymbol{W}}{\partial \boldsymbol{D}}$ 两项导致，令包含这两项的多项式系数为零，我们可以得到流场、网格伴随方程：

$$\frac{\partial f}{\partial \boldsymbol{Q}} + \left(\frac{\partial \boldsymbol{R}}{\partial \boldsymbol{W}} \right)^T \boldsymbol{\Lambda}_f = 0 \tag{5.20}$$

$$\frac{\partial f}{\partial \boldsymbol{X}} + \left(\frac{\partial \boldsymbol{R}}{\partial \boldsymbol{X}} \right)^T \boldsymbol{\Lambda}_f + \boldsymbol{\Lambda}_g^T \boldsymbol{K} = 0 \tag{5.21}$$

对式 (5.20) 求解得到流场伴随变量 $\boldsymbol{\Lambda}_f$，结合式 (5.21) 可以进一步得到网格伴随变量 $\boldsymbol{\Lambda}_g$，代入式 (5.19) 可以得到目标函数关于设计变量的梯度：

$$\frac{\mathrm{d}L}{\mathrm{d}\boldsymbol{D}} = \frac{\partial f}{\partial \boldsymbol{D}} + \left(\frac{\partial \boldsymbol{R}}{\partial \boldsymbol{D}} \right)^T \boldsymbol{\Lambda}_f - \boldsymbol{\Lambda}_g^T \left(\frac{\partial \boldsymbol{X}}{\partial \boldsymbol{D}} \right)_{\text{surface}} \tag{5.22}$$

由此可以看出通过网格耦合伴随方程构造，完全消除了对变形网格的反复调用。

伴随优化最大的瓶颈是处理多点问题，针对伴随方程在多点气动优化中对权函数的选取的盲目性、经验性等问题，文献 [16] 在宽体飞机通用研究 (Common

Research Model, CRM) 标准模型 [20] 基础上加入了立尾, 作为优化研究算例, 开展了基于 PCA 结合虚拟 Pareto 前缘方法进行伴随多点优化研究, 取得了较好的优化结果, 图 5-16 和图 5-17 给出了表面网格与 FFD 参数化示意图, 共采用 200 个控制顶点实现机翼气动外形参数化建模。该模型的设计要求是在满足几何约束的前提下, 对巡航状态升阻比、阻力发散特性、抖振边界以及力矩特性进行综合优化, 设计状态为 $Ma = 0.85, Re = 5.0 \times 10^6$, 其初始优化数学模型为

$$\begin{cases} \min f_1 = C_{\mathrm{d}} \\[2mm] \min f_2 = \left|C_{\mathrm{my}, C_1=0.5, Ma=0.85} - 0\right|_{C_1=C_{1,\mathrm{design}}} \\[2mm] \min f_3 = C_{\mathrm{d}, C_1=C_{1,\mathrm{buff}}} \\[2mm] \min f_4 = 100\left|C_{\mathrm{d}, Ma=0.87} - C_{\mathrm{d}, Ma=0.85}\right| \\[2mm] \mathrm{s.t.} \quad \dfrac{t_{\mathrm{root}}}{C} \geqslant 0.13, \quad \dfrac{t_{\mathrm{kink}}}{C} \geqslant 0.105, \quad \dfrac{t_{\mathrm{tip}}}{C} \geqslant 0.095, \quad C_{1,\,\mathrm{design}} = 0.5 \end{cases} \quad (5.23)$$

式中, $C_{1,\mathrm{design}}, C_{1,\mathrm{buff}}, \dfrac{t_{\mathrm{root}}}{C}, \dfrac{t_{\mathrm{kink}}}{C}, \dfrac{t_{\mathrm{tip}}}{C}$ 分别代表设计升力系数、抖振升力系数以及翼根、拐折、翼尖最大相对厚度。文献 [16] 在进行伴随优化前, 采用基于 PCA(主分量分析) 的方法开展有效降维处理。首先, 基于抽样数据进行 PCA 分析, 图 5-18 给出了特征值分布, 可以看出第一分量占据特征值分布的 90% 以上。图 5-19 给出了 $Ma = 0.87, C_1 = 0.5$ 状态的阻力与 $Ma = 0.85, C_1 = 0.6$ 状态的阻力系数增量的相关性分析示意图, 这也是 PCA 分析的一个本质作用, 即分析目标函数之间的相关性。

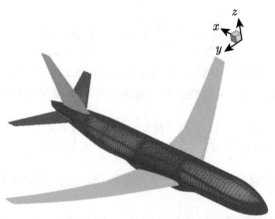

图 5-16   CFD 表面网格分布 [16]

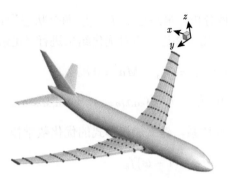

图 5-17   自由式变形参数化[16]

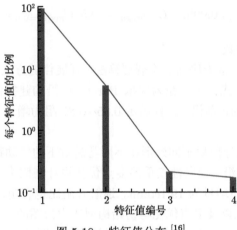

图 5-18   特征值分布[16]

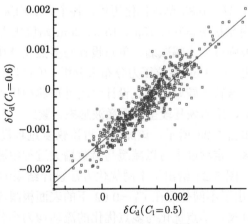

图 5-19   相关性分析[16]

　　依据 PCA 相关性分析，最终选定 f_1、f_2 两个状态为目标函数，其中力矩做约束处理，开展多点优化，并进一步对优化结果进行 "冗余目标" 验证。

$$\begin{cases} \min f_1 = C_{\mathrm{d}}, \quad Ma = 0.85 \\ \min f_2 = 100\left|C_{\mathrm{d},Ma=0.87} - C_{\mathrm{d},Ma=0.85}\right| \end{cases} \tag{5.24}$$

　　结合伴随优化设计体系，建立加权形式的优化数学模型：

$$\min F = \omega f_1 + (1 - \omega)f_2$$

$$\begin{cases} \dfrac{t_{\mathrm{root}}}{C} \geqslant 0.13, \quad \dfrac{t_{\mathrm{kink}}}{C} \geqslant 0.105 \\ \dfrac{t_{\mathrm{tip}}}{C} \geqslant 0.095, \quad C_{\mathrm{l,\ design}} = 0.5, C_{\mathrm{my},C_\mathrm{l}=0.5} = 0 \end{cases} \tag{5.25}$$

式中，ω 为对应权系数。

　　在该算例中[16]，基于序列二次规划算法，开展伴随方法加权优化，不同权函数伴随优化采用分布式计算。在为虚拟 Pareto 前沿构建提供不同权函数组合数据后，基于虚拟 Pareto 前沿，选择满足 0.85~0.87 阻力增量不大于 20count 的权函数。

　　表 5-1 给出了设计前后不同外形在不同马赫数下的气动特性对比，K 表示升阻比，基于 "虚拟前沿" 导向性权重的多点优化设计在阻力发散特性方面有明显改善，0.85~0.87 阻力增量为 19.1count，巡航升阻比也有明显提高。图 5-20 和图 5-21 给出了单点优化以及多点优化与初始构型压力云图的对比。可以看出，单点优化完全消除表面激波，多点优化呈现弱激波形态。图 5-22 给出了不同设计方法的优化历程，红线、绿线分别代表多点设计中 $Ma=0.85$、$Ma=0.87$ 状态阻力优化历程曲线，蓝线代表 $Ma=0.85$ 单点优化历程，各个方法均进行了 20 代优化。图 5-23 给出了展向绝对坐标 $y =5\mathrm{m}$、$10\mathrm{m}$、$15\mathrm{m}$、$20\mathrm{m}$ 站位压力分布优化前后对比，相对于初始外形激波强度均大幅减弱，单点设计与多点设计压力分布形态区别主要在 kink 外翼段。以 $y =15\mathrm{m}$ 站位压力分布来分析，单点设计压力分布呈无激波形态，阻力发散、抖振特性较好的多点设计气动外形典型压力分布形态压力恢复位置较初始外形靠前，压力恢复段呈现弱激波形态，紧跟一段较短的加速区 ("鼓包状压力分布")，如图 5-23 所示，该加速区再次恢复过程没有出现第二道激波，实际上，该处加速区一定程度上可以减缓马赫数增大过程中激波强度的增加，对阻力发散较为有利。图 5-24 给出了不同优化方法设计结果的阻力发散特性对比，图 5-25~图 5-27 给出了不同外形在 $C_\mathrm{l} =0.62$ 下的表面极限流线，可以看出，初始外形已经大面积分离，单点优化与多点优化的流动均为小分离泡形式，一定程度上反映了抖振特性的改善，也验证了多点伴随优化的可行性。

表 5-1   不同设计结果升阻特性对比 [16]

状态	初始外形	单点设计	多点设计
$C_{\mathrm{d},Ma=0.85}$	0.02883	0.02751	0.02766
$C_{\mathrm{m},Ma=0.85}$	0.0237	-0.0030	-0.0026
$K_{Ma=0.85}$	17.34	18.17	18.07
$C_{\mathrm{d},Ma=0.87}$	0.0317	0.02998	0.02957

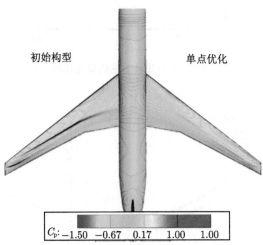

图 5-20   单点优化与初始构型压力云图对比 [16]

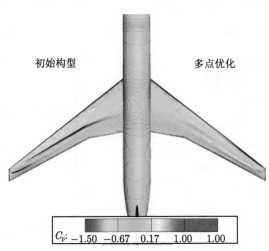

图 5-21   多点优化与初始构型压力云图对比 [16]

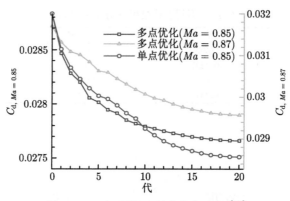

图 5-22　不同设计方法的优化历程 [16]

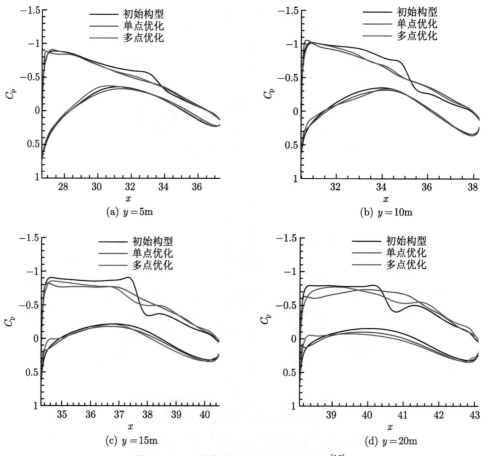

(a) $y = 5\mathrm{m}$

(b) $y = 10\mathrm{m}$

(c) $y = 15\mathrm{m}$

(d) $y = 20\mathrm{m}$

图 5-23　站位优化前后压力分布对比 [16]

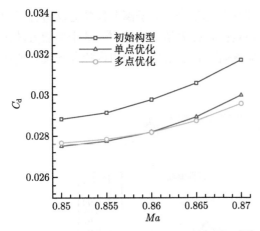

图 5-24　单点与多点设计阻力发散特性对比[16]

图 5-25　初始外形表面极限流线[16]
($C_1 = 0.62$)

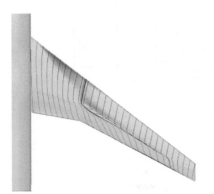

图 5-26　单点优化外形极限流线[16]
($C_1 = 0.62$)

图 5-27　多点优化外形极限流线[16]
($C_1 = 0.62$)

　　在飞行器内流问题气动外形优化应用方面，国内外在内流伴随优化方向也取得了长足的进展，尤其在进气道优化方面成绩斐然。NASA 的 Lee[21] 基于伴随方法开展了边界层吸入式 (Boundary-Layer-Ingestion，BLI) 进气道优化，减小了 50%流场畸变特性，提高了 3%的总压恢复系数；首尔国立大学 Yi 等 [22] 基于伴随方法开展了 S 弯进气道涡流发生器优化，在保持总压恢复性能的同时，降低了流场畸变；斯坦福大学 Heather 等 [23] 基于伴随方法对高超声速进气道进行了优化设计，表现出较高的优化设计效率；Christopher 和 Justin[24] 基于伴随方法与自由变形技术开展了喷管优化；麦吉尔大学 Benjamin 等 [25] 基于离散伴随方法进行了多级压气机优化，在保证总压比的条件下提高了等熵效率；如

图 5-28～图 5-31 所示。北京理工大学宋红超等 [26] 基于离散伴随方法进行了单边
膨胀喷管的优化,提高了喷管推力系数;吉林大学刘浩等 [27] 基于伴随方法进行
了叶片三维气动外形优化设计,图 5-28～图 5-33 给出了国内内流伴随优化的典型
应用。

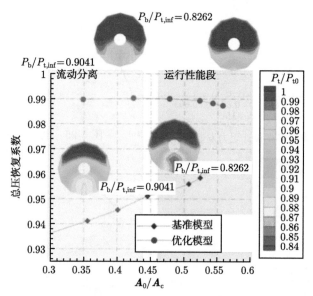

图 5-28　BLI 进气道优化 [21]

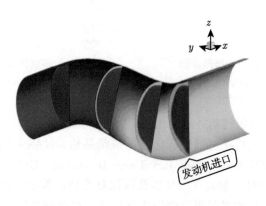

图 5-29　进气道涡流发生器伴随优化 [22]

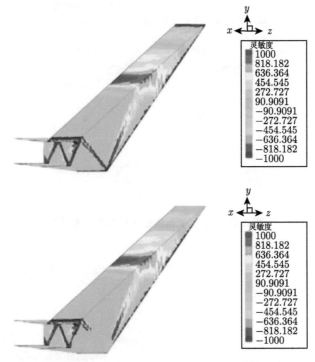

图 5-30 高超声速进气道伴随优化 [23]

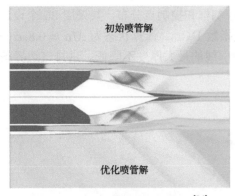

图 5-31 超声速喷管伴随设计 [24]

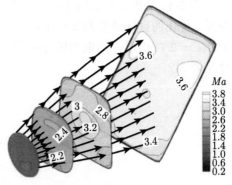

图 5-32 尾喷管伴随优化云图 [26]

内流与外流伴随优化问题的重要区别是伴随边界条件以及右端项 (目标函数) 的推导, 对此, 我们对进气道总压畸变指数 DC_{60} 进行了变分推导, 建立了内流伴随优化平台。选择某边界层吸入式进气道构型进行本章节建立的进气道流场伴随优化方法可靠性验证, 模型的气动布局见图 5-34。

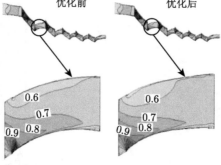

图 5-33　压气机伴随优化马赫数云图 [27]

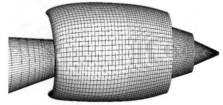

图 5-34　边界层吸入式构型计算模型

图 5-35 给出了对 BLI 构型的 FFD 控制框和控制点分布，共采用 35 个设计变量。优化的目标函数为最小化总压畸变指数 DC_{60}。计算状态为 $Ma = 0.8, \alpha = 0°, Re = 2.7 \times 10^7$，约束为机身对称面轮廓线的最大厚度不降低。进排气边界条件见表 5-2。

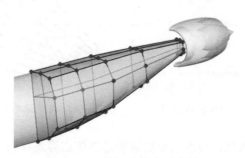

图 5-35　FFD 参数化示意图

该算例我们采用多块对接网格进行数值模拟和伴随优化，图 5-36 给出了伴随变量的残差收敛历程。图 5-37 出了总压畸变指数 DC_{60} 的优化历程，经过 25

次迭代，DC_{60} 从初始的 0.6536 降低到 0.25，改善效果十分明显。图 5-38 给出了优化前后风扇处的总压云图对比，经过优化后整体上总压分布更加趋于均匀。图 5-39 和图 5-40 给出了三个典型周向占位的径向马赫数分布曲线，马赫数分布均匀性也得到了明显改善。

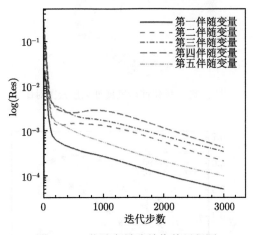

图 5-36 伴随变量残差收敛历程图

表 5-2 模型典型计算状态

计算状态	入口流量系数	出口总压比		出口总温比	
		外涵道	内涵道	外涵道	内涵道
$Ma=0.8$	0.825	2.69	2.67	1.362	3.628

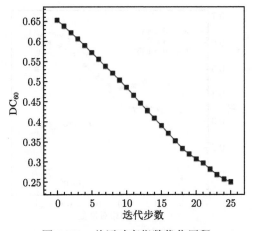

图 5-37 总压畸变指数优化历程

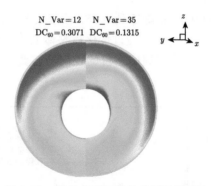

图 5-38   优化前后风扇处总压云图对比

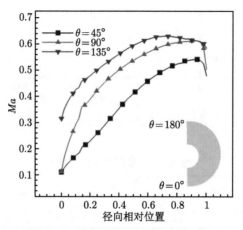

图 5-39   初始外形径向马赫数分布

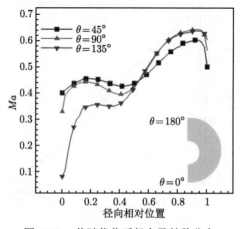

图 5-40   伴随优化后径向马赫数分布

　　图 5-41 给出了优化前后机身外形的对比，灰色代表初始外形，红色代表优化后的外形。经过优化后的机身下表面向发动机风扇位置的过渡更加缓和，有助于风扇下方的总压分布更加均匀。

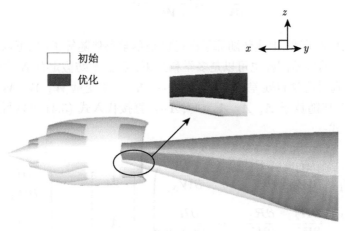

图 5-41　优化前后外形对比

5.3　跨学科耦合伴随方程基本架构

　　由于多学科耦合伴随方法具有优化代价小，梯度计算量与各个学科设计变量个数基本无关等优点，且通过耦合伴随方程的求解能够快速计算出各个学科关心的各个目标函数对各学科设计变量的导数，因此倍受研究人员与工程师的关注与喜爱，必将在未来多学科优化领域发挥重要作用。

　　国内在流场伴随方程求解器自主研发方面取得了一系列的进展，大多数研究工作局限于单学科伴随方法，在多学科耦合伴随方法自主研发、研究方面较为欠缺，研究基础比较薄弱。

　　在涉及复杂耦合系统综合优化方面，传统的优化手段、灵敏度分析手段，由于学科强耦合因素，往往表现得力不从心，多学科耦合伴随理论的出现，使得高效计算多学科耦合灵敏度成为可能，在飞行器气动外形多学科优化领域，目前最活跃的领域包含了气动、结构、电磁、噪声等学科，由于目标函数个数、学科交叉耦合变分推导难度以及交叉变分雅可比矩阵存储的限制，从目前发表的文献来看，大部分研究工作针对两个学科耦合伴随优化展开。另一方面，耦合伴随方法中交叉学科导数项的具体推导方法，各类雅可比矩阵组装的大型稀疏矩阵求解，变分简化处理方式以及学科之间物理场信息、伴随变量交换、存储方式直接影响了多学科变分的简捷性、多学科耦合系统计算效率以及梯度信息的计算精度，因此，下面将对典型多学科耦合伴随方法的关键环节进行论述和总结。

再次回顾伴随方程 (5.4)：

$$\frac{\partial I}{\partial \boldsymbol{W}} + \boldsymbol{\Lambda}^{\mathrm{T}} \frac{\partial \boldsymbol{R}}{\partial \boldsymbol{W}} = 0$$

正如 5.1 节所述，上述伴随算子既可以是单学科伴随算子，也可以是多学科伴随算子，对应的残差同样也可以是多学科约束。我们不妨假定有 N 个学科综合设计问题，分别对应学科残差 $\boldsymbol{R}_1, \boldsymbol{R}_2, \boldsymbol{R}_3, \cdots, \boldsymbol{R}_N$，场变量 $\boldsymbol{W}_1, \boldsymbol{W}_2, \boldsymbol{W}_3, \cdots, \boldsymbol{W}_N$，以及 "耦合" 伴随算子 $\boldsymbol{\Lambda}_1, \boldsymbol{\Lambda}_2, \boldsymbol{\Lambda}_3, \cdots, \boldsymbol{\Lambda}_N$，直接代入式 (5.4) 可以得到耦合伴随方程通用形式：

$$\begin{pmatrix} \dfrac{\partial \boldsymbol{R}_1}{\partial \boldsymbol{W}_1} & \dfrac{\partial \boldsymbol{R}_1}{\partial \boldsymbol{W}_2} & \dfrac{\partial \boldsymbol{R}_1}{\partial \boldsymbol{W}_3} & \cdots & \dfrac{\partial \boldsymbol{R}_1}{\partial \boldsymbol{W}_N} \\[2mm] \dfrac{\partial \boldsymbol{R}_2}{\partial \boldsymbol{W}_1} & \dfrac{\partial \boldsymbol{R}_2}{\partial \boldsymbol{W}_2} & \dfrac{\partial \boldsymbol{R}_2}{\partial \boldsymbol{W}_3} & \cdots & \dfrac{\partial \boldsymbol{R}_2}{\partial \boldsymbol{W}_N} \\[2mm] \dfrac{\partial \boldsymbol{R}_3}{\partial \boldsymbol{W}_1} & \dfrac{\partial \boldsymbol{R}_3}{\partial \boldsymbol{W}_2} & \dfrac{\partial \boldsymbol{R}_3}{\partial \boldsymbol{W}_3} & \cdots & \dfrac{\partial \boldsymbol{R}_3}{\partial \boldsymbol{W}_N} \\[2mm] \vdots & \vdots & \vdots & \ddots & \vdots \\[2mm] \dfrac{\partial \boldsymbol{R}_N}{\partial \boldsymbol{W}_1} & \dfrac{\partial \boldsymbol{R}_N}{\partial \boldsymbol{W}_2} & \dfrac{\partial \boldsymbol{R}_N}{\partial \boldsymbol{W}_3} & \cdots & \dfrac{\partial \boldsymbol{R}_N}{\partial \boldsymbol{W}_N} \end{pmatrix}^{\mathrm{T}} \begin{bmatrix} \boldsymbol{\Lambda}_1 \\[2mm] \boldsymbol{\Lambda}_2 \\[2mm] \boldsymbol{\Lambda}_3 \\[2mm] \vdots \\[2mm] \boldsymbol{\Lambda}_N \end{bmatrix} = - \begin{bmatrix} \dfrac{\partial I}{\partial \boldsymbol{W}_1} \\[2mm] \dfrac{\partial I}{\partial \boldsymbol{W}_2} \\[2mm] \dfrac{\partial I}{\partial \boldsymbol{W}_3} \\[2mm] \vdots \\[2mm] \dfrac{\partial I}{\partial \boldsymbol{W}_N} \end{bmatrix} \quad (5.26)$$

从式 (5.26) 可以看出耦合伴随方程求解的基本要素：

(1) 各个学科本身的伴随方程雅可比。

(2) 各个学科之间的交叉耦合雅可比。该项构造最为复杂，依赖于每两个学科之间的耦合模式以及数据传递方式，后续将详细介绍。

(3) 目标函数对多学科场变量导数。

跨学科耦合伴随方程框架中，主对角线是典型的学科自身的伴随方程雅可比，而非对角线上为学科交叉雅可比，是判断学科场变量之间是否存在耦合的重要依据，也是单学科耦合伴随方程的最大区别；右端项代表目标函数对各个学科场变量的导数，该目标函数可以是某个学科的设计目标，也可以是多个学科设计目标的有机组合。

5.4 跨学科耦合伴随方程典型场景

飞行器气动综合优化能够考虑以空气动力学为核心的相关学科综合设计，因此，本节结合空气动力学以外的典型学科伴随方程推导进行跨学科耦合伴随方程典型场景阐述。

5.4.1 气动隐身"耦合"伴随方程

雷达散射截面 (Radar Cross Section, RCS) 反映了物体在给定方向上对入射雷达波散射的强弱，是衡量飞机隐身性能的重要指标。考虑隐身的飞行器设计常以减小 RCS 作为隐身设计的主要目标，因此，气动隐身一体化始终是作战飞机研制的关键环节。

飞行器隐身性能与其外形密切相关，设计中需解决隐身与气动之间的矛盾。两个学科在一定程度上是矛盾体。现有的气动隐身一体化设计多采用粒子群算法、遗传算法、神经网络算法等搜索算法。进化搜索算法开发难度较低，具有收敛到全局最优的能力，但优化效率较低，调用 CFD、RCS 求解程序的次数随设计变量的增加而增加，同时电磁散射较高的计算要求对进化类算法提出了极大挑战。正如前几章论述，基于梯度的优化算法效率较高，其关键在于如何高效、精确地取得梯度信息，立足该需求，同样可以采用式 (5.2) 的展开形式推导气动电磁"耦合"伴随方程，即

$$
\begin{bmatrix}
\dfrac{\partial \boldsymbol{R}_a}{\partial \boldsymbol{w}_i} & \dfrac{\partial \boldsymbol{R}_a}{\partial \boldsymbol{A}_j} \\[3mm]
\dfrac{\partial \boldsymbol{R}_E}{\partial \boldsymbol{w}_i} & \dfrac{\partial \boldsymbol{R}_E}{\partial \boldsymbol{A}_j}
\end{bmatrix}^{\mathrm{T}}
\begin{bmatrix}
\boldsymbol{\psi}_a \\[3mm] \boldsymbol{\psi}_E
\end{bmatrix}
=
\begin{bmatrix}
\dfrac{\partial \boldsymbol{I}}{\partial \boldsymbol{w}_i} \\[3mm]
\dfrac{\partial \boldsymbol{I}}{\partial \boldsymbol{A}_j}
\end{bmatrix}
\tag{5.27}
$$

式中，$\boldsymbol{R}_a, \boldsymbol{R}_E$ 分别代表流场残差与电磁数值计算残差；$\boldsymbol{w}_i, \boldsymbol{A}_j$ 分别代表流场变量与电流分布，显然上式交叉导数雅可比矩阵为 0，即

$$
\frac{\partial \boldsymbol{R}_a}{\partial \boldsymbol{A}_j} = \boldsymbol{0}, \quad \frac{\partial \boldsymbol{R}_E}{\partial \boldsymbol{w}_i} = \boldsymbol{0}
\tag{5.28}
$$

"耦合"伴随方程退化为

$$
\begin{bmatrix}
\dfrac{\partial \boldsymbol{R}_a}{\partial \boldsymbol{w}_i} & \boldsymbol{0} \\[3mm]
\boldsymbol{0} & \dfrac{\partial \boldsymbol{R}_E}{\partial \boldsymbol{A}_j}
\end{bmatrix}^{\mathrm{T}}
\begin{bmatrix}
\boldsymbol{\psi}_a \\[3mm] \boldsymbol{\psi}_E
\end{bmatrix}
=
\begin{bmatrix}
\dfrac{\partial \boldsymbol{I}}{\partial \boldsymbol{w}_i} \\[3mm]
\dfrac{\partial \boldsymbol{I}}{\partial \boldsymbol{A}_j}
\end{bmatrix}
\tag{5.29}
$$

从式 (5.29) 可以看出, 气动电磁多学科伴随方程完全解耦, 不存在耦合, 这对研发体系来讲难度大大降低, 两个伴随方程完全独立求解。基于高可信度电磁伴随优化方面的研究从发表文献上看几乎是空白, 一个主要原因是学科跨度较大, 变分困难, 计算量庞大。在流场伴随方程研究基础上, 本章节将重点阐述高可信度电磁隐身伴随方程的构造推导, 为气动隐身综合优化设计提供有力的基础支撑。电磁散射时域算法计算量极为庞大, 对于隐身设计来讲工程实用性较差, 而频域方法是最佳选择, 本章节将首先基于矩量法进行电磁伴随方程的简要推导。

随着高性能计算技术的发展, 矩量法逐渐成为飞行器隐身设计中重要的电磁分析手段。矩量法从电磁场积分斯特拉顿–朱兰成 (Stratton-Chu) 方程出发, 将感应电流展开成基函数的有限级数, 形成线性方程组, 通过求解表面感应电流分布获得散射场。Natalia [28,29] 于 2002 年首次将伴随方法引入矩量法, 推导了矩量法伴随方程的形式, 并对天线阵列的输入阻抗进行了优化, 取得了显著的效果。

然而, 从公开发表的文献上看, 国内外在飞行器气动隐身一体化优化设计方面, 该方法研究应用较少。矩量法 [30] 的本质为求解线性方程组 $\boldsymbol{ZI} = \boldsymbol{V}$, 伽辽金法条件下, 采用 RWG(Rao-Wilton-Glisson) 基函数检测电场积分方程, 即

$$\langle \boldsymbol{E}^{\text{inc}}, \boldsymbol{f}_m \rangle = j\omega \langle \boldsymbol{A}, \boldsymbol{f}_m \rangle + \langle \nabla\phi, \boldsymbol{f}_m \rangle \tag{5.30}$$

整理写成矩阵形式为

$$\boldsymbol{ZI} = \boldsymbol{V}$$

式中, 阻抗元素和激励项的表达式为

$$Z_{mn} = l_m \left[j\omega \left(\boldsymbol{A}_{mn}^+ \cdot \frac{\boldsymbol{\rho}_n^{c+}}{2} + \boldsymbol{A}_{mn}^- \cdot \frac{\boldsymbol{\rho}_n^{c-}}{2} \right) + \varPhi_{mn}^- - \varPhi_{mn}^+ \right]$$
$$V_m = l_m \left(\boldsymbol{E}_m^+ \cdot \frac{\boldsymbol{\rho}_n^{c+}}{2} + \boldsymbol{E}_m^- \cdot \frac{\boldsymbol{\rho}_n^{c-}}{2} \right) \tag{5.31}$$

采用第一部分推导方法可得矩量法方程的伴随方程 [29]:

$$\frac{\partial f}{\partial \boldsymbol{I}} - \boldsymbol{\varphi} Z = 0$$
$$\boldsymbol{Z}^{\text{T}} \boldsymbol{\varphi}^{\text{T}} = \left(\frac{\partial f}{\partial \boldsymbol{I}} \right)^{\text{T}} \tag{5.32}$$

则基于伴随方法的目标梯度的求解方法为

$$\frac{\mathrm{d} f}{\mathrm{d} \boldsymbol{x}} = \frac{\partial f}{\partial \boldsymbol{x}} + \boldsymbol{\varphi} \left(\frac{\partial \boldsymbol{V}}{\partial \boldsymbol{x}} - \frac{\partial \boldsymbol{Z} \bar{\boldsymbol{I}}}{\partial \boldsymbol{x}} \right) \tag{5.33}$$

式中，$\partial f/\partial x$、$\partial V/\partial x$ 和 $\partial Z\overline{I}/\partial x$ 分别为感应电流保持不变仅扰动设计变量时 f、V 和 $Z\overline{I}$ 随设计变量 x 的变化，可以通过有限差分求解，在求解过程中不需要重新求解电流分布，计算量较小。从 RWG 基函数离散得到的阻抗矩阵 Z 特性可以看出，电磁伴随问题是典型的自我伴随方程。

文献 [31] 开展了基于矩量法伴随方程的灵敏度求解校核，图 5-42 和图 5-43 为某飞翼外形电磁散射数值模拟以及典型柱状结构不同照射角伴随灵敏度校核，基本满足工程需求。相对于有限差分计算来讲，电磁伴随求解将灵敏度计算效率提高了 100 倍以上，且随着入射电磁波频率的增加，这种加速效果更加明显。

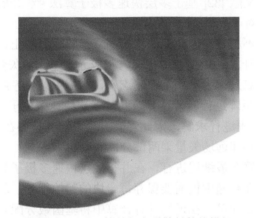

图 5-42   1024 核并行电磁散射数值模拟

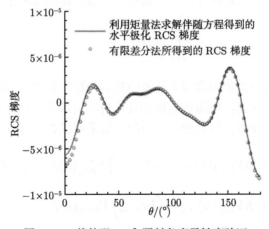

图 5-43   某外形 180° 照射角度灵敏度验证

然而，从目前计算机条件来看，尽管基于矩量法的电磁伴随求解灵敏度相对于有限差分效率有了大幅度提升，但仍然面临两个问题。与正问题一样，基于矩量法的电磁伴随方程求解面临存储瓶颈；不仅如此，即便是伴随方程求解完毕，利用式 (5.33) 进行梯度信息求解时，电流分布保持不变不需要再迭代，仍然需要针对几何扰动进行阻抗矩阵装配。笔者曾做过测试，对于 C 波段电磁散射问题 (飞行器展长为 1m 量级)，256 核并行条件下，阻抗矩阵的组装仍耗时 30s，也就是说，基于式 (5.33) 进行梯度求解单个耗时 30s，对于 200 个设计变量设计问题，除去伴随方程求解时间，灵敏度求解也要耗掉 1.66h，这也是计算效率值得关注的问题。该两方面因素对计算机配置要求较高，一定程度上限制了矩量法电磁伴随优化在电大尺寸问题中的应用。

　　针对该问题，文献 [32] 基于多层快速多极子算法 [33] 开展了伴随方程构造以及梯度计算研究。对于磁场积分方程和混合场积分方程，由于 MFIE 和 CFIE 阻抗矩阵与其共轭并不相等，因此无法直接建立伴随变量与正计算结果的关系。多层快速多极子算法计算远相互作用矩阵与相应元素电流的矢量乘 $Z^{\text{far}}I$，在远相互作用矢量乘的计算过程中不显示存储 Z^{far}，无法通过改变 Z 的索引方向对多层快速多极子的阻抗矩阵进行转置运算，同时多层快速多极子算法采用迭代法 (如 GMRES) 对离散方程进行求解，因此伴随方程求解的核心在于计算 $Z^{\text{T}}I$，具体计算分为近场矢量乘和远场矢量乘两部分。

　　近场矢量乘计算在最细层进行，在并行多层快速多极子算法框架下附近组元素按照块状分布，在存储中仅需要保存每一块的起始行号、起始列号、行数和这一块中所有附近元素即可；在近场并行计算中将基函数分配到不同进程进行计算和存储，在正计算中通常采用按行分配的方式，在伴随计算中应采取按列分配的方式，确保同一列的元素保存在同一进程，伴随计算的近场矩阵乘可以写为

$$\sum_{i=1}^{N} Z_{ij} I_i = V_j \tag{5.34}$$

　　伴随计算的远场矢量相乘与正计算的较为相似，但在计算顺序和波的传播方向上与正计算有所区别。伴随计算远相互作用的矢量乘需要在相乘的过程中交换场、源点的位置，伴随计算远相互作用的矢量乘可以表示为

$$\begin{aligned} Z_{ij} I_i &= \frac{\mathrm{i}k}{4\pi} \int_{\Omega} \mathrm{d}^2 \hat{\boldsymbol{k}} V_{fm'i}(\hat{\boldsymbol{k}}) \alpha_{m'm} \left(\hat{\boldsymbol{k}} \hat{r}_{m'm} \right) V_{smj}^*(\hat{\boldsymbol{k}}) I_i, \quad j \in G_m, \quad i \in G_{m'} \\ &= \frac{\mathrm{i}k}{4\pi} \int_{\Omega} \mathrm{d}^2 \hat{\boldsymbol{k}} V_{smj}^*(\hat{\boldsymbol{k}}) \alpha_{m'm} \left(\hat{\boldsymbol{k}} \hat{r}_{m'm} \right) V_{fm'i}(\hat{\boldsymbol{k}}) I_i \end{aligned} \tag{5.35}$$

　　注意到在进行伴随矩阵乘时，首先计算电流 I_i 与配置因子的乘积，转移时转移因子为 $\alpha_{m'm}$ 与正计算的 $\alpha_{mm'}$ 方向相反。通过聚合、转移和配置三个步骤得到，其中 I_i 为第 i 个源点的电流幅度，V_f、α 和 V_s 分别表示配置、转移和聚合

因子，* 表示共轭运算，伴随方程中配置、转移和聚合因子表达式与正计算问题基本一致。归纳伴随计算与正向计算的几个细节差异：

(1) 多极聚合过程，伴随计算中配置因子 $V_{fm'i}(\hat{\boldsymbol{k}})$ 为内向波，平移操作时与 $e^{i\boldsymbol{k}r_{m_l,m_l-1}}$ 相乘；而在正计算的多极聚合过程中为外向波，平移操作时与 $e^{-i\boldsymbol{k}r_{m_l,m_l-1}}$ 相乘；

(2) 多极转移过程，在伴随计算中转移因子采用 $\alpha_{m'm}(\hat{\boldsymbol{k}})$，正计算中采用 $\alpha_{mm'}(\hat{\boldsymbol{k}})$，即伴随计算与正计算转移方向相反；

(3) 多极配置过程，伴随计算中多极配置中使用 $e^{-i\boldsymbol{k}r_{m_l,m_l-1}}$ 将聚合量从父组中心转移到子组中心，在正计算中使用 $e^{i\boldsymbol{k}r_{m_l,m_l-1}}$ 进行转移计算；

(4) 部分场展开过程，正计算使用的转移因子为 $\alpha(\hat{\boldsymbol{k}} \cdot \hat{r}_{mm'})$，在伴随程序中，采用与正计算方向相反的 $\hat{\boldsymbol{k}}$ 分量即可得到转移因子为 $\alpha(\hat{\boldsymbol{k}} \cdot \hat{r}_{m'm})$。在 MLFMA 算法的并行实现中，细层采用按组并行策略，粗层采用按平面波并行的策略。而在伴随计算中，由于需要的 $\hat{\boldsymbol{k}}$ 的方向与正计算过程不同，因此，在正计算并行策略的基础上对各进程存储的平面波方向进行调整。

相对于矩量伴随方法，基于多层快速多极子算法的伴随方程大幅度降低了内存需求，提高了梯度求解效率，取得了较好的加速效果，并通过典型导弹外形进行验证，如图 5-44 及表 5-3 所示，为进一步开展基于高可信度雷达隐身优化提供了高效的灵敏度分析平台。

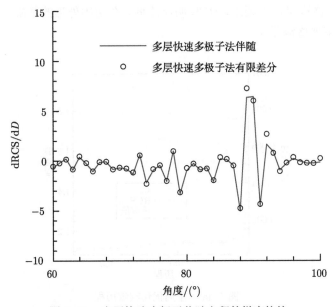

图 5-44　多层快速多极子伴随方程的梯度校核

表 5-3   矩量法与多极子伴随方程效率对比

	矩量法伴随	快速多极子伴随
内存	12GB	27.6MB
时间/s	269	6.9

为验证上述方法的有效性,我们基于多层快速多极子伴随优化进行综合设计研究,在气动隐身伴随综合优化中,采用两步设计流程,整个设计从翼型为基准进行三维气动外形综合设计。以 NACA 65016 翼型为初始外形,RCS 考虑入射频率为 TE 极化、$f = 9\text{GHz}$,俯仰 $\pm 30°$ 的 RCS 均值,对翼型进行定升力气动隐身优化,优化目标为降低阻力及头向 RCS,考虑力矩和最大厚度约束,优化模型为

$$\text{obj}\quad \min: f(x) = \bar{\sigma}_{9\text{GHz}}/\bar{\sigma}_{9\text{GHz}}^{\text{NACA 65016}} + cd/cd_{\text{NACA 65016}}$$

$$\text{s.t.}\quad C_l = 0.25,\quad C_m \geqslant 0.05,\quad \text{thick}_{\max} \geqslant 0.16 \tag{5.36}$$

优化中采用罚函数的形式处理力矩及厚度约束。采用 Bspline 参数化,上下表面各 6 个设计变量,算法优化的收敛历程如图 5-45,多峰优化得到的三个外形气动、隐身结果如表 5-4,设计前后外形和压力分布对比如图 5-46 和图 5-47,其中最优外形阻力为 78.4count,RCS=0.0049m²。对于全局优化结果,由于优化状态的马赫数较低,减阻潜力较小,且加入了隐身要求和较为苛刻的力矩约束,因此减阻效果不显著,三个外形的阻力略高于初始外形,增加量小于 1count,但力矩系数明显提高,严格满足约束要求,RCS 明显降低,在初始外形的基础上降低 90% 以上,厚度约束严格满足。

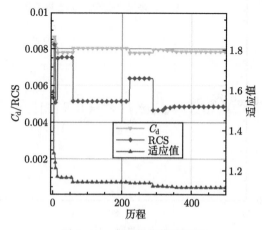

图 5-45   全局优化收敛历程

表 5-4　NACA 65016 外形全局优化结果

结果编号	C_d	RCS	C_m	thick$_{max}$	适应值
NACA 65016	0.007758	0.045612	−0.0064	0.1600	—
NACA 65016 Opt1	0.007840	0.005006	0.0500	0.1600	1.0788
NACA 65016 Opt2	0.007793	0.005540	0.0500	0.1600	1.0806
NACA 65016 Opt3	0.007841	0.004855	0.0500	0.1600	1.0792

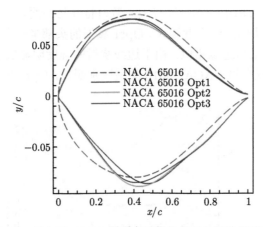

图 5-46　NACA 65016 翼型全局优化外形与初始外形对比

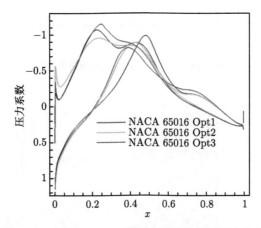

图 5-47　NACA 65016 翼型全局优化外形压力分布

　　三个优化外形中，Opt2 的阻力最小，但 RCS 最大；Opt1 与 Opt3 的阻力基本相等，但 Opt2 的 RCS 略小于 Opt1 的 RCS。虽然全局优化得到的三个外形的阻力仅相差不足 0.5count，但外形的几何和压力分布存在一定差别，其中 Opt1 和 Opt3 的气动特征完全一致，两个外形在上表面较为相似，下表面前半段区别较大，下表面后缘基本相同；Opt2 上表面中部与 Opt1 和 Opt3 区别明显，但在前后缘与 Opt1 和 Opt3 较为相似。三个优化翼型的区别主要体现在翼型 $x/c = 0.2$ 以后，在这些位置对隐身特性的影响减小，但对气动性能的影响较大，虽然三个外形的气动特性差距较小，但压力分布和几何特征存在较大差异。

　　以 Opt1 为例分析加入隐身目标后优化前后翼型隐身性能的变化。图 5-48 和图 5-49 为 NACA 65016 和 Opt1 翼型的 9GHz 入射 TE 极化时的近场散射电场。可以看到，初始外形由于头部半径较大，散射特性与曲面较为接近，各方向散射强度较为相似，在头向回波强度较大。Opt1 翼型的头部半径在初始外形的基础上明显减小，散射特征与边缘相似，由于边缘绕射的强度明显低于镜面散射的强度，头部 RCS 改善明显。与 NACA 65016 翼型区别明显，Opt1 翼型的散射场具有较

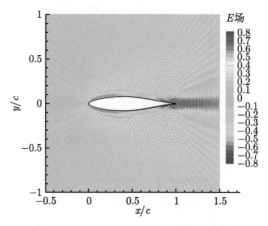

图 5-48　NACA 65016 近场散射电场

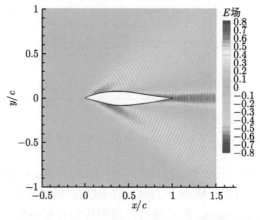

图 5-49　NACA 65016 Opt1 近场散射电场

为明显的方向特征，头向散射明显降低，后向散射的强度升高，这与外形隐身中通过外形的改变将散射能量集中到非威胁角域的思想相符，证明了翼型隐身优化的正确性和可靠性。

进一步将优化得到的 Opt1、Opt2、Opt3 翼型装配到类 X47B 布局的翼根截面，记装配翼型后得到的外形为 X47B1、X47B2 和 X47B3，以此为基准开展三维气动隐身梯度优化。类 X47B 外形的根弦长度为 11.6m，相对厚度为 16%；kink1、kink2 长度为 2.56m，相对厚度为 11%；翼尖长度为 0.2m，相对厚度为 11%，基础布局采用对称翼型 NACA 65016 生成。布局的参考面积为 42.43m^2，参考中心为 $x = 6.17$m，平均气动弦长为 3.32m。气动计算状态为 $Ma=0.8$，单位弦长 $Re = 6.81 \times 10^6$，气动优化目标为定升力 $C_l = 0.25$ 减阻优化；隐身计算状态为 $f = 1$GHz，垂直极化 (VV)，隐身优化目标为 x-y 平面前向角域 $0° \sim 60°$ 的平均 RCS。

进一步对 X47B1、X47B2 和 X47B3 进行基于梯度的气动隐身优化，优化模型如式 (5.37)，其中 initial 为采用 NACA 65016 翼型配置得到的飞翼外形。梯度优化采用 128 个设计变量，控制变量分布如图 5-50 所示，采用基于 Bezier 基函数的 FFD 方法进行参数化。记以 X47B1、X47B2 和 X47B3 为初始梯度优化得到的三个外形分别为 X47B1_grad、X47B2_grad 和 X47B3_grad。

$$\min \quad C_{\mathrm{dp}}/C_{\mathrm{d}}^{\mathrm{initial}} + \mathrm{RCS}_{\mathrm{ave}}/\mathrm{RCS}_{\mathrm{ave}}^{\mathrm{initial}}$$

$$\mathrm{s.t.} \quad C_l = 0.25$$

$$t_{i,\max} \geqslant t_{i,\max}^{\mathrm{base}}, \quad t_{i,\min} \geqslant 0, \quad i = [1, n_{\mathrm{c}}] \quad (5.37)$$

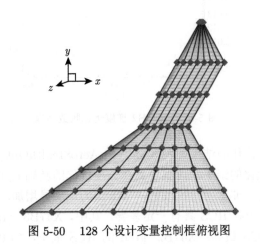

图 5-50　128 个设计变量控制框俯视图

三个外形的优化收敛历程分别如图 5-51~图 5-53 所示，可以看到三个外形的阻力特性在 20 步内已达到较低水平，而隐身特性在前期收敛较慢，在 X47B2_grad 中先有一定增加，在气动指标优化到较低水平后隐身才开始有较大改善，优化后期 RCS 均值降低的过程中，阻力变化幅度较小，表明在一定程度内，RCS 可以在不严重破坏巡航阻力特征的条件下进行改善。

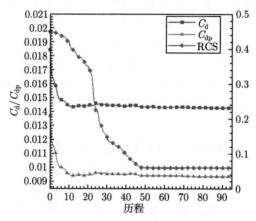

图 5-51　X47B1 梯度优化收敛历程

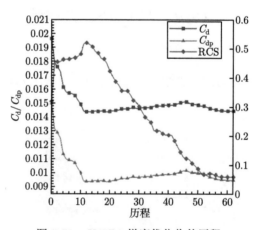

图 5-52　X47B2 梯度优化收敛历程

三个外形梯度优化的结果如表 5-5，其中 AeroStealthOpt_bezier 为从初始外形直接三维梯度优化的结果。可以看到在翼型优化的基础上开展梯度优化，在阻力、隐身特性上均有非常明显的改善，但低头力矩明显增加。三个外形的阻力系数较为相近，但力矩和 RCS 具有一定差异。其中，X47B3_grad 的阻力最小，为 142.1count，但 RCS 最高；X47B2_grad 的 RCS 最小，为 0.05864m²，但阻力最大。X47B1_grad 的阻力略高于 X47B3_grad，RCS 略高于 X47B2_grad，虽然在阻力和 RCS 上均不是最优结果，但取得较好的阻力和 RCS 综合特性，其中 X47B1_grad 的低头力矩最大。三个外形的阻力和 RCS 均小于从初始外形直接进行气动隐身优化的结果 (AeroStealthOpt128_bezier)，由于几组优化都是完全收敛的结果，因此可以认为在气动隐身问题中采用较好的初始外形有助于改善梯度的优化结果。

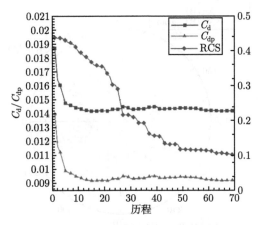

图 5-53　X47B3 梯度优化收敛历程

表 5-5　采用 128 设计变量气动/隐身优化结果

外形	C_d	C_{dp}	C_m	RCS /m^2
X47B 初始外形	0.019665	0.014890	−0.026167	3.7951
AeroStealthOpt_bezier	0.015582	0.010669	−0.040593	0.5404
X47B1	0.018425	0.013713	−0.005038	0.44884
X47B2	0.019638	0.014979	−0.004940	0.31827
X47B3	0.018707	0.013996	−0.001002	0.43848
X47B1_grad	0.014269	0.009362	−0.060529	0.05901
X47B2_grad	0.014436	0.009485	−0.029866	0.05864
X47B3_grad	0.014214	0.009230	−0.047756	0.10260

图 5-54～图 5-56 分别为 X47B1~X47B3 梯度优化前后外形以及初始外形垂直极化 RCS 对比结果，图 5-57 为三个梯度优化外形的 RCS 对比结果，入射频率 f =1GHz 垂直极化。可以看到三个外形在初始外形和梯度优化前外形的基础上 RCS 均有明显改善，在 0°~30° 范围内，RCS 均值略有降低，梯度优化后峰值高度明显降低，30° 峰值 (由外翼段产生) 明显降低，55° 峰值 (由内翼段产生) 处峰值高度、峰值宽度都明显减小。注意到改变内翼段翼型主要影响 55° 峰值特征，而对 30° 峰值基本不产生影响，因此 30° 峰值高度的改变基本仅由梯度优化

造成。由图 5-57 可以看到，梯度优化的三个外形的 RCS 形态较为一致，在 30° 峰值处，梯度优化前后峰值分别由 7.5dB、7.5dB、7.5dB 降低到 −1.4dB、−4.2dB 和 2.3dB；在 55° 峰值处，梯度优化前后峰值由 12.5dB、12.5dB、12.4dB 降低到 3.0dB、4.0dB 和 5.3dB。梯度优化可以明显降低峰值高度，在翼型全局优化的基础上进一步开展布局气动隐身梯度优化可以明显改善外形的隐身特性。

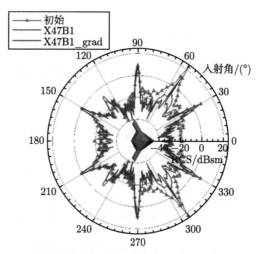

图 5-54　初始外形及 X47B1 外形梯度优化前后外形 RCS 对比 (f =1GHz、垂直极化)

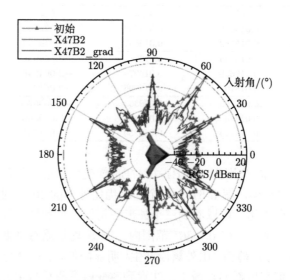

图 5-55　初始外形及 X47B2 外形梯度优化前后外形 RCS 对比 (f =1GHz、垂直极化)

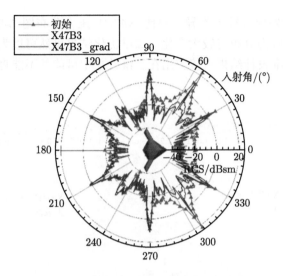

图 5-56　初始外形及 X47B3 外形梯度优化前后外形 RCS 对比 ($f = 1\text{GHz}$、垂直极化)

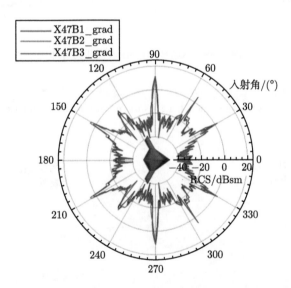

图 5-57　X47B1_grad、X47B2_grad、X47B3_grad RCS 对比 ($f = 1\text{GHz}$、垂直极化)

图 5-58~图 5-60 分别为 X47B1_grad、X47B2_grad 和 X47B3_grad 的表面压力分布。在上表面，三个外形外翼段上表面激波在初始外形的基础上均有大幅度削弱，在 kink1 和翼尖处仍有部分激波，三个外形的激波位置较为相似，X47B1_grad 和 X47B3_grad 的激波强度略低于 X47B2_grad。在下表面，三个外形在外翼段均有两道较弱的压力恢复，在翼尖处汇集成两道激波，下表面

压力分布与初始外形有较大差异。对比 X47B1 压力分布图 5-58 可以看到，梯度优化后内翼段压力分布有较大变化，二维优化结果虽然可以为三维优化提供较好的初值，但二维设计结果直接应用在三维外形中可能并不能直接适应三维设计状态。

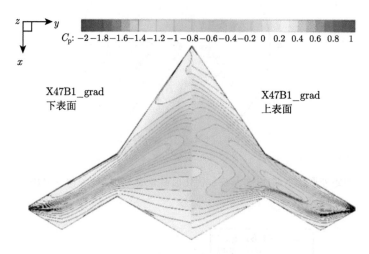

图 5-58　X47B1_grad 表面压力分布

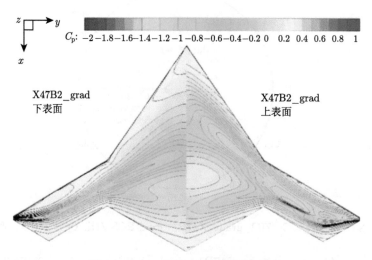

图 5-59　X47B2_grad 表面压力分布

三维布局的梯度优化结果表明，以气动隐身性能较好的翼型形成的布局作为梯度优化的初值可以有效提升最终优化外形的气动、隐身性能，特别是梯度优化外形的隐身指标。梯度优化得到的三个外形 X47B1_grad、X47B2_grad 和

X47B3_grad 的隐身特性改善非常显著，从初始外形的 3.7951m^2 分别下降到 0.05901m^2、0.05861m^2 和 0.1026m^2，分别下降了 98.45%、98.46% 和 97.30%，明显优于初始外形和直接以初始外形开始梯度优化的外形，验证了全局/伴随梯度优化方法的有效性。

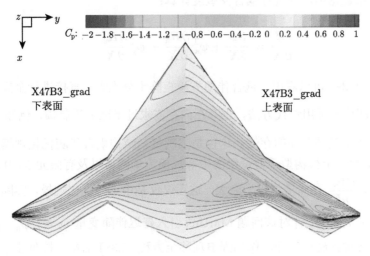

图 5-60　X47B3_grad 表面压力分布

5.4.2　气动结构耦合伴随方程

气动/结构优化中有 4 种原因引起的耦合灵敏度效应。第一，气动外形设计变量变化引起气动力的变化；第二，气动外形设计变量变化引起气动力载荷、结构属性的变化，导致弹性变形的变化，从而引起结构应力的变化；第三，有限元结构设计变量变化引起结构属性的变化，导致弹性变形变化，从而引起气动力的变化；第四，有限元结构设计变量变化引起结构属性的变化，导致弹性变形变化，从而引起结构应力的变化。以上四点是气动结构耦合复杂程度的最直观体现，也是气动/结构综合优化成为最为复杂、困难问题的原因之一。将式 (5.2) 中残差、状态直接展开为气动、结构对应的残差、状态变量，可以直接得到气动结构耦合伴随方程[34]：

$$\begin{bmatrix} \dfrac{\partial \boldsymbol{R}_{\mathrm{a}}}{\partial \boldsymbol{w}_i} & \dfrac{\partial \boldsymbol{R}_{\mathrm{a}}}{\partial \boldsymbol{d}_j} \\[3mm] \dfrac{\partial \boldsymbol{R}_{\mathrm{s}}}{\partial \boldsymbol{w}_i} & \dfrac{\partial \boldsymbol{R}_{\mathrm{s}}}{\partial \boldsymbol{d}_j} \end{bmatrix}^{\mathrm{T}} \begin{bmatrix} \boldsymbol{\psi}_{\mathrm{a}} \\[3mm] \boldsymbol{\psi}_{\mathrm{s}} \end{bmatrix} = \begin{bmatrix} \dfrac{\partial \boldsymbol{I}}{\partial \boldsymbol{w}_i} \\[3mm] \dfrac{\partial \boldsymbol{I}}{\partial \boldsymbol{d}_j} \end{bmatrix} \tag{5.38}$$

式中，R_a，R_s 分别代表流场残差与结构静力学残差；ψ_a，ψ_s 分别为流场伴随变量与结构伴随变量。气动结构耦合伴随方程的耦合效应主要体现在交叉导数项 $\dfrac{\partial R_s}{\partial w_i}$、$\dfrac{\partial R_a}{\partial d}$ 上，离开这两项，可以认为学科目标函数与状态变量之间不存在耦合。耦合伴随方程求解完毕，则进行耦合灵敏度计算：

$$\frac{\mathrm{d}I}{\mathrm{d}X} = \frac{\partial I}{\partial X} + \tilde{\psi}_a^\mathrm{T} \frac{\partial R_a}{\partial X} + \tilde{\psi}_s^\mathrm{T} \frac{\partial R_s}{\partial X} \tag{5.39}$$

从式 (5.38) 可以看出，耦合伴随方程矩阵十分庞大，直接进行全矩阵求解比较困难，即使是采用迭代方法，也存在内存需求过于庞大等瓶颈，例如，对 $\dfrac{\partial R_s}{\partial w_i}$ 等非对角线交叉导数项的存储。这也是限制气动结构耦合伴随优化规模的一个因素，例如，对于全机构型千万量级的中等规模流场网格以及有限元 5000 量级板壳单元来讲，$\dfrac{\partial R_a}{\partial d_j}$ 存储量将极为庞大，这还仅仅是中下等优化规模，实际工程中问题将更加庞大复杂。针对该问题 Martins 引入延迟伴随变量 $\tilde{\psi} = [\ \tilde{\psi}_a \quad \tilde{\psi}_s\ ]^\mathrm{T}$，并将非对角线进行延迟处理，作为强迫项移至方程 (5.38) 右端，降低求解难度[34]：

$$\begin{aligned}
\left(\frac{\partial R_a}{\partial w}\right)^\mathrm{T} \psi_a &= -\frac{\partial I}{\partial w} - \left(\frac{\partial R_s}{\partial w}\right)^\mathrm{T} \tilde{\psi}_s \\
\left(\frac{\partial R_s}{\partial d}\right)^\mathrm{T} \psi_s &= -\frac{\partial I}{\partial d} - \left(\frac{\partial R_a}{\partial d}\right)^\mathrm{T} \tilde{\psi}_a
\end{aligned} \tag{5.40}$$

式 (5.40) 被称为延迟耦合伴随方程，可以看出，通过延迟伴随变量的引入，式 (5.40) 已经从求解方式上实现了解耦，各个学科之间的影响通过方程右端的强迫项来实现，不同的学科方程之间可以进行松耦合迭代，大幅度降低了方程求解难度。

国外研究机构对气动结构耦合伴随研究起步较早，开展了系列的研究，取得了重要进展。最为典型的是密歇根大学 Martins 等基于结构网格 CFD 求解器以及有限元方法发展了气动/结构延迟耦合伴随 LCA(Lagged Coupled Adjoint) 方法，通过求解气动力耦合伴随方程与结构应力耦合伴随方程，实现了板壳单元条件下气动结构一体化设计[35]，基于 CRM 型架外形构型开展了高保真气动结构优化研究[36]，以确定在同时改变机翼平面形状和机翼剖面形状时，远程设计任务的燃油消耗潜在减少量，图 5-61 给出了 CRM 构型翼盒结构示意图。优化后机翼的展弦比从 9.0 增加到 12.6，燃油消耗减少 8.8%。并对初始设计和优化设计进行了一系列阵风荷载分析，气动结构优化设计具有有效被动气动弹性剪裁的大展弦比机翼。图 5-62 给出了优化结果，左上方代表 C_p 和平面形状与初始外形的比较；右上方代表等效厚度分布、应力和屈曲 KS 函数失效判据；左下方代表初始和优化后的升力分布、扭转分布和厚度弦比 (t/c) 的比较；右下方代表典型四个站位翼型及压力分布对比。德国航空航天中心 Mohammad Abu-Zurayk 基于非结构化求解器 TAU[37]，开展了考虑气动弹性效应气动外形耦合伴随优化，如图 5-63 所示。

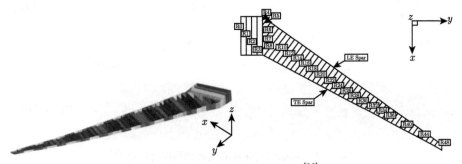

图 5-61　CRM 构型翼盒结构 [36]

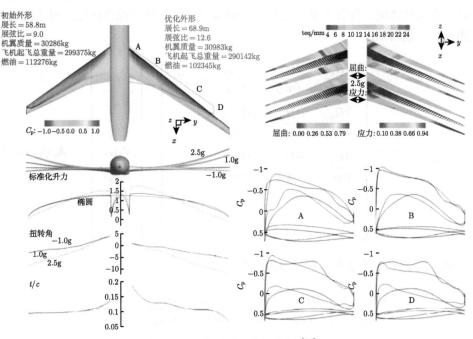

图 5-62　气动结构优化结果 [36]

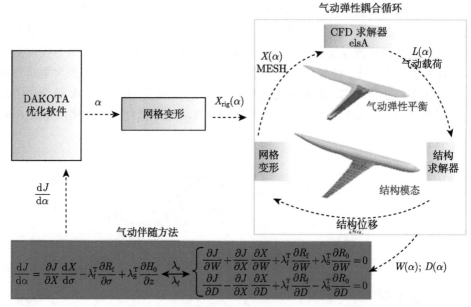

图 5-63   考虑气动弹性的气动结构综合优化 [37]

国内在该方面也开展了相应研究，文献 [38] 结合自主研发的流固耦合代码，对上述耦合伴随方程各个部分进行了详细推导，并开展了综合优化。对于流场伴随方程的强迫项：

$$
\left(\frac{\partial \boldsymbol{R}_s}{\partial \boldsymbol{w}}\right)^{\mathrm{T}} \tilde{\boldsymbol{\psi}}_s =
\begin{bmatrix}
\dfrac{\partial \boldsymbol{R}_{x,s}}{\partial \boldsymbol{w}_1} & \dfrac{\partial \boldsymbol{R}_{x,s}}{\partial \boldsymbol{w}_2} & \dfrac{\partial \boldsymbol{R}_{x,s}}{\partial \boldsymbol{w}_3} & \cdots N_{\mathrm{a}} \\[3mm]
\dfrac{\partial \boldsymbol{R}_{y,s}}{\partial \boldsymbol{w}_1} & \dfrac{\partial \boldsymbol{R}_{y,s}}{\partial \boldsymbol{w}_2} & \dfrac{\partial \boldsymbol{R}_{y,s}}{\partial \boldsymbol{w}_3} & \cdots \\[3mm]
\dfrac{\partial \boldsymbol{R}_{z,s}}{\partial \boldsymbol{w}_1} & \dfrac{\partial \boldsymbol{R}_{z,s}}{\partial \boldsymbol{w}_2} & \dfrac{\partial \boldsymbol{R}_{z,s}}{\partial \boldsymbol{w}_3} & \cdots \\[3mm]
\vdots N_s & \vdots & \vdots &
\end{bmatrix}^{\mathrm{T}}
\begin{bmatrix}
\psi_{s1x} \\
\psi_{s1y} \\
\psi_{s1z} \\
\psi_{s1xr} \\
\psi_{s1yr} \\
\psi_{s1zr} \\
\vdots
\end{bmatrix}
= \boldsymbol{A}_s \boldsymbol{\psi}_s \quad (5.41)
$$

式中，式 (5.41) 的基本元素可以表达为

$$
\frac{\partial R_{x,s}}{\partial \boldsymbol{w}_i} = \begin{bmatrix} \dfrac{\partial R_{x,s}}{\partial w_\rho} & \dfrac{\partial R_{x,s}}{\partial w_{\rho u}} & \dfrac{\partial R_{x,s}}{\partial w_{\rho v}} & \dfrac{\partial R_{x,s}}{\partial w_{\rho w}} & \dfrac{\partial R_{x,s}}{\partial w_{\rho E}} \end{bmatrix}_i \quad (5.42)
$$

由结构静力学方程 (结构节点个数为 N_s) 表征结构动力学方程残差：

$$\boldsymbol{R}_{\mathrm{s}}\left(\boldsymbol{W},\boldsymbol{X},\boldsymbol{D}\right) = \begin{bmatrix} R_{x,\mathrm{s}} \\ R_{y,\mathrm{s}} \\ R_{z,\mathrm{s}} \\ \vdots \end{bmatrix} = \boldsymbol{K}\begin{bmatrix} d_x \\ d_y \\ d_z \\ \vdots \end{bmatrix} - \begin{bmatrix} F_x \\ F_y \\ F_z \\ \vdots \end{bmatrix} \tag{5.43}$$

上述矩阵维度取决于结构节点的维度以及 CFD 格心单元的维度，ψ_{s} 的维度取决于有限元模型的网格类型，对于板壳单元，ψ_{s} 为 $6N_{\mathrm{s}} \times 1$ 维度的矢量，$\frac{\partial \boldsymbol{R}_{\mathrm{s}}}{\partial \boldsymbol{w}}$ 的转置矩阵 $\boldsymbol{A}_{\mathrm{s}}$ 为 $5N_{\mathrm{a}} \times 6N_{\mathrm{s}}$ 矩阵。求解结构残差对流场变量的导数 $\frac{\partial \boldsymbol{R}_{\mathrm{s}}}{\partial \boldsymbol{w}}$ 最简单的方法是通过有限差分求出，解析表达式推导方式依赖于所采用的流固耦合方法。基于本节的虚功原理流固耦合方式，下面给出具体的推导。

由于采用虚功原理实现气动力向结构载荷插值[15]，x、y、z 方向结构载荷与气动力插值可以表达为以下矩阵与向量形式：

$$\begin{bmatrix} F_{sx,1} \\ F_{sx,2} \\ F_{sx,3} \\ \vdots \\ \vdots \\ F_{sx,N_{\mathrm{s}}} \end{bmatrix} = \begin{bmatrix} A_{11} & A_{12} & A_{13} & \cdots & \cdots & A_{1,N_{\mathrm{a}}} \\ \vdots & & & & & \vdots \\ \vdots & & \ddots & & & \vdots \\ \vdots & & & & & \vdots \\ \vdots & & & & & \vdots \\ A_{N_{\mathrm{s}},1} & A_{N_{\mathrm{s}},2} & A_{N_{\mathrm{s}},3} & \cdots & \cdots & A_{N_{\mathrm{s}},N_{\mathrm{a}}} \end{bmatrix}\begin{bmatrix} F_{ax,1} \\ F_{ax,2} \\ F_{ax,3} \\ \vdots \\ \vdots \\ F_{ax,N_{\mathrm{a}}} \end{bmatrix} \tag{5.44}$$

$$\begin{bmatrix} F_{sy,1} \\ F_{sy,2} \\ F_{sy,3} \\ \vdots \\ \vdots \\ F_{sy,N_{\mathrm{s}}} \end{bmatrix} = \begin{bmatrix} A_{11} & A_{12} & A_{13} & \cdots & \cdots & A_{1,N_{\mathrm{a}}} \\ \vdots & & & & & \vdots \\ \vdots & & \ddots & & & \vdots \\ \vdots & & & & & \vdots \\ \vdots & & & & & \vdots \\ A_{N_{\mathrm{s}},1} & A_{N_{\mathrm{s}},2} & A_{N_{\mathrm{s}},3} & \cdots & \cdots & A_{N_{\mathrm{s}},N_{\mathrm{a}}} \end{bmatrix}\begin{bmatrix} F_{ay,1} \\ F_{ay,2} \\ F_{ay,3} \\ \vdots \\ \vdots \\ F_{ay,N_{\mathrm{a}}} \end{bmatrix} \tag{5.45}$$

$$\begin{bmatrix} F_{sz,1} \\ F_{sz,2} \\ F_{sz,3} \\ \vdots \\ \vdots \\ F_{sz,N_{\mathrm{s}}} \end{bmatrix} = \begin{bmatrix} A_{11} & A_{12} & A_{13} & \cdots & \cdots & A_{1,N_{\mathrm{a}}} \\ \vdots & & & & & \vdots \\ \vdots & & \ddots & & & \vdots \\ \vdots & & & & & \vdots \\ \vdots & & & & & \vdots \\ A_{N_{\mathrm{s}},1} & A_{N_{\mathrm{s}},2} & A_{N_{\mathrm{s}},3} & \cdots & \cdots & A_{N_{\mathrm{s}},N_{\mathrm{a}}} \end{bmatrix}\begin{bmatrix} F_{az,1} \\ F_{az,2} \\ F_{az,3} \\ \vdots \\ \vdots \\ F_{az,N_{\mathrm{a}}} \end{bmatrix} \tag{5.46}$$

式中，$F_{sx}, F_{sy}, F_{sz}, F_{ax}, F_{ay}, F_{az}$ 分别为三方向结构载荷与气动力；$A_{i,j}$ 为插值矩阵；N_s, N_a 分别为结构节点与弹性气动表面网格单元的个数。利用式 (5.44) ~ 式 (5.46) 可以推导出结构残差对流场变量的导数 $\dfrac{\partial R_s}{\partial w}$ 的具体表达形式，由于刚度矩阵、位移矢量对流场变量无关，对应导数项为零，所以，

$$\frac{\partial R_s}{\partial w} = \frac{\partial(Kd - F)}{\partial w} = -\frac{\partial F}{\partial w} \tag{5.47}$$

同理，结构伴随方程强迫项为

$$\left(\frac{\partial R_a}{\partial d}\right)^{\mathrm{T}} \tilde{\psi}_a = \begin{bmatrix} \dfrac{\partial R_{a1}}{\partial d_x} & \dfrac{\partial R_{a1}}{\partial d_y} & \dfrac{\partial R_{a1}}{\partial d_z} & \cdots N_s \\[2mm] \dfrac{\partial R_{a2}}{\partial d_x} & \dfrac{\partial R_{a2}}{\partial d_y} & \dfrac{\partial R_{a2}}{\partial d_z} & \cdots \\[2mm] \dfrac{\partial R_{a3}}{\partial d_x} & \dfrac{\partial R_{a3}}{\partial d_y} & \dfrac{\partial R_{a3}}{\partial d_z} & \cdots \\[2mm] \dfrac{\partial R_{a4}}{\partial d_x} & \dfrac{\partial R_{a4}}{\partial d_y} & \dfrac{\partial R_{a4}}{\partial d_z} & \cdots \\[2mm] \dfrac{\partial R_{a5}}{\partial d_x} & \dfrac{\partial R_{a5}}{\partial d_y} & \dfrac{\partial R_{a5}}{\partial d_z} & \cdots \\[2mm] \vdots N_a & \vdots & \vdots & \vdots \end{bmatrix}^{\mathrm{T}} \begin{bmatrix} \psi_{a1} \\ \psi_{a2} \\ \psi_{a3} \\ \psi_{a4} \\ \psi_{a5} \\ \vdots \end{bmatrix} = A_a \psi_a \tag{5.48}$$

上述矩阵维度同样取决于结构节点的维度以及 CFD 格心单元的维度，ψ_a 为 $5N_a \times 1$ 维度的矢量，$\dfrac{\partial R_a}{\partial d}$ 转置矩阵 A_a 为 $6N_s \times 5N_a$ 矩阵。

延迟伴随方程第一项强迫项为大型矩阵与矢量相乘，将其具体表达式展开，下标表达式为

$$F_j = -\sum_{i=1}^{6N_s} \left(\frac{\partial R_{s,i}}{\partial w_j}\right)^{\mathrm{T}} \tilde{\psi}_{s,i} \tag{5.49}$$

结构伴随方程强迫项的下标表达式为

$$\varphi_j = -\sum_{i=1}^{N_a} \left(\frac{\partial R_{a,i}}{\partial d_j}\right)^{\mathrm{T}} \tilde{\psi}_{a,i} \tag{5.50}$$

综合强迫项的整理，可以推导出耦合延迟伴随方程伪时间–残差表达形式：

$$\frac{\partial \boldsymbol{\psi}_{\mathrm{a}}}{\partial t} = -\sum_{i=1}^{N_{\mathrm{a}}}\left(\frac{\partial R_{\mathrm{a},i}}{\partial w_j}\right)^{\mathrm{T}}\psi_{\mathrm{a},i} - \left(\frac{\partial I}{\partial w}\right)_j - F_j$$

$$\frac{\partial \boldsymbol{\psi}_{\mathrm{s}}}{\partial t} = -\left(\frac{\partial R_{\mathrm{s}}}{\partial d}\right)^{\mathrm{T}}\psi_{\mathrm{s},js} - \left(\frac{\partial I}{\partial d}\right)_{js} - \sum_{i=1}^{N_{\mathrm{a}}}\left(\frac{\partial R_{\mathrm{a},i}}{\partial d_{js}}\right)^{\mathrm{T}}\tilde{\psi}_{\mathrm{a},i}$$

(5.51)

式 (5.51) 流场伴随方程与结构伴随方程可以利用 LU-SGS 隐式迭代或雅可比迭代方法进行进一步的求解。

综合以上求解过程，可以看出延迟伴随方程的解耦求解方式，能够充分利用原有的求解体系，并不破坏原有程序的基本框架，由此可以直观地获取气动结构耦合伴随系统各个分析模块的组装关系与工作流程，如图 5-64 所示 [17]。

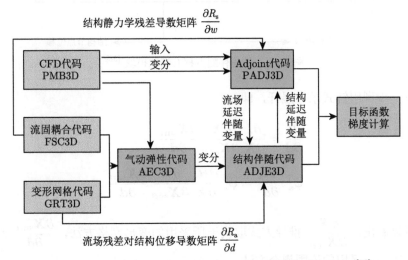

图 5-64　延迟耦合伴随方法中各个学科分析模块组装与流程 [38]

对于延迟方程组 (5.51) 中结构伴随方程的右端项，其含义是计算目标函数对结构位移的直接导数以及流场残差对结构位移导数与流场延迟伴随变量的乘积，观察单一流场学科目标函数导数的计算公式：

$$\frac{\mathrm{d}I}{\mathrm{d}\boldsymbol{X}} = \frac{\partial I}{\partial \boldsymbol{X}} + \psi_{\mathrm{a}}^{\mathrm{T}}\frac{\partial \boldsymbol{R}_{\mathrm{a}}}{\partial \boldsymbol{X}}$$

(5.52)

不难发现，两者在表达形式上完全一致，仅仅在自变量扰动上不同，前者是结构位移，后者是参数化控制顶点，因此，结构伴随方程右端项计算与导数计算可以由同一模块来完成，只需将子程序的实参由参数化控制顶点 P_ffd 替换为结构位移 CSD_displacement 即可，如图 5-65 和图 5-66 所示。

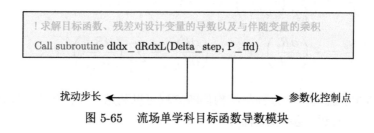

图 5-65　流场单学科目标函数导数模块

图 5-66　结构伴随方程右端项模块 [38]

进一步利用链式求导展开，即

$$\frac{\partial I}{\partial \boldsymbol{d}} = \frac{\partial I}{\partial \boldsymbol{X}} \frac{\partial \boldsymbol{X}}{\partial \boldsymbol{X}_{\mathrm{surf}}} \frac{\partial \boldsymbol{X}_{\mathrm{surf}}}{\partial \boldsymbol{d}}$$

$$\boldsymbol{\psi}_{\mathrm{a}}^{\mathrm{T}} \frac{\partial \boldsymbol{R}_{\mathrm{a}}}{\partial \boldsymbol{d}} = \boldsymbol{\psi}_{\mathrm{a}}^{\mathrm{T}} \frac{\partial \boldsymbol{R}_{\mathrm{a}}}{\partial \boldsymbol{X}} \frac{\partial \boldsymbol{X}}{\partial \boldsymbol{X}_{\mathrm{surf}}} \frac{\partial \boldsymbol{X}_{\mathrm{surf}}}{\partial \boldsymbol{d}}$$

(5.53)

可以看出，$\dfrac{\partial \boldsymbol{X}}{\partial \boldsymbol{X}_{\mathrm{surf}}}$ 推导方式取决于所采用的变形网格方法，$\dfrac{\partial \boldsymbol{X}_{\mathrm{surf}}}{\partial \boldsymbol{d}}$ 的推导方式取决于所采用的流固耦合方法。

流场延迟伴随方程求解间隔指定的子迭代步数进行一次延迟伴随变量传递以及不同学科残差导数矩阵运算，实现强迫项的交换。求出延迟伴随变量 $\boldsymbol{\psi} = [\psi_{\mathrm{a}}, \psi_{\mathrm{s}}]^{\mathrm{T}}$，代入导数求解公式，可以获取目标函数的梯度：

$$\frac{\mathrm{d} I}{\mathrm{d} \boldsymbol{X}} = \frac{\partial I}{\partial \boldsymbol{X}} + \tilde{\psi}_{\mathrm{a}}^{\mathrm{T}} \frac{\partial \boldsymbol{R}_{\mathrm{a}}}{\partial \boldsymbol{X}} + \tilde{\psi}_{\mathrm{s}}^{\mathrm{T}} \frac{\partial \boldsymbol{R}_{\mathrm{s}}}{\partial \boldsymbol{X}}$$

(5.54)

文献 [38] 基于 JST 空间离散格式、SST 湍流模型、LU-SGS 时间推进和多重网格加速收敛技术进行了气动结构耦合伴随进行了系统研究，并基于 CRM (Common Research Model) 标准算例构型，对耦合梯度计算精度以及收敛特性进行了较为完整的验证。在采用的算例中，结构有限元建模采用简化板壳单元，主要结构单元包含梁、翼肋等，结构参数化方法采用 FFD 技术，实现梁、翼肋的高度宽度的变化，有限元模型节点数为 490 个。图 5-67 和图 5-68 分别给出了典型耦合步的弹性变形局部视图，以及多学科耦合伴随系统残差收敛历程；图 5-69 给出了结构伴随变量残差随迭代步数的收敛历程。

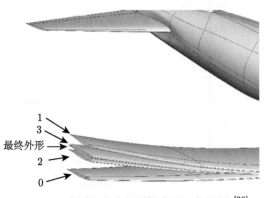

图 5-67　典型耦合步长弹性变形局部视图 [38]

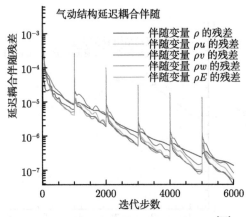

图 5-68　耦合伴随系统残差收敛历程 [38]

　　进一步对耦合伴随梯度的计算精度与差分方法进行对比，差分步长为 0.0001。求解气动力对结构有限元厚度等设计变量的导数时，对结构刚度矩阵的影响进行了充分考虑。由于气动弹性系统差分计算量极为庞大，因此本章节给出了阻力系数对典型的设计变量 (结构有限元设计变量主要对蒙皮与梁厚度) 梯度与差分的对比，如图 5-70 所示，横坐标代表设计变量的编号，纵坐标代表目标函数对设计变量的梯度，耦合伴随系统计算的梯度与差分法幅值、趋势基本一致，满足多学科综合设计要求。结构应力 (最常关注的是冯·米塞斯应力) 对外形设计变量、结构设计变量的两类导数，只需将求解系统与有限元分析程序模块紧耦合，此时耦合伴随系统右端项将更换为结构应力对多物理场状态变量的变分形式。

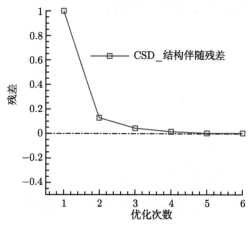

图 5-69　结构伴随残差收敛历程[38]

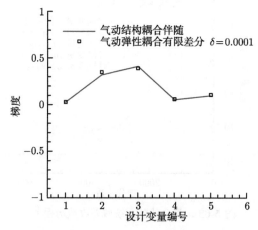

图 5-70　阻力系数对外形/结构变量的梯度[38]

　　文献 [39] 进一步对该模型进行气动和结构多学科优化。优化目标是在考虑升力系数和应力约束的情况下，使阻力系数和重量最小化。采用的数学优化模型如下：

$$\min\ I = \alpha C_{\mathrm{d}} + \beta W$$

$$\text{s.t.} \quad C_1 = 0.5$$

$$\text{KS} \geqslant 0 \tag{5.55}$$

$$t/c \geqslant (t/c)_{\text{initial}}$$

在式 (5.55) 中，α 和 β 分别表示阻力和结构重量的权重系数。C_d 表示阻力系数，W 表示结构重量。配置机翼、机身、水平尾翼和垂直尾翼等部件。图 5-71 给出了 CFD 网格分布，图 5-72 显示了 FFD(自由变形) 参数化示意图。采用分布在 FFD 网格上的 200 个控制点作为设计变量，同时用于控制有限元网格的结构参数化。结构有限元模型采用简化壳单元，主要包括梁、肋等，如图 5-73 所示。

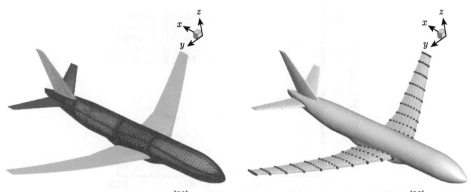

图 5-71　CFD 网格分布 [39] 　　　　　图 5-72　FFD 参数化 [39]

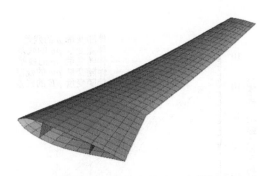

图 5-73　结构有限元建模 [39]

图 5-74 和图 5-75 显示了当气动力和 KS 函数用作目标函数时耦合伴随方程的收敛历程。结构伴随方程残差的收敛历程如图 5-76 所示。可以看出，经过 6 次耦合计算，结构伴随方程的伴随变量趋于收敛。图 5-77 和图 5-78 显示了不同优

化方法的设计结果，其中 (a) 表示初始配置，(b) 表示无结构应力约束的气动优化结果，(c) 表示基于 CASA 的气动结构优化结果。可以看出，对于有结构考虑和无结构考虑的两种情况，激波强度都会急剧减小，并且在情况 (b) 中，趋于无激波状态。从图 5-78 可以看出，优化后，两种构型的结构应力都有所增加。但有应力约束情况下的应力增加程度明显小于无应力约束情况。事实上，权重系数对减阻和应力设计结果有很大影响。表 5-6 显示了不同方法的优化结果。可以看出，气动结构耦合伴随系统在屈服应力约束的情况下，可以实现减阻和减重的一体化设计。

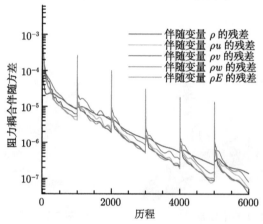

图 5-74　耦合伴随方程收敛历程 (阻力)[39]

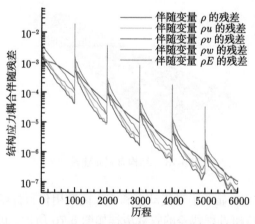

图 5-75　耦合伴随方程收敛历程 (结构应力)[39]

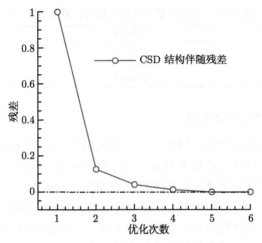

图 5-76 结构伴随方程收敛历程 [39]

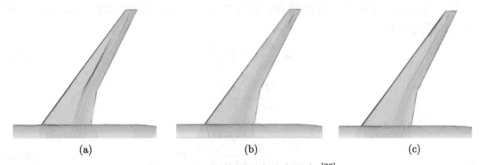

(a)   (b)   (c)

图 5-77 不同构型压力分布形态 [39]

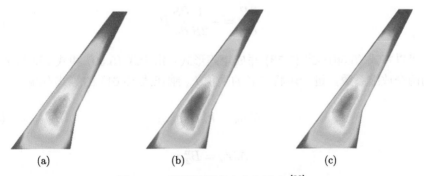

(a)   (b)   (c)

图 5-78 不同构型应力分布形态 [39]

表 5-6　　初始与优化外形的阻力、重量特性 [39]

不同构型	阻力系数	重量
初始	0.02976	$2.61324783 \times 10^4 \mathrm{kg}$
气动优化	0.02863	—
气动结构优化	0.02907	$2.51865619 \times 10^4 \mathrm{kg}$

5.4.3　流场声爆耦合伴随方程

超声速公务机面临的最大挑战之一就是民航对其超声速飞行时声爆水平的严格限制,超声速低声爆设计是典型的多目标精细化设计问题,这对气动外形的综合设计方法提出了苛刻要求,传统的优化将面临计算量庞大、维度障碍等瓶颈问题。此时基于伴随方程的梯度优化是较为合理的选择。在地面声爆信号设计中,尽管近场变分实现方式比较简单,然而无法直接设计地面声爆信号的形态,不利于声爆信号上升时间、过压峰值等综合特征的有效抑制。

文献 [40] 对流场声爆耦合伴随方程的基本形式进行了推导,其核心仍然是构造声爆伴随方程,由于采用增广 Burgers 方程进行非线性声爆预测,因此,需要对增广 Burgers 方程对应的伴随方程进行推导,下面首先给出增广 Burgers 方程的基本形式 [41]:

$$\frac{\partial P}{\partial \sigma} = P \frac{\partial P}{\partial \tau} \tag{5.56}$$

$$\frac{\partial P}{\partial \sigma} = \frac{1}{\Gamma} \frac{\partial^2 P}{\partial \tau^2} \tag{5.57}$$

$$\frac{\partial P}{\partial \sigma} = \sum_\nu \frac{C_\nu \frac{\partial^2}{\partial \tau^2}}{1 + \theta_\nu \frac{\partial}{\partial \tau}} P \tag{5.58}$$

$$\frac{\partial P}{\partial \sigma} = \frac{1}{2 \rho_0 c_0} \frac{\partial \rho_0 c_0}{\partial \sigma} P \tag{5.59}$$

$$\frac{\partial P}{\partial \sigma} = -\frac{1}{2S} \frac{\partial S}{\partial \sigma} P \tag{5.60}$$

我们可以将式 (5.56)~式 (5.58) 写成矩阵形式,由于式 (5.59) 和式 (5.61) 可以表示为两个放缩系数,进一步将二者的乘积 k_n 乘在式 (5.61) 的等式右端:

$$A^n q_n = k_n B^n p_{n-1} \tag{5.61}$$

$$A_2^n r_n = B_2^n q_n \tag{5.62}$$

$$A_3^n t_n = B_3^n r_n \tag{5.63}$$

$$p_n = f_j^n(t_n) \tag{5.64}$$

式 (5.61)~式 (5.64) 分别代表氧气分子弛豫效应、氮气分子弛豫效应、经典耗散以及非线性扭曲这四个声爆传递中的物理环节。系数 k_n 代表几何扩散和大气分层对声爆信号幅值的影响，p, q, r, t 分别代表求解过程中声压的中间结果。

文献 [40] 详细推导了声爆伴随方程的基本形式：

$$
\begin{aligned}
&\boldsymbol{\lambda}_n^{\mathrm{T}} = \frac{-\partial I_{\mathrm{b}}}{\partial p_n} + \gamma_{0,n+1}^{\mathrm{T}} k_{n+1} \boldsymbol{B}^{n+1} \\[2mm]
&\boldsymbol{\beta}_n^{\mathrm{T}} \boldsymbol{A}_3^n = \boldsymbol{\lambda}_n^{\mathrm{T}} \frac{\partial f_j^n}{\partial t_n} \\[2mm]
&\boldsymbol{\gamma}_{1,n}^{\mathrm{T}} \boldsymbol{A}_2^n = \boldsymbol{\beta}_n^{\mathrm{T}} \boldsymbol{B}_3^n \\[2mm]
&\boldsymbol{\gamma}_{0,n}^{\mathrm{T}} \boldsymbol{A}^n = \boldsymbol{\gamma}_{1,n}^{\mathrm{T}} \boldsymbol{B}_2^n
\end{aligned}
\tag{5.65}
$$

式中，$\boldsymbol{\lambda}, \boldsymbol{\beta}, \boldsymbol{\gamma}$ 分别为中间伴随变量；I_{b} 为地面声爆目标函数；$\boldsymbol{A}, \boldsymbol{B}$ 与 $\boldsymbol{A}_2, \boldsymbol{B}_2$ 分别对应氮气、氧气分子弛豫矩阵；$\boldsymbol{A}_3, \boldsymbol{B}_3$ 为吸收过程矩阵，与声爆预测方程不同，上式的求解过程是声传播的一个反向过程，利用最终的伴随变量可以很方便地获取地面声爆目标函数对设计变量 (近场声压) 的梯度：

$$\frac{\mathrm{d}I_{\mathrm{b}}}{\mathrm{d}\boldsymbol{p}_{\mathrm{in}}} = -\boldsymbol{\gamma}_{0,1}^{\mathrm{T}} k_1 \boldsymbol{B}^1 \Delta\sigma \tag{5.66}$$

基于声爆伴随方程通常采用反设计的思路对声爆地面信号进行设计，定义目标函数为如下形式：

$$l_{\mathrm{N}} = \frac{1}{2} \sum_{i=1}^{M} (p_{\mathrm{N}}^i - p_{\mathrm{t}}^i)^2 \Delta\tau \tag{5.67}$$

式中，M 为波形点的个数；p_{t} 为目标波形。

$$\frac{\partial l_{\mathrm{N}}}{\partial p_{\mathrm{N}}} = (p_{\mathrm{N}}^i - p_{\mathrm{t}}^i)\Delta\tau \tag{5.68}$$

式 (5.66) 中 $\boldsymbol{p}_{\mathrm{in}}$ 是均匀坐标系下的过压分布，即声爆伴随方程求解的是地面声爆目标函数对均匀坐标系下的近场输入声压的梯度，向网格单元装配需要将该梯度转化为 CFD 网格非均匀坐标系下，依据网格非均匀坐标系与声爆均匀坐标系的转换关系，可以方便推导出对角稀疏化的坐标转换雅可比矩阵 χ，依据分段线性插值表达式可以实现均匀坐标系与非均匀坐标系的导数转换：

$$\frac{\mathrm{d}I_\mathrm{b}}{\mathrm{d}p} = \frac{\mathrm{d}I_\mathrm{b}}{\mathrm{d}p_\mathrm{in}}\chi \tag{5.69}$$

　　国外在该方面起步较早，开展了一系列具有代表性的研究工作，且较为系统，Rallabhandi 等基于 FUN3D 求解器结合自适应网格进行了超声速飞机流场声爆耦合伴随优化，开展了声爆反设计与压力敏感性分析研究 [40]，验证了流场声爆耦合伴随方程对远场声爆信号进行直接反设计的有效性、高效性，如图 5-79~图 5-84 所示。

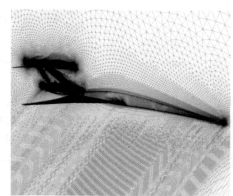

图 5-79　NASA 超声速民机布局 [40]　　　　图 5-80　基于自适应网格的声爆计算 [40]

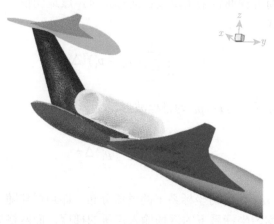

图 5-81　超声速民机参数化部件 [40]

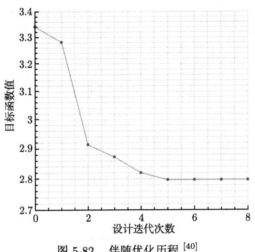

图 5-82　伴随优化历程 [40]

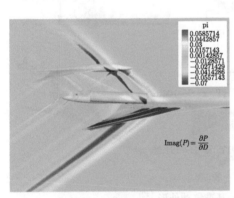

图 5-83　压力场对机翼厚度的敏感度云图 [40]

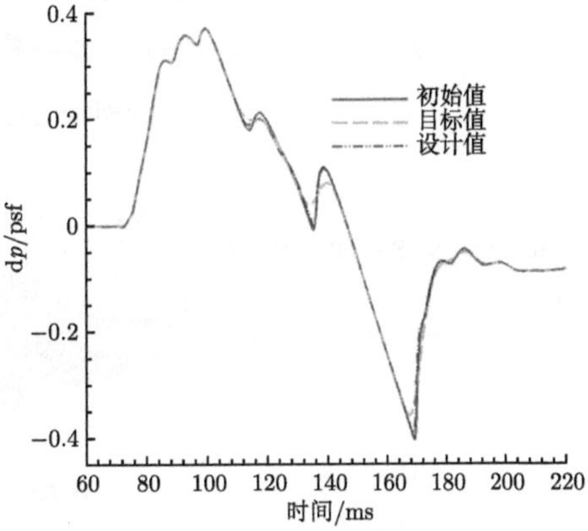

图 5-84　伴随反设计前后声爆信号 [40]

　　文献 [42] 针对布局综合设计需求，建立了反向等效面积分布伴随方程。首先基于增广 Burgers 方程构建非线性声爆反向传播方程，展示了反向等效面积分布相对于传统面积分布的优势，如图 5-85 所示；进一步推导了非线性声爆反向传播伴随方程，并基于反向等效面积分布对低声爆布局进行声爆抑制设计，取得良好的设计效果，图 5-86 和图 5-87 给出了低声爆布局基准气动外形与设计前后对比外形，优化后反向等效面积特征趋近于目标分布且更光滑，近场过压分布强波系得到抑制，远场声爆明显下降，如图 5-88~图 5-91 所示；这种低声爆 "面积律" 反设计技术，具有较高的设计效率，能够为超声速民机总体布局设计提供大方向性指导，同时能够为机身、机翼、短舱、平尾等部件设计、安装位置选型提供有力指导。

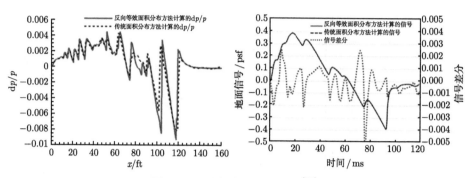

图 5-85　反向等效面积优势[42]

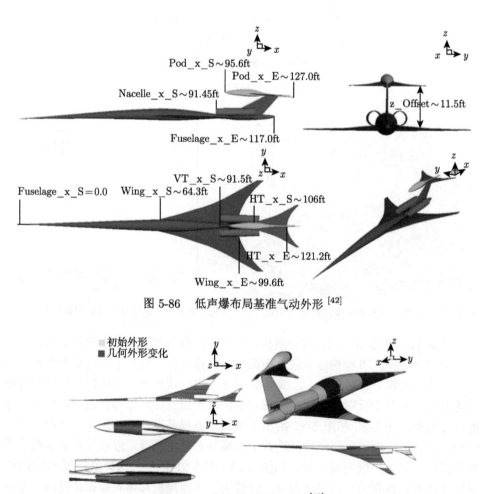

图 5-86　低声爆布局基准气动外形[42]

图 5-87　优化前后外形对比[42]

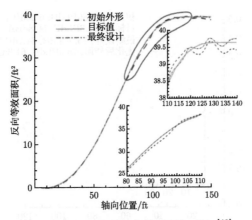

图 5-88 优化前后反向等效面积对比 [42]

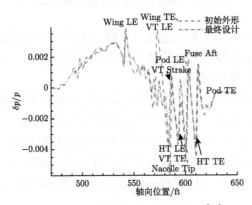

图 5-89 优化前后近场过压对比 [42]

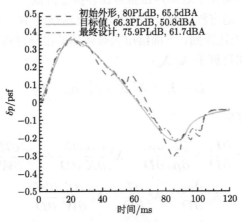

图 5-90 优化前后地面声爆对比 [42]

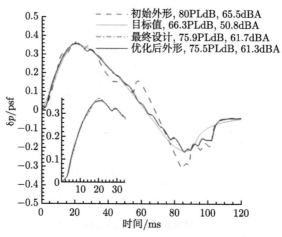

图 5-91   响度优化前后地面声爆对比 [42]

国内相关工作也取得了长足进展，文献 [43] 为了降低流场/声爆耦合伴随方程的推导难度，提出了简化耦合伴随系统的变分推导过程，其依据结构网格拓扑的可控性，进行以下操作规定：

(1) 在近场过压提取站位附近将网格单元分布划分为规整格式，即高度宽度方向均为直线，这样近场过压分布就不需要向同高度转换；

(2) 非均匀坐标下沿 X 方向各个站位初始过压的提取均从本单元选取。

由上述规则，近场过压的提取基本消除对 X 的依赖，雅可比矩阵 χ 不再包含对网格坐标 X 的变分，且仅与自身单元守恒变量 W 相关：

$$p_0 = T(W) \tag{5.70}$$

上述规则大幅度简化了近场声压雅可比转换矩阵的变分难度。本章节进行变分的约束没有网格伴随方程的残差项，而只有流场残差 $R = 0$ 与对声压转换关系 $(p_0 - T) = 0$，基于上述原则，下面给出耦合伴随的推导过程，声爆目标函数引入流场以及声爆拉格朗日算子 λ_f, λ_b：

$$L = I_b + \lambda_f^T R + \lambda_b^T (p_0 - T) \tag{5.71}$$

对上式进行变分展开：

$$\frac{\partial L}{\partial D} = \frac{\partial I_b}{\partial D} + \frac{\partial I_b}{\partial p_0}\frac{\partial p_0}{\partial D} + \lambda_f^T \frac{\partial R}{\partial X}\frac{\partial X}{\partial D} + \lambda_f^T \frac{\partial R}{\partial W}\frac{\partial W}{\partial D}$$
$$+ \lambda_b^T \frac{\partial p_0}{\partial D} - \lambda_b^T \frac{\partial T}{\partial D} - \lambda_b^T \frac{\partial T}{\partial W}\frac{\partial W}{\partial D} \tag{5.72}$$

综合文中网格划分以及近场声压提取原则，可以看出上式右端第 1、6 项为零，变分表达式：

$$\frac{\partial L}{\partial D} = \frac{\partial I_b}{\partial p_0}\frac{\partial p_0}{\partial D} + \boldsymbol{\lambda}_f^T\frac{\partial R}{\partial X}\frac{\partial X}{\partial D} + \boldsymbol{\lambda}_f^T\frac{\partial R}{\partial W}\frac{\partial W}{\partial D}$$

$$+ \boldsymbol{\lambda}_b^T\frac{\partial p_0}{\partial D} - \boldsymbol{\lambda}_b^T\frac{\partial T}{\partial W}\frac{\partial W}{\partial D} \tag{5.73}$$

整理包含 $\dfrac{\partial p_0}{\partial D}, \dfrac{\partial W}{\partial D}$ 的选项并令其系数为零可以得到流场/声爆耦合伴随方程：

$$\frac{\partial I_b}{\partial p_0} + \boldsymbol{\lambda}_b^T = 0$$

$$\boldsymbol{\lambda}_f^T\frac{\partial R}{\partial W} - \boldsymbol{\lambda}_b^T\frac{\partial T}{\partial W} = 0 \tag{5.74}$$

耦合伴随方程的伴随变量 $\boldsymbol{\lambda}_b^T$ 通过声爆伴随方程求解，进一步代入流场伴随方程进行流场伴随变量 $\boldsymbol{\lambda}_f^T$ 求解，代入式 (5.73) 可以获取最终的目标函数关于几何设计变量 D 的梯度表达式：

$$\frac{\partial L}{\partial D} = \boldsymbol{\lambda}_f^T\frac{\partial R}{\partial X}\frac{\partial X}{\partial D} \tag{5.75}$$

基于 LM1021 模型进行了声爆伴随方程梯度的校核，给出了基于声爆伴随方程中间伴随变量的分布，以及地面声爆目标函数对近场非均匀坐标系下声压的梯度验证，如图 5-92 和图 5-93 所示。地面声爆目标函数采用以下形式：

$$\min\ \boldsymbol{I}_b(\boldsymbol{W}, \boldsymbol{X}, \boldsymbol{D}) = \min \int \frac{1}{2}(p - p_T)^2 \mathrm{d}s \tag{5.76}$$

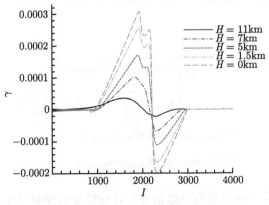

图 5-92 不同高度声爆伴随变量 [43]

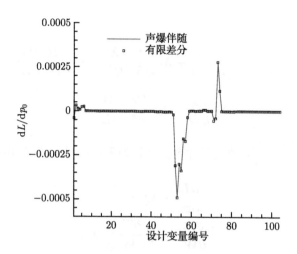

图 5-93　声爆伴随梯度与差分对比 [43]

式中，p_T 是声爆设计目标特征。可以看出声爆伴随方程梯度计算结果与差分结果较为一致，可以为耦合伴随系统提供准确的地面声爆目标函数对近场声压的梯度。

文献 [44] 采用上述方法，结合典型变形网格技术、参数化方法以及序列二次规划算法，建立了面向超声速飞行器的流场声爆耦合伴随优化平台，如图 5-94 所示。进一步针对一种连续变后掠机/尾翼、弯曲轴线机身、翼上动力超声速民机布局，开展了低声爆外形综合优化设计研究，如图 5-95 所示。

采用多区域自由式变形技术 (FFD) 对全机参数化建模，图 5-96 给出了设计变量控制顶点示意图，机身控制顶点为最上和最下方的节点，对机身形状、机翼、平尾进行综合优化，几何约束为机身容积不低于初始的 95%。采用序列二次规划方法进行大规模设计变量低声爆气动外形优化设计。采用多目标加权优化，优化数学模型如下：

$$
\begin{aligned}
\min \quad J &= \omega_1 \sum_{i=1}^{N} 0.5\alpha_i (P_i - P_{\mathrm{target},i})^2 \\
&\quad + \omega_2 \left(1 - \frac{C_l}{C_l^*}\right)^2 + \omega_3 \left(1 - \frac{C_\mathrm{d}}{C_\mathrm{d}^*}\right)^2
\end{aligned}
\tag{5.77}
$$

$$
\text{s.t.} \quad \mathrm{Vol}_{\mathrm{body}} \geqslant 0.95 \mathrm{Vol}_{\mathrm{body,initial}}
$$

$$
\mathrm{Thickness} \geqslant \mathrm{Thickness}_{\mathrm{initial}}
$$

式中，目标函数第一项作用为声爆信号与目标特征的差量最小化；第二、三项是对升力、阻力系数的目标函数，使得在优化过程中气动性能不过于下降，权系数

的选择为 $\omega_1 = 1.0, \omega_2 = 0.1, \omega_3 = 0.1$，均为经验性参数。图 5-97 和图 5-98 分别给出了对称面上马赫数、耦合伴随方程第一伴随变量分布云图，从图 5-97 中可以定性分析，该气动外形对声爆目标函数产生主要影响的区域主要集中在机翼前沿翼身结合处、机翼 50% 根弦长翼身结合处、平尾安装位置以及机身收尾等附近；图 5-99 给出了优化收敛历程，可以看出经过 35 代优化，基本趋于收敛；图 5-100 为优化前后气动外形的对比，主要变化量集中在机身中段/后段/末尾部分、机翼上下表面，这与上述定性分析一致。图 5-101 是优化前后地面声爆信号、目标信号的对比，经过优化后的声爆信号较为趋近于目标特征分布，过压峰值明显降低。

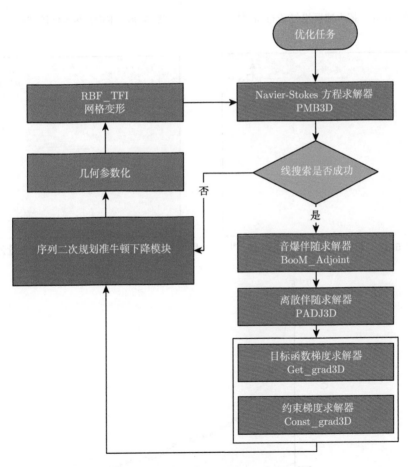

图 5-94　流场声爆耦合伴随优化流程[43]

图 5-95　超声速民机气动布局[44]

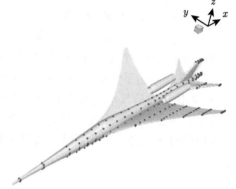

图 5-96　FFD 参数化控制框[44]

图 5-97　机体附近空间波系形态[44]

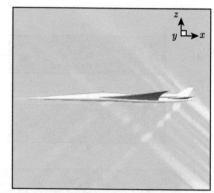

图 5-98　耦合伴随方程第一伴随变量云图[44]

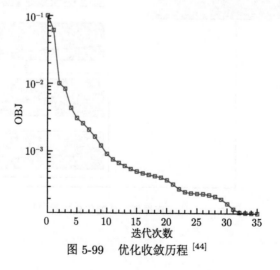

图 5-99　优化收敛历程[44]

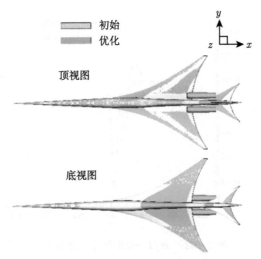

图 5-100　优化前后气动外形对比 [44]

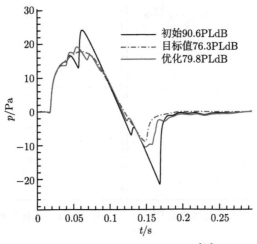

图 5-101　优化前后声爆信号 [44]

　　图 5-102 为伴随优化前后 $H/L =0.6$ 处过压分布，优化过后近场过压被明显抑制，结合图 5-100，可以看到机身轴线进一步弯曲、机身末端形状以及平尾的扭转，对第一道激波和尾激波起到了明显的抑制作用，从而使得远场声爆强度显著下降。近场呈现出若干个弱激波/膨胀波的多波系形态，该系列弱波系在传播中得以迅速耗散，图 5-103 和图 5-104 给出了优化前后近场相同位置附近波系形态对比，能够清晰看到优化前后的波系演化过程，优化外形波系强度较弱且迅速耗散。

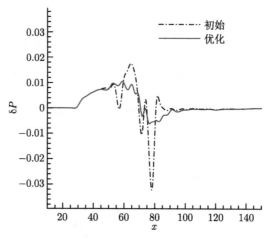

图 5-102 $H/L = 0.6$ 处过压分布 [44]

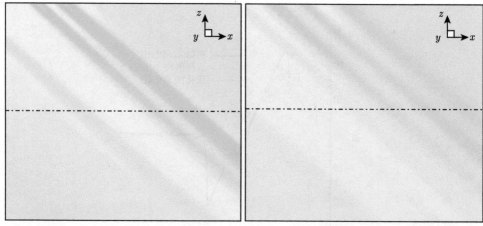

图 5-103   初始外形近场空间波系 [44]   图 5-104   优化外形近场空间波系 [44]

图 5-105 给出了响度级频域特性，经过优化后，声爆感知声压级从初始的 90.6PLdB，降低到 79.8PLdB，效果较为明显。表 5-7 给出了在指定权重系数的选择下，优化前后升阻力、声爆感觉噪声级的对比，优化后外形升力系数仅降低 0.005，同时阻力系数降低 0.0003，验证了气动力/声爆一体化设计思路的可行性。

表 5-7   初始与优化外形气动/声爆特性

	升力系数	阻力系数	感觉噪声级
初始外形	0.106	0.0126	90.6PLdB
优化外形	0.101	0.0123	79.8PLdB

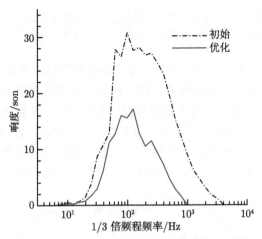

图 5-105　优化前后外形响度级频谱特性 [44]

图 5-106 为优化前后等效面积分布对比，其中无量纲化参考量均采用初始外形对应的最大值，优化后等效面积分布变化更为缓和，最大横截面积位置后移。

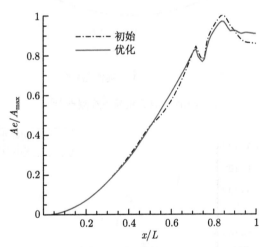

图 5-106　初始与优化外形等效面积分布 [44]

实际上，流动控制方程与声学预测方程组合求解是当前评估飞行器噪声的一个重要途径。该方面的研究不仅体现在声爆方面，且在直升机旋翼噪声、发动机喷流噪声、低速构型流动噪声等方向上也发挥了重要作用，是非常值得关注的技术途径。以亚声速流动噪声问题为例子，例如增升构型、旋翼噪声，大多数研究工作基于 FWH 方程以及 LEE 方程进行，对 FWH 声辐射方程前向模式转置可以很方便地得到 FWH 伴随方程 [45]：

$$\frac{\mathrm{d}L_{\mathrm{FWH}}^{\mathrm{T}}}{\partial D} = \sum_n \frac{\partial U^{n\mathrm{T}}}{\partial D} \frac{\partial L_{\mathrm{FWH}}^{\mathrm{T}}}{\partial U^n} + \frac{\partial X^n}{\partial D} \frac{\partial L_{\mathrm{FWH}}^{\mathrm{T}}}{\partial X^n} \tag{5.78}$$

　　进一步与流场伴随方程进行耦合求解，最终获得设计变量对远场噪声的梯度。国外针对该方向开展了一系列研究工作，例如，怀俄明大学 Fabiano 等基于流场与噪声耦合伴随方法进行了直升机旋翼降噪研究[45]，显著降低了观测点噪声水平，如图 5-107 和图 5-108 所示。基于 LEE 方程的伴随方程构造略微复杂，国内邱昇[46] 基于流场数值模拟以及多模态线化欧拉方程进行了多模态伴随优化方法研究，图 5-109 和图 5-110 给出了初始外形以及最优外形近场传播模态。

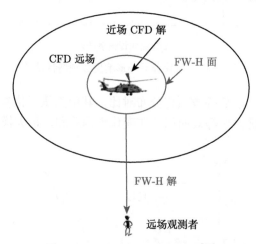

图 5-107　直升机噪声观测点 [45]

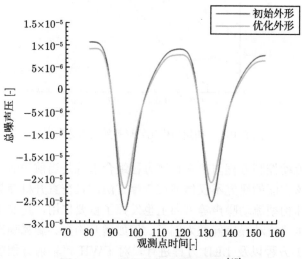

图 5-108　优化前后声压级对比 [45]

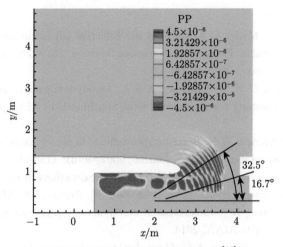

图 5-109   初始外形近场传播模态 [46]

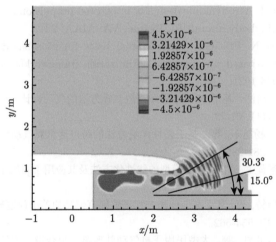

图 5-110   最优外形近场传播模态 [46]

参 考 文 献

[1] Jameson A. Aerodynamic design via control theory[J]. Journal of Scientific Computing, 1988, 3: 233-260.

[2] Dwight R P, Brezillon J. Effect of various approximations of the discrete adjoint on gradient-based optimization[R]. AIAA-2006-0690, 2006.

[3] He P, Mader C A, Martins J R R A, et al. DAFoam: an open-source adjoint framework for multidisciplinary design optimization with OpenFOAM[J]. AIAA Journal, 2020,

58(3): 1304-1319.

[4] Kenway G K W, Mader C A, He P, et al. Effective adjoint approaches for computational fluid dynamics. Progress in Aerospace Sciences, 2019, 110: 100542. https://doi.org/10.1016/j.paerosci.2019.05.002.

[5] Lyu Z J, Kenway G K W, Martins J R R A. Aerodynamic shape optimization investigations of the common research model wing benchmark[J]. AIAA Journal, 2015,53(4): 968-984.

[6] Nielsen E J, Anderson W K. Recent improvements in aerodynamic design optimization on unstructrued meshes[J]. AIAA Journal, 2002, 40(6): 1155-1163.

[7] Dwight R P, Brezillon J. Effect of various ap-proximations of the discrete adjoint on gradient-based optimization: AIAA-2006-0690 [R]. Reston, VA: AIAA, 2006.

[8] Carrier G, Destarag D. Gradient-based aerodynamic optimization with the elsa software[R]. Reston, VA: AIAA, 2014.

[9] Qin N, Wong W S, Moigne A L. Three-dimensional contour bumps for transonic wing drag re-duction[J]. Proceedings of the Institution of Mechanical Engineers, Part G: Journal of Aerospace Engineering, 2008, 222(5): 619-629.

[10] Liou M F, Kim H. Aerodynamic design of integrated propulsion-airframe configuration of the hybrid wingbody aircraft[R]. Reston, VA: AIAA, 2017.

[11] Vincent P, Siva N. Efficient reduced-radial basis function-based mesh deformation within an adjoint-based aerodynamic optimization framework[J]. Journal of Aircraft, 2016, 53(6): 1905-1921.

[12] 左英桃, 高正红, 詹浩. 基于 N-S 方程和离散共轭方法的气动设计方法研究 [J]. 空气动力学学报, 2009, 27(1): 67-72.

[13] 熊俊涛, 乔志德, 杨旭东, 等. 基于黏性伴随方法的跨声速机翼气动优化设计 [J]. 航空学报, 2007, 28(2): 281-285.

[14] 屈崑, 李记超, 蔡晋生. CFD 数学模型的线性化方法及其应用 [J]. 航空学报, 2015, 36(10): 3218-3227.

[15] 黄江涛, 刘刚, 周铸, 等. 基于离散伴随方程求解梯度信息的若干问题研究 [J]. 空气动力学学报, 2017, 35(4): 554-562.

[16] 黄江涛, 周铸, 高正红, 等. 大型民用飞机气动外形典型综合设计方法分析 [J]. 航空学报, 2019, 40(2): 522369.

[17] 高宜胜, 伍贻兆, 夏健. 基于非结构网格离散型伴随方法的翼型优化 [J]. 空气动力学学报, 2013, 31(2): 244-265.

[18] 李彬, 邓有奇, 唐静, 等. 基于三维非结构混合网格的离散伴随优化方法 [J]. 航空学报, 2014, 35(3): 674-686.

[19] Nielsen E J, Par M A. Using an adjoint approach to eliminate mesh sensitivities in computational design[J]. AIAA Journal, 2006, 44(5): 948-953.

[20] Vassberg J C, Dehaan M A, Rivers S M, et al. Development of a common research model for applied CFD validation studies[R]. Reston, VA: AIAA, 2008.

[21] Lee B J, Liou M S. Optimizing a boundary-layer-ingestion offset inlet by discrete adjoint

approach[J]. AIAA Journal, 2010, 48(9): 2008-2016.

[22] Yi J, Kim C. Adjoint-based design optimization of vortex generator in an S-shaped subsonic inlet[J]. AIAA Journal, 2012, 48(9): 2492-2507.

[23] Heather K, Francisco P. Adjoint-based optimization of a hypersonic inlet[R]. Reston, VA: AIAA, 2015.

[24] Christopher M H, Justin S G. Aerodynamic shape optimization of a dual-stream supersonic plug nozzle[R]. Hampton, VA: AIAA, 2015.

[25] Benjamin W, Siva N. Constrained adjoint-based aerodynamic shape optimization in a multistage turbomachinery environment[R]. Reston, VA: AIAA, 2012.

[26] 宋红超, 李鑫, 季路成. 基于离散型伴随方法的单边膨胀喷管优化设计研究 [J]. 工程热物理学报, 2017, 38(9):1849-1854.

[27] 刘浩, 张雷, 李霄琳. 基于伴随方法的叶片三维气动外形优化设计 [J]. 中南大学学报 (自然科学版), 2016,47(2): 436-442.

[28] Georgieva N K, Glavic S, Bakr M H, et al. Feasible adjoint sensitivity technique for EM design optimization[J]. IEEE Transactions on Microwave Theory & Techniques, 2002, 50(12): 2751-2758.

[29] Nikolova N K, Safian R, Soliman E A, et al. Accelerated gradient based optimization using adjoint sensitivities[J]. IEEE Transactions on Antennas & Propagation, 2004, 52(8): 2147-2157.

[30] 张玉, 赵勋旺, 陈岩. 计算电磁学中的超大规模并行矩量法 [M]. 西安: 西安电子科技大学出版社, 2016.

[31] Zhou L, Huang J T. Radar cross section gradient calculation based on adjoint equation of method of moment[C]//Asia-Pacific International Symposium on Aerospace Technology, 2018.

[32] 周琳, 黄江涛, 高正红. 基于离散伴随方程的三维雷达散射截面几何敏感度计算 [J]. 航空学报, 2020, 41(5): 123-133.

[33] 聂在平, 胡俊, 姚海英, 等. 用于复杂目标三维矢量散射分析的快速多极子方法 [J]. 电子学报, 1999, 27(6): 104-109.

[34] Mader C A, Kenway G K W, Martins J R R A. Towards high-fidelity aerostructural optimization using a coupled adjoint approach[C]// 12th AIAA/ISSMO Multi-disciplinary Analysis and Optimization Conference, 2008.

[35] Kenway G, Martins J R R A. Multipoint high-fidelity aerostructural optimization of a transport aircraft configuration. Journal of Aircraft, 2014, 51(1): 144-160.

[36] Kenway G, Kennedy G, Martins J. Aerostructural optimization of the common research model configuration[C]// AIAA/ISSMO Multidisciplinary Analysis & Optimization Conference, 2014.

[37] Abu-Zurayk M. An Aeroelastic Coupled Adjoint Approach for Multi-Point Designs in Viscous Flows[D]. Braunschweig: DLR, 2016.

[38] 黄江涛, 周铸, 刘刚, 等. 飞行器气动/结构多学科延迟耦合伴随系统数值研究 [J]. 航空学报, 2018, 39(5): 96-127.

[39] Huang J T, Yu J, Gao Z H, et al. Multi-disciplinary optimization of large civil aircraft using a coupled aero-structural adjoint approach[C]//ASIA-Pacific International Symposium on Aerospace Technology, 2018.

[40] Rallabhandi S K. Sonic boom adjoint methodology and its applications[R]. Reston, VA: AIAA, 2011.

[41] Rallabhandi S K . Advanced sonic boom prediction using augmented burger's equation[C]// 49th AIAA Aerospace Sciences Meeting including the New Horizons Forum and Aerospace Exposition, 2011.

[42] Rallabhandi S K. Application of adjoint methodology to supersonic aircraft design using reversed equivalent areas[J]. Journal of Aircraft, 2014,51(6):1873-1882.

[43] 黄江涛, 张绎典, 高正红, 等. 基于流场/声爆耦合伴随方程的超声速公务机声爆优化 [J]. 航空学报, 2019, 40(5): 122505.

[44] 刘刚, 黄江涛, 周铸, 等. 超声速飞行器声爆/气动力综合设计技术研究 [J]. 空气动力学学报, 2020, 38(5): 858-865.

[45] Fabiano E, Mishra A, Mavriplis D. Time dependent aeroacoustic adjoint-based shape optimization of helicopter rotors in forward flight: AIAA-2016-1910 [R]. Reston, VA: AIAA, 2016.

[46] 邱昇. 基于伴随方法、梯度增强 Kriging 方法的涡扇发动机进气道减噪高效优化方法 [J]. 科学技术与工程, 2018, 18(19) : 289-295.

第 6 章 结 束 语

前面五个章节整体上对飞行器气动综合优化设计的几个重要研究领域进行了系统阐述，对飞行器气动综合优化设计值得关注的几个方向面临的科学问题、关键技术以及发展趋势进行了总结、展望。

1. 飞行器气动高维度设计空间全局优化

高维度设计空间样本规模、计算量庞大，并且具有构建高精度预测模型困难等问题。对于全局优化来讲，提高优化效率最有效的途径就是综合试验设计技术研究、建立高精度预测模型，核心是能够最大程度地挖掘设计空间信息。随着机器学习技术的发展，其强大的数据挖掘、特征融合能力，有望在高维度设计空间方面发挥重要作用。

2. 飞行器气动高维度目标空间全局优化方法

高维多目标优化中，可视化水平较低，不利于设计人员决策，需要进一步发展有利于设计决策与提高可视化水平的优化方法。数据驱动下基于知识提取的分层协同综合优化的分层策略，能够为设计空间、目标函数的相关性、重要性提供重要参考，应值得关注。

3. 飞行器气动布局参数化建模、网格变形/重构技术及匹配性

参数化建模与网格变形/重构技术具有紧密联系的特征。参数化建模能力决定了气动外形的描述能力；高鲁棒性网格生成、重构技术以及可控参数化方法是实现自动化优化的关键技术，尤其对于总体布局优化相关的大设计空间变形问题尤为重要。参数化建模局部与全局的兼容性以及与网格变形重构技术的匹配是鲁棒数字化设计的关键环节。

4. 飞行器气动稳健设计

飞行器气动及多学科耦合不确定分析问题多是高阶/高非线性的，现有方法收敛性差和效率低下，如蒙特卡罗模拟，带来了巨大的样本量需求；同时不确定变量维数快速增加，使得除了蒙特卡罗模拟以外的所有方法 (如谱分析和当地展开方法等) 都遭遇了维数灾难难题；并且混合类型变量不确定分析过程复杂和精度低下，结果利用率差。因此，未来一方面需要进一步提高复杂系统不确定分析的能力和精度，如多源不确定分析和嵌入式模型不确定分析精度，满足数值分析

需求；另一方面，针对考虑不确定度的设计，提高满足精度要求的不确定分析效率和简化不确定分析过程，易于工程使用。针对上述需求，不确定分析方法应关注谱分析如稀疏 PCE、深度学习神经网络 (DNN)、嵌入物理的神经网络 (PINN) 以及多可信度代理建模等方法及应用。

5. 气动为核心的飞行器多学科紧耦合设计技术

多学科耦合灵敏度分析手段，以及高效的多学科耦合灵敏度分析方法均能够为优化设计提供最有效的设计空间信息。多学科耦合伴随方程能够快速获取各个子系统灵敏度，以及复杂问题耦合系统的灵敏度，将为未来先进飞行器气动外形多学科一体化综合设计提供有力的技术支撑。不仅如此，对于复杂系统耦合灵敏度的计算，也是一个具有挑战性且具有重要研究意义的基础科学问题。无论是在基础科学问题研究还是工程实际应用方面，尤其是在新一代先进飞行器的研制过程中，该方向都具有重要的研究意义。

伴随高性能集群、计算科学、优化理论的发展，未来飞行器气动设计技术将向着多学科、一体化、紧耦合形式发展，例如气动结构、气动隐身等多学科综合优化，全机考虑动力影响的一体化优化，学科之间高度耦合设计。传统解耦形式下的设计大多是为了解决计算资源不足，降低学科、部件之间的相关性分析难度等问题而做出的让步，随着计算机的进步，以及诸如耦合系统敏度分析、一体化参数化建模、深度学习等先进理论的发展完善，智能化、一体化、紧耦合优化将在未来飞行器工程设计中扮演重要角色，从更深层次上充分挖掘气动外形综合设计的潜力。

因此，从事飞行器气动综合设计与优化工作的研究人员在工程实践中应更加注重先进设计理论、设计手段的发展，立足型号需求提炼基础科学问题与关键技术，实现方法与应用相互促进、共同发展。